编委会

BIANWEIHUI

环保公益性行业科研专项经费项目系列丛书

2011年度环保公益性行业科研专项
项目成果汇编

环境保护部科技标准司 主编

中国环境出版社·北京

图书在版编目（CIP）数据

2011年度环保公益性行业科研专项项目成果汇编 / 环境保护部科技标准司主编. -- 北京 : 中国环境出版社, 2016.12

（环保公益性行业科研专项经费项目系列丛书）

ISBN 978-7-5111-3011-2

Ⅰ. ①2… Ⅱ. ①环… Ⅲ. ①环境保护－公用事业－科技成果－汇编－中国－2011 Ⅳ. ①X-12

中国版本图书馆CIP数据核字（2016）第299323号

出 版 人 王新程
策划编辑 丁莞歆
责任编辑 黄 颖
责任校对 尹 芳
装帧设计 金 喆

出版发行 中国环境出版社
（100062 北京市东城区广渠门内大街16号）
网 址：http://www.cesp.com.cn
电子邮箱：bjgl@cesp.com.cn
联系电话：010-67112765（编辑管理部）
010-67112417（环境科学分社）
发行热线：010-67125803，010-67113405（传真）
印装质量热线：010-67113404
印 刷 北京中科印刷有限公司
经 销 各地新华书店
版 次 2016年12月第1版
印 次 2016年12月第1次印刷
开 本 787×1092 1 / 16
印 张 20
字 数 400千字
定 价 82.00元

序言

XVYAN

目前，全球性和区域性环境问题不断加剧，已经成为限制各国经济社会发展的主要因素，解决环境问题的需求十分迫切。环境问题也是我国经济社会发展面临的困难之一，特别是在我国快速工业化、城镇化进程中，这个问题变得更加突出。党中央、国务院高度重视环境保护工作，积极推动我国生态文明建设进程。党的十八大以来，按照“五位一体”总体布局、“四个全面”战略布局以及“五大发展”理念，党中央、国务院把生态文明建设和环境保护摆在更加重要的战略地位，先后出台了《环境保护法》《关于加快推进生态文明建设的意见》《生态文明体制改革总体方案》《大气污染防治行动计划》《水污染防治行动计划》《土壤污染防治行动计划》等一批法律法规和政策文件，我国环境治理力度前所未有，环境保护工作和生态文明建设的进程明显加快，环境质量有所改善。

在党中央、国务院的坚强领导下，环境问题全社会共治的局面正在逐步形成，环境管理正在走向系统化、科学化、法治化、精细化和信息化。科技是解决环境问题的利器，科技创新和科技进步是提升环境管理系统化、科学化、法治化、精细化和信息化的基础，必须加快建立持续改善环境质量的的科技支撑体系，加快建立科学有效防控人群健康和环境风险的科技基础体系，建立开拓进取、充满活力的环保科技创新体系。

“十一五”以来，中央财政加大对环保科技的投入，先后启动实施水体污染控制与治理科技重大专项、清洁空气研究计划、蓝天科技工程专项等专项，同时设立了环保公益性行业科研专项。根据财政部、科技部的总体部署，环保公益性行业科研专项紧密围绕《国家中长期科学和技术发展规划纲要（2006—2020 年）》《国家创新驱动发展战略纲要》《国家科技创新规划》和《国家环境保护科技发展规划》，立足环境管理中的科技需求，积极开展应急性、培育性、基础性科学研究。“十一五”以来，环境保护部组织实施了公益性行业科研专项项目479项，涉及大气、水、生态、土壤、固废、化学品、核与辐射等领域，共有包括中央级科研院所、高等院校、地方环保科研单位和企业等几百家单位参与，逐步形成了优势互补、团结协作、良性竞争、共同发展的环保科技“统一战线”。目前，专项取得了重要研究成果，已验收的项目中，共提交各类标准、技术规范997项，各类政策建议与咨询报告535项，授权专利519项，出版专著300余部，专项研究成果在各级环保部门中得到较好的应用，为解决我国环境问题和提升环境管理水平提供了重要的科技支撑。

为广泛共享环保公益性行业科研专项项目研究成果，及时总结项目组织管理经验，环境保护部科技标准司组织出版环保公益性行业科研专项经费系列丛书。该丛书汇集了一批专项研究的代表性成果，具有较强的学术性和实用性，是环境领域不可多得的资料文献。丛书的组织出版，在科技管理上也是一次很好的尝试，我们希望通过这一尝试，能够进一步活跃环保科技的学术氛围，促进科技成果的转化与应用，不断提高环境治理能力现代化水平，为持续改善我国环境质量提供强有力的科技支撑。

黄润秋

中华人民共和国环境保护部副部长

前言

QIANYAN

环保是公益性行业科研专项经费首批试点的 11 个行业部门之一。环保公益性行业科研专项紧密围绕《国家环境保护科技发展规划》的重点领域和优先主题，按照既与国家各类科技计划和科技重大专项有效衔接，又合理区分避免重复的原则，以提高环境监管水平和提供环境管理决策依据为目标导向，重点围绕支撑环境管理的重要政策、标准和实用技术开展应急性、培育性、基础性科学研究。主要包括：环保行业应用基础研究；重大环境技术前期预研；环境管理和环境治理实用技术及应急处理技术开发；国家标准和国家环境保护行业标准研究；环境监测监理技术研究。

依照“问题导向、系统设计、创新机制、分期实施、提高绩效”的工作思路，本着服务环境管理的宗旨，环境保护部结合当前中心工作和重点任务进行公益专项项目顶层计，2011 年共安排 61 个项目开展研究。经过几年的协作攻关，61 个项目均通过结题验收，获得了丰硕的研究成果。经统计，截至 2015 年 3 月，该批项目共提交标准、技术规范 202 项，提交政策建议、咨询报告 86 份，其中 9 份报告被中办、国办和全国人大、政协采纳，1 份获得国务院领导批示；取得各级单位应用证明 236 份，授权专利 156 项，发表论文 1112 篇，出版专著 76 部。

为集中宣传展示和推广环保公益项目的创新成果，促进成果的交流与转化，进一步发挥科技成果在环境管理中的支撑作用，环境保护部科技标准司组织编制了《2011 年度环保公益性行业科研专项项目成果汇编》，汇集了 2011 年度 61 个环保公益项目的研究成果，涵盖大气环境与气候变化、土壤与地下水、生态环境、固体废物与化学品、环境管理五个领域。

本书由环境保护部科技标准司策划并组织实施，61 个公益项目研究组以及相关领域的同行专家共同编制完成。对每个项目的研究背景和研究内容进行了总体介绍，对项目研究成果和成果应用情况进行了较为详细的阐述，在此基础上提出了环境管理建议，希望能够为广大环境科技工作者和管理者提供参考和借鉴。

由于时间有限，疏漏与不妥之处在所难免，恳请广大读者批评指正。在本书编撰过程中，得到了财政部、科学技术部和环境保护部相关领导的悉心指导，以及项目承担单位、项目负责人和相关专家的大力支持，在此一并表示衷心感谢！

编　者
2016 年 12 月

目录

MULU

1 第一篇 大气环境与气候变化领域

50 第二篇 土壤与地下水领域

168 第四篇 固体废物与化学品领域

239 第五篇 环境管理领域

第一篇
大气环境与气候变化领域

2011 NIANDU HUANBAO
GONGYIXING HANGYE
KEYAN ZHUANXIANG
XIANGMU CHENGGUO HUIBIAN

区域空气污染输送通量观测的光学遥感应用方法和技术规范研究

1 研究背景

目前我国在环境问题上面临着前所未有的挑战，《国家中长期科学和技术发展规划纲要（2006—2020 年）》将环境领域作为重点并明确提出：改善生态与环境是事关经济社会可持续发展和人民生活质量提高的重大问题。我国大气污染表现出显著的系统性、区域性、复合性和长期性特征，特别是近年来呈现出的区域、跨境大气复合污染及其相互影响。欧美等发达国家都对环境变化进行了系统的、跨区域的监测研究，以期提出最佳的防治办法。由于我国缺乏区域污染的时空分布变化信息，难以对区域大气环境的现状和变化趋势给出全面、清晰的分析，不能满足国家环保部门制定我国污染控制决策和应对环境外交的需要。因此，针对目前区域污染监测现状及环境外交需求，研究具有区域输送过程监测和输送通量监测的技术、方法是十分必要的。

本项目以环境光学和遥感技术为主体的观测平台为基础，建立区域污染物传输观测方法和相关的数据综合处理方法，建立分区域主要污染物排放总量的观测和评估方法。拟采用基于太阳散射光的被动差分吸收光谱（DOAS）技术监测常规污染物（SO_2、NO_2、O_3 等），采用基于太阳直射作为光源的太阳掩星法傅里叶变换红外光谱技术监测有毒空气污染物（CO、CH_4、NH_3 及 VOCs 气体等），采用激光雷达监测颗粒物的垂直分布，通过选择地基合理布点（位于输送界面、输送通道），结合风场数据（风廓线雷达数据）实现对区域空气污染输送通量的监测，为常规空气污染物、有毒空气污染物区域、跨境输送过程监测和输送通量计算提供监测方法和评估。

2 研究内容

1）应用于区域污染输送监测的光学设备技术指标要求分析

分析确定光学监测设备的技术要求，包括：监测方法、监测种类、监测精度、仪器性噪比、空间分辨率等。

2）污染物立体数据与风场数据的综合处理方法

研究污染物立体数据（垂直分布与垂直柱浓度）与风场数据的融和处理方法，分析污染物和风场数据空间分辨率的影响，验证近地面风速、风向数据等。

3）区域污染物通量计算方法的误差分析

研究区域污染物（颗粒物和污染气体的）输送通量计算的主要误差来源及其影响。

4）基于光学遥感技术的污染物区域输送测量规范和应用环境条件分析

综合分析各种监测设备的技术指标、气象与风场条件、区域输送监测点位设计等对监测结果的影响，形成基于光学遥感技术的污染物区域输送测量规范。

3　研究成果

（1）研究了用于区域污染排放监测的仪器设备及其指标体系（包括监测方法、设备技术要求及性能检测方法）

完成了应用于区域污染输送监测的光学设备（激光雷达、车载 DOAS 及 SOF-FTIR 系统）的技术指标体系。通过对相关光学设备的实验室校准、样气检测以及外场对示踪气体的测量，确定了污染输送监测的光学监测方法、相关仪器性能指标要求以及性能检测和校准方法。

（2）研究了区域污染监测中风场数据的使用方法规范（污染物立体数据与风场的综合处理方法，提出风场数据使用规范）

开展了污染物输送通量确定过程中的关键技术难点研究，并通过选择典型点源开展对比实验研究，研究了污染物立体监测数据与风场结合的数据处理方法，形成了风场数据的使用方法规范。分别对本项目所运用的三套设备进行了如下研究：

1）以石家庄裕华热电厂作为典型排放点源，开展了车载 DOAS 测量 SO_2、NO_2 排放通量研究，并与在线 CEMS 测量结果进行对比分析（图 1）。确定了适合车载 DOAS 进行污染排放测量的车速、风场气象条件、风场数据（风廓线、模型风场数据、近地面风数据），将车载通量测量结果与在线数据对比，两者监测结果具有好的一致性。

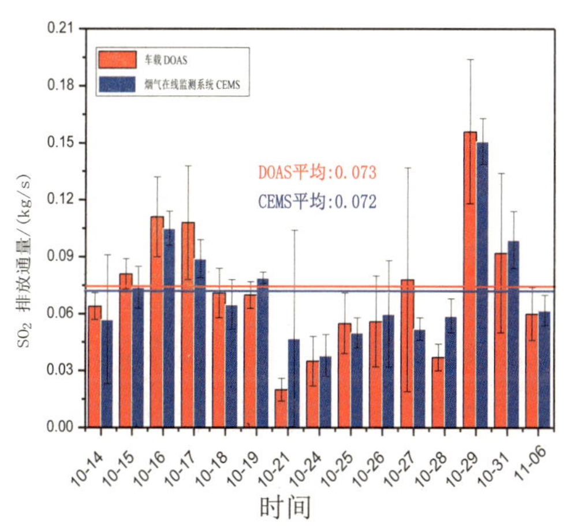

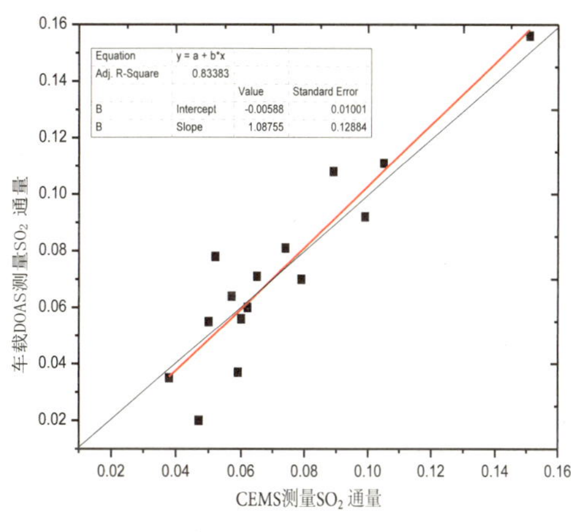

图 1　车载 DOAS 与 CEMS 测量结果及对比

2）在上海选择典型化工区作为研究对象，开展了车载SOF测量VOCs排放通量的研究以及污染排放通量SOF-FTIR监测技术规范，初步确定重点企业的VOCs排放特征污染物及排放量。

2011年5—9月，SOF-FTIR系统对上海市高桥石化工业区、吴泾化工园区、老港化工区、金山石化等化工厂区和企业的VOCs排放特征污染物的排放量进行监测实验，在实验过程中，对石化乙烯装置的排空过程进行了监测，通过对实验结果进行分析发现，放空前通量下降33%，放空后通量上升81%，然后迅速降低89%，最大浓度在放空后急剧增加后迅速降低，整个变化趋势如图2所示。

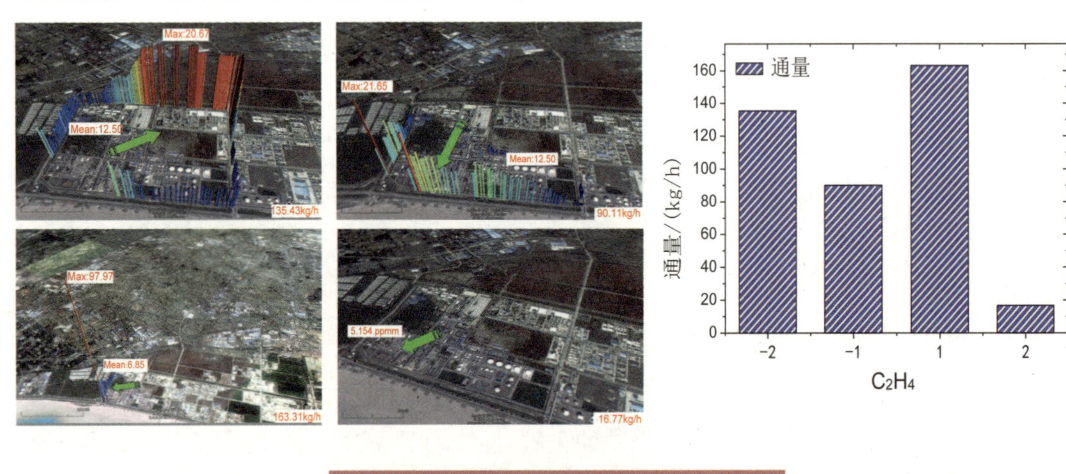

图2　乙烯装置排空监测通量变化趋势图

另外，利用SOF-FTIR系统对上海金山厂区内的丙烯腈、2#乙烯装置等化工区开展了实际观测，测量了乙酸乙酯和二氟二氯甲烷的柱浓度，经折算与特征因子浓度数据非常接近，验证了测量结果的准确性。利用气相色谱—质谱联用仪（GC-MS）对12个气体采样罐分析，得到其平均碳原子个数为4.56（表1）。经SOF系统测定，该区域的碳原子数为4.87，与GC-MS的测量结果基本一致。

表1　GC-MS仪器测得碳原子数

测量点位	1	2	3	4	5	6	7	8	9	10	11	12	均值
平均碳原子数	4.23	4.09	4.12	6.42	5.97	4.15	3.99	4.34	4.2	4.17	4.2	4.9	4.56

3）研究了通过激光雷达获得的消光系数到颗粒物质量浓度垂直分布的转换方法，并在石家庄环境监测中心开展了1个多月外场实验，对比激光雷达数据与电视高塔上点式仪器的结果，利用温度和湿度修正后的模型进行了转换方法的研究。以石家庄和重庆为区域示范点，分别于2011年10月和2012年6月开展了各2个月的观测，沿南北输送

通道建立 3 个观测点，并对重点源的污染排放进行了监测研究；确立了污染输送通量过程中风场数据、输送截面的应用研究，进行了主要误差来源的分析。

图 3 和图 4 分别是激光雷达测量得到的气溶胶消光系数及退偏振度。由测量结果可以看出，11 月 14 日 0.7km 以下开始出现污染颗粒物，至 15—16 日中午开始出现大面积污染区域，API 指数也骤然从几天前的 60 升高至 111，为轻型污染，消光系数变大。在 0.2 ～ 0.9km 处，消光系数值主要集中在 0.5 ～ 0.8km^{-1} 范围内，退偏比值主要集中在 0.1 ～ 0.2，主要表现为局地污染。

图 5 为污染期间不同高度的颗粒物日均值，图 6 为 116 m 高度的 $PM_{2.5}$、PM_{10} 质量浓度变化趋势，这与激光雷达测量的颗粒物消光系数变化趋势基本一致，其中 $PM_{2.5}$ 占 PM_{10} 质量比重逐渐升高，这说明增加的污染颗粒物主要为粒径小于 2.5 μm 的细颗粒物。

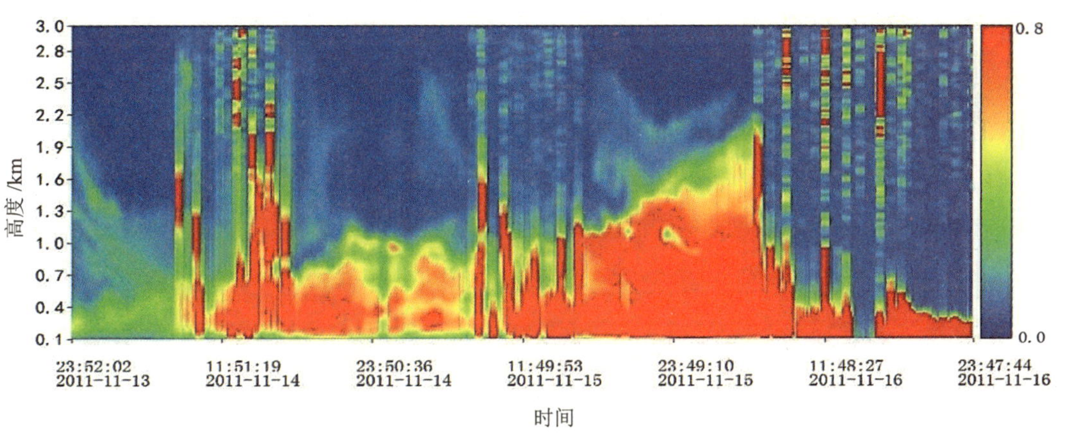

图 3　2011 年 11 月 13 日—11 月 16 日消光系数

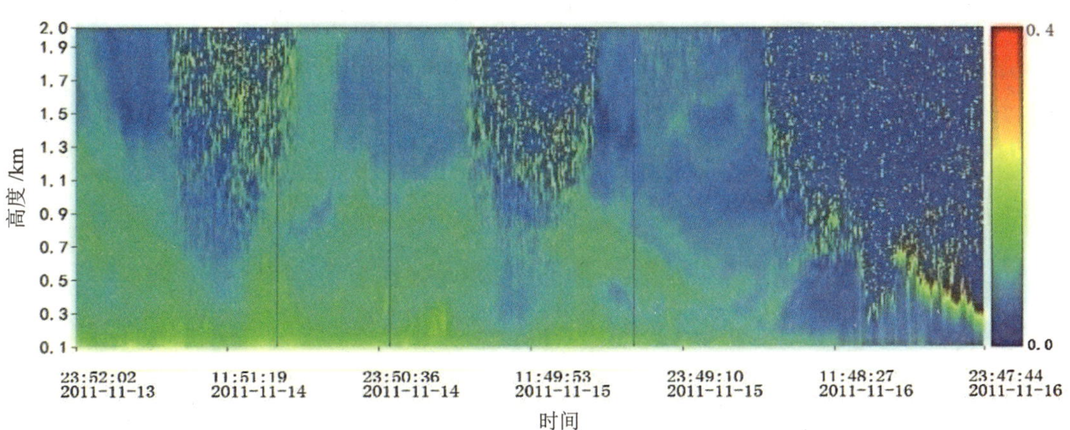

图 4　2011 年 11 月 13 日—11 月 16 日退偏比

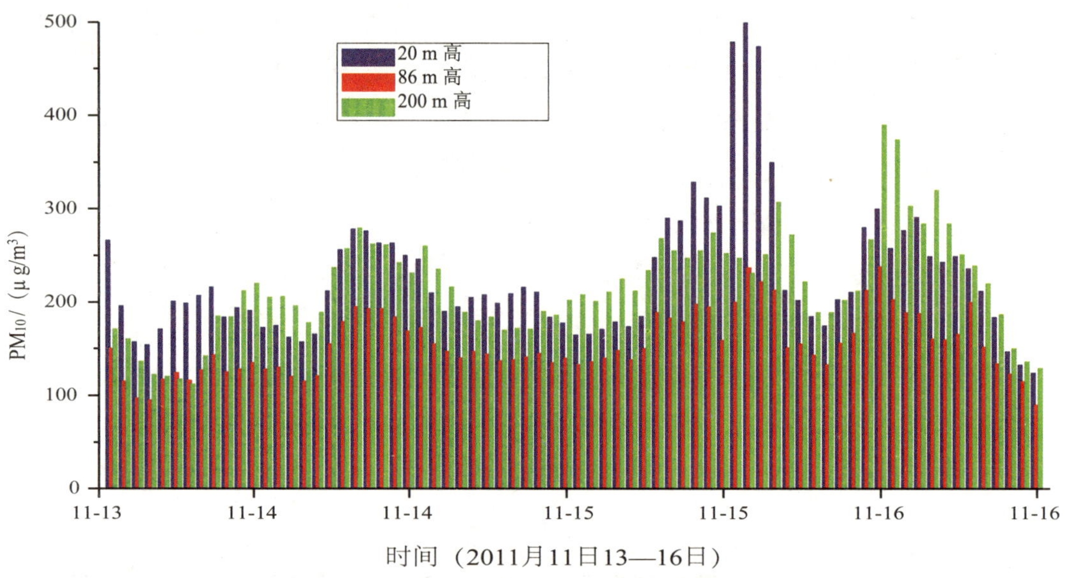

图5　颗粒物在不同高度上日均值分布

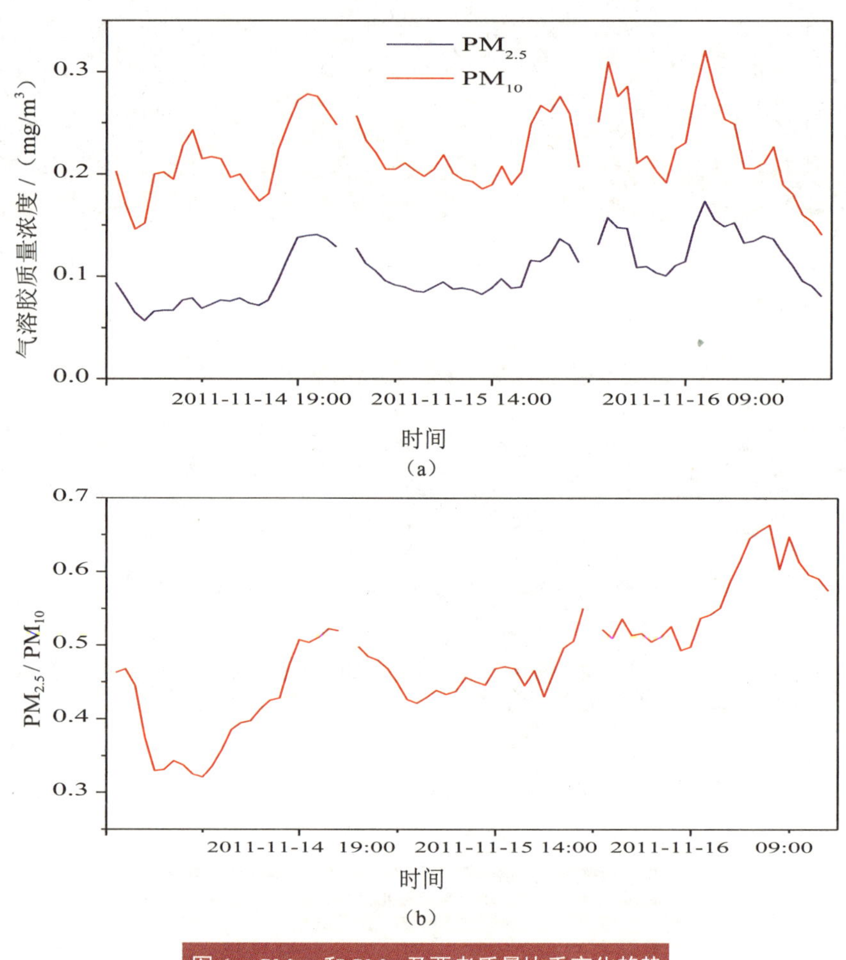

图6　$PM_{2.5}$ 和 PM_{10} 及两者质量比重变化趋势

（3）完成了区域污染监测设备作业指导手册

完成了区域常规污染物排放通量监测设备、区域有害气体排放通量监测设备和区域颗粒物输送通量监测设备三项设备的作业指导手册。

（4）形成了区域空气污染输送通量观测的光学遥感方法技术规范

综合分析了各种监测设备的技术要求、气象与风场条件、采样时空频率、测量路径点位设计等对测量结果的影响，并对样稿进行了多次修正，最终完成了区域空气污染输送通量观测的光学遥感方法技术规范。

4　成果应用

（1）为国家重大赛事的保障措施的制定、效果评估提供有力的技术保障

2013 年南京亚洲青年运动会期间采用多轴 DOAS、激光雷达、车载 DOAS 和车载 FTIR 技术分别研究青年奥林匹克运动会期间污染物的垂直分布及其输送规律、揭示重点源、区域的污染气体的水平分布特征，为制定和评估各项重污染应急措施及区域联防联控方案提供有力的技术保障，得到环保部门的认可；在 2014 年亚太经合组织（APEC）峰会期间，利用激光雷达和车载 DOAS 获取京津冀区域大气污染物的来源、时空分布和输送规律，并参与编写了中科院关于“如何留住‘APEC 蓝’”的政策建议。

（2）为区域大气灰霾监测与成因追溯提供技术支持

2012 年和重庆市环境监测中心合作，沿主要污染输送通道建立观测点，采用区域污染输送监测系统，掌握在不同天气条件下测量地区的污染物分布特征，并开展 VOCs 排放种类和排放量以及 SO_2、NO_2 污染排放的监测，研究其污染排放特征和排放通量以及对空气质量的影响；2013 年 11 月至今，与河南省环境监测中心合作，对河南省选定的重点工业区源、无组织排放源，开展 SO_2、NO_2、VOCs 排放通量监测，并对污染源清单进行核算。

（3）为化工园区排放提供科学的监测数据

2010—2012 年，车载 FTIR 技术对上海市 VOCs 工业排放源进行了排查，确定主要源及排放特征，分析试点地区的 VOCs 的排放通量及对周边环境的影响，为“十二五”上海市 VOCs 总量减排工作的评估提供了数据支撑。

5　管理建议

（1）大力发展环境光学监测技术

针对我国缺乏区域污染的时空分布变化信息、结合区域污染监测的迫切需求，以及环境光学遥感技术在区域大范围的颗粒物和污染气体的立体监测中的巨大优势，并利用国内现有的工作基础，大力研发环境光学监测设备，促进该项技术在国内的发展。实现

产业化，全面提高我国区域污染监测能力，掌握环境外交中的话语权。

（2）**完善区域空气污染输送通量观测的光学遥感应用方法技术规范**

环境光学遥感技术作为环境监测领域中的一种新的高技术手段，目前还缺乏较为完善的监测技术规范。建议通过对不同类型点源、面源开展的示范实验建立我国完善的区域空气污染输送通量观测的光学遥感应用方法技术规范。同时，在相应的导则、规范基础上建立区域污染输送通量观测的光学遥感方法、评价等技术标准。

（3）**加强区域污染从“面”到“点”，从“下”到“上”的立体监测**

针对目前大气污染呈现出的区域、跨境复合污染的特点，建议加强污染的区域化监测，即不仅要观测局地污染，也要研究外来输送，从而实现“面”的监测。通过对“面”的监测研究，找出重点污染源，并对重点污染源进行监测，实现“点”的监测。在这种研究区域输送污染过程中，采用了监测地面数据（“下”）和高空数据（“上”）相结合的方法。通过这种立体监测全面掌握区域污染状况，为联防联控提供可靠的科学依据。

（4）**开展对重点区域的污染监测**

为更好地解决区域大气污染监测问题，今后要加强开展对重点区域的污染监测，如京津冀、长三角、珠三角、山东半岛、武汉及其周边、成渝等区域；进一步完善应用于区域污染输送监测的光学设备技术指标，规范相关光学监测设备的性能指标要求和检验方法；重点分析酸雨、灰霾和光化学烟雾污染等情况下各污染物的分布特性，尤其着重分析 SO_2、氮氧化物、颗粒物、VOCs 等重点污染物的时空分布及输送监测；加强和应用部门的合作，不断改进设备，增强设备的稳定性、通用性和智能性；进一步完善区域空气质量监管体系，提高区域质量监测能力，优化重点区域空气质量监测点位，开展酸雨、细颗粒物、臭氧监测和城市道路两侧空气质量监测，实现重点区域监测信息的共享。

6　专家点评

该项目通过以环境光学和遥感技术为主体的观测平台为基础，利用自主开发的污染物光学立体监测设备，开展了基于光学遥感技术的区域污染输送过程、排放通量监测的应用方法研究，通过外场验证比对，重点研究了基于被动差分吸收光谱技术、傅里叶红外光谱技术以及激光雷达技术的气态污染物（SO_2、NO_2、CO、NH_3 及典型 VOCs）以及颗粒物的区域输送监测应用方法研究，建立了应用于区域污染输送监测的光学设备的技术指标体系，确立了区域污染监测设备作业指导方法，形成了风场数据的使用方法规范以及区域空气污染输送通量观测的光学遥感方法技术规范，并在国家重大赛事、地方性区域大气污染监测及化工园区排放监测中进行了应用，得到有关部门的认可。项目形成的技术规范、指标体系等成果对未来我国采用光学遥感监测方法和评估体系进行常规空气污染物、有毒空气污染物区域、跨境输送过程监测和输送通量计算具有重要的参考价值和技术支撑作用。

项目承担单位：中国科学院合肥物质科学研究院（安徽光学精密机械研究所）、中国环境监测总站

项 目 负 责 人：刘文清

大气氮磷沉降对典型河口与湖库水生态环境的影响研究

1 研究背景

我国近岸海域和重点湖库的富营养化问题较为突出，赤潮、水华发生的范围和频率逐年增大。大气沉降不仅是维持初级生产力所需营养元素的主要来源，同时也是外在和新增的污染负荷，尤其是对于演变机制复杂、生态环境敏感的河口与湖库区。随着人类活动的增强和大气污染的加剧，通过大气沉降输入河流、湖库和海洋生态系统的营养负荷不断增加，其中氮沉降对水环境的影响尤为显著。研究表明，世界许多地区氮沉降负荷高于自然来源的 20 倍以上，北美、西欧和亚洲（含中国）更是成了全球三大氮沉降集中区；大气氮磷沉降已成为水体富营养化的重要污染来源，尤其是氮沉降负荷可达被研究水体总输入负荷的 20% ～ 30%，部分水域甚至接近 50%，与河流的输入量几乎相当。虽然大气氮磷沉降已成为水环境保护的重点关注内容之一，但目前的研究还主要局限于沉降的定量观测和负荷贡献分析，对于氮磷输入机制及水生态环境影响还缺乏系统性的研究，尚未建立起大气氮磷排放源、氮磷沉降通量以及其水生态环境影响之间的定量响应关系。

本项目选择珠江三角洲海岸带和高州水库（广东茂名）作为典型河口与湖库研究区，在大气氮磷干湿沉降观测、沉降通量模拟预测以及典型排放源定量响应关系研究的基础上，系统地分析并阐明了氮磷沉降对研究水域的水生态环境影响，并提出了相应的管理对策建议。研究成果不仅能够为氮磷沉降源的监督管理提供技术支持，为富营养化水体的污染防治提供决策依据，对于重点流域 / 区域的水污染物总量控制也具有重要的指导意义。

2 研究内容

选择珠江三角洲海岸带和高州水库作为典型河口与湖库区的研究对象，其中，珠江三角洲海岸带及其关键生境保护区（广东大亚湾）为重点研究区。深入研究大气中氮磷的传输机制与沉降化学组成特征，建立氮磷干湿沉降通量预测模型以及其与典型排放源的定量响应关系；建立水气耦合生态动力学模型，并结合水生态环境调查监测，分析大气氮磷沉降对大亚湾的水生态环境影响；在高州水库，主要开展相关技术方法的验证和拓展性研究。主要研究内容如下：

1）典型河口与湖库区大气氮磷干湿沉降观测；

2）大气氮磷沉降传输机制与通量预测模型研究；

3）大气氮磷沉降通量与典型排放源的定量响应关系研究；

4）大气氮磷沉降的水生态环境影响及其管理对策建议。

3　研究成果

（1）建立了具有远程数据接收与监视控制功能的大气干湿沉降观测网，掌握了研究区大气氮磷沉降负荷、化学组成特征以及其时空变异规律

采用自主开发的具有远程数据接收和监视控制功能的干湿沉降采样系统，建立了代表不同下垫面类型共 9 个站位的干湿沉降观测网。开展了 192 个站位月氮磷沉降观测，获得了 1 200 余组超过 1.8 万个数据，计算并分析了研究区氮磷干湿沉降负荷水平、组成特征以及其时空变异规律。结果表明，珠三角总氮和总磷沉降通量平均分别为 314.86 kg/(km^2·月)和 2.65 kg/(km^2·月)；高州水库总氮和总磷沉降通量平均分别为 251.83 kg/(km^2·月)和 5.24 kg/（km^2·月）。干沉降通量基本与欧美地区的水平相当，但湿沉降通量则明显较高，尤其是总氮湿沉降通量，在国内一些区域中也处于相对较高的水平。沉降观测网的远程控制系统如图 1 所示。

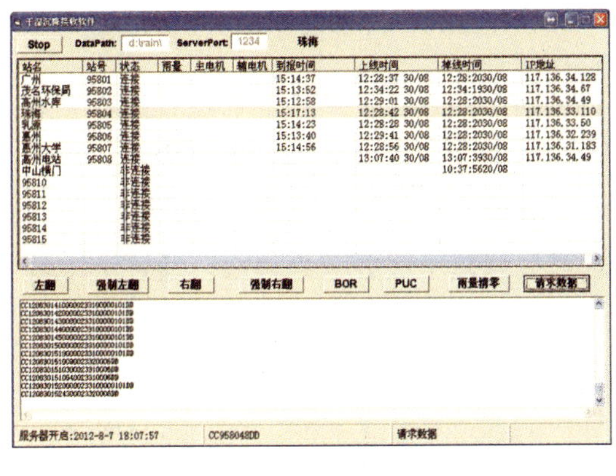

（a）数据接收和远程控制界面

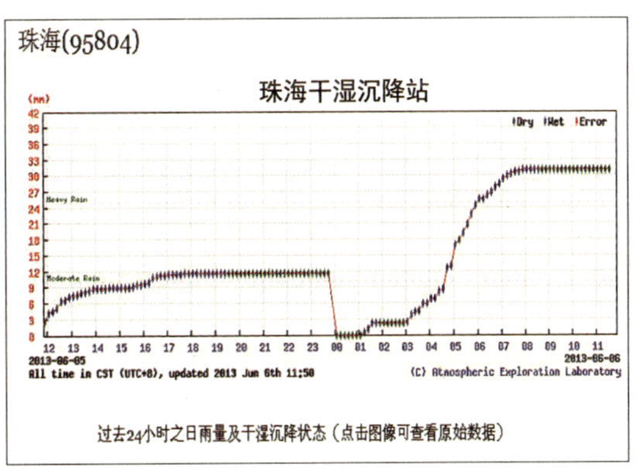

（b）雨量与干湿分离状态实时数据

图 1　大气氮磷干湿沉降观测站网的远程控制系统

（2）开发了广东省高时空分辨率大气排放源清单，建立了广东省大气氮沉降数值模拟系统，并实现了磷沉降的时空分布模拟

建立了 2010 年广东省区域人为源排放源清单，完善了 SMOKE-PRD 系统时间因

子和空间权重因子数据库，并对本地排放源清单进行了网格化处理。以 WRF/SMOKE-PRD/CMAQ 数值模拟平台为基础，采用三层嵌套的气象模拟及空气质量模拟方式搭建了大气氮沉降数值模拟系统。同时，结合大气氮沉降观测成果，补充建立了大气有机氮沉降模拟经验模型，弥补了原系统的不足。根据大气磷沉降通量以及降雨量、降尘量等实际观测数据，通过统计分析建立了大气磷沉降统计模型，并将其耦合到大气氮沉降数值模拟系统中，实现了磷沉降的时空分布模拟。大气氮磷沉降通量模拟结果如图 2 所示。

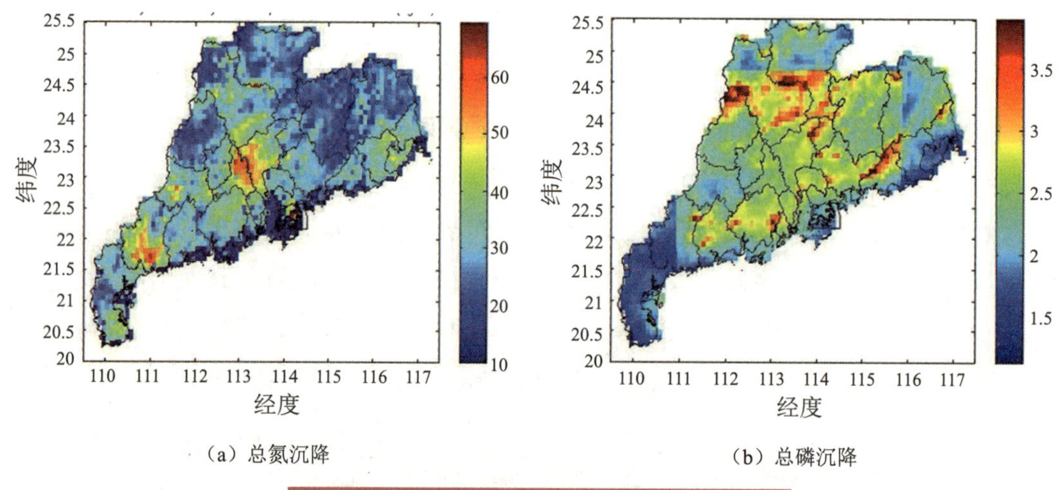

（a）总氮沉降　（b）总磷沉降

图 2　广东省 2010 年氮磷沉降通量空间分布

（3）综合化学—统计方法和氮磷沉降数值模拟技术，建立了基于沉降响应系数的氮磷沉降源识别技术体系

根据沉降化学组成监测结果，研究确定不同类型大气氮磷排放源的化学标识物，并以现有大气污染源排放因子和典型排放源补充监测结果为基础，建立了工业燃烧、机动车尾气、涉氮磷工业生产、农田种植和畜禽养殖等五类典型大气氮磷排放源基于沉降通量识别的化学成分谱。以大气排放源清单和典型排放源化学成分谱为核心，通过沉降数值模拟获得区域沉降响应系数，进而综合运用相关分析、聚类分析、因子分析和基于沉降响应系数的化学质量平衡等方法，阐明了研究区不同下垫面观测站位的氮磷沉降通量与典型排放源的定量响应关系。

（4）构建了大亚湾水气耦合生态动力学模型和高州水库营养盐变化与浮游植物响应经验模型，系统分析了大气氮磷沉降对研究水域的生态环境影响

以研究水体富营养化和生态效应为目标，构建了大亚湾海域水气耦合二维生态动力学模型；以围隔实验为基础，建立了高州水库营养盐变化与浮游植物响应经验模型。在大气氮磷沉降通量观测和沉降通量数值模拟的基础上，综合生态环境调查监测、现场围隔实验以及水生态动力学模拟研究成果，从污染负荷贡献、水环境质量响应、营养结构

变化以及浮游生态系统影响等方面，系统地分析了大气氮磷沉降对大亚湾海域和高州水库的水生态环境影响。以大亚湾为例，大气总氮和总磷沉降分别占外源污染负荷总量的43.2%和5.79%；大气沉降在中部海域无机氮浓度的分担率在20%～50%，活性磷酸盐浓度的分担率约为15%；大气沉降是大亚湾磷限制性营养结构的主要原因，其对浮游动植物的影响主要集中在冬季，浮游植物的影响区域集中在大亚湾中部区域，而浮游动物的影响区域则集中在哑铃湾海域。大气沉降对大亚湾海域水环境质量和浮游生态系统的影响如图3所示。

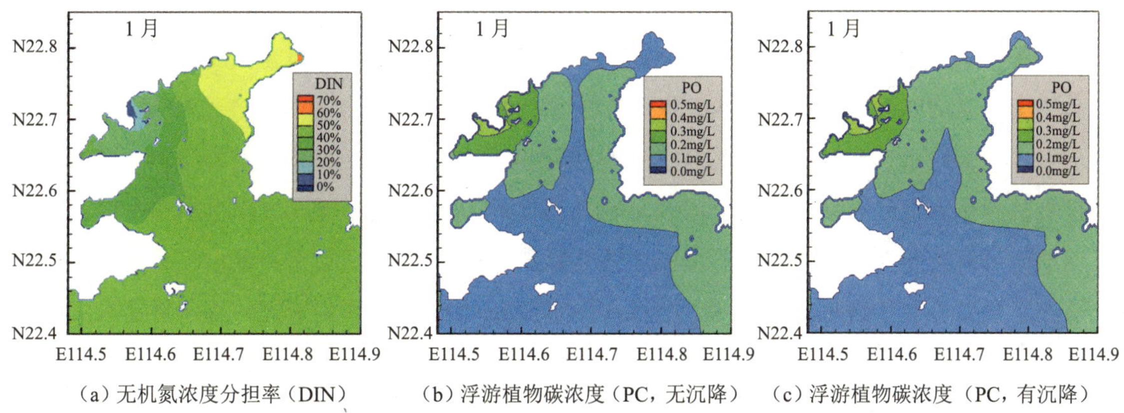

（a）无机氮浓度分担率（DIN）　（b）浮游植物碳浓度（PC，无沉降）　（c）浮游植物碳浓度（PC，有沉降）

图3 大气沉降对大亚湾海域典型月的生态环境影响

（5）开展了基于大气氮减排控制情景下的水生态环境响应分析，并提出了污染防治管理对策建议

依据广东省主要污染物总量减排目标和实施方案，设计了2015年大气污染排放控制情景方案。以大亚湾为对象，开展了基于大气氮减排控制情景下的水生态环境响应分析。结果显示，目前的大气排放控制情景下，尤其是氨排放控制缺位的情况下，氮沉降负荷削减虽然能够使大亚湾的氮磷比降低，但对浮游生物量的影响却并不显著。在此基础上，针对大气氮磷干湿沉降的监测管理、复合污染协同控制以及污染防治的重点方向等方面提出管理对策建议。

4 成果应用

1）编写了《大气氮磷沉降通量监测技术指南》（建议稿）、《大气氮沉降模拟预测技术指南》（建议稿），总结凝练形成的《大气氮沉降的水环境影响及其污染防治管理对策建议》，通过环境保护部上报了中央和国务院办公厅，为国家宏观环境管理决策提供了参考。

2）建立的大气氮磷干湿沉降观测网，在观测期间与韶关市和茂名市环境监测部门合作，实施水样分装共享，为地方的酸雨和酸沉降监测提供了技术支持。

3）获得的大气排放源清单、大气氮磷沉降通量以及水生态环境调查等成果，为广东省和茂名市、惠州市编制实施的总量减排方案和多个环境保护专项规划提供了基础数据，为地方的环境管理工作提供了技术支撑。

5　管理建议

1）明确大气氮沉降污染防治政策依据。修订并完善水、大气污染防治的相关法律法规，将大气氮沉降作为一种污染源纳入环境监督管理体系。在水环境、大气环境保护的相关技术政策、规划和计划中，提出大气氮沉降监督管理和污染防治的相关要求，为系统实施氮沉降污染防治提供政策依据和技术指引。

2）提升大气营养物质沉降监测能力。编制大气营养物质沉降通量监测技术规范，选择富营养化问题比较突出的重点流域开展试点监测工作，并与酸雨和酸沉降监测相结合，逐渐将大气营养物质沉降纳入环境保护例行监测。完善环境保护野外观测台站建设规划，补充大气营养物质沉降观测相关内容，开展长期的野外定位观测研究，为科学研究和污染防治提供基础数据。

3）构建大气氮沉降污染防治管理体系。从水污染物总量控制出发，实施水体陆源、内源和大气沉降源的污染协同控制。根据大气氮沉降的来源构成及其水生态环境影响，明确大气氮沉降的控制目标和污染防治重点方向。针对农业源氨挥发以及工业源和城镇生活源 NO_x 排放等氮排放途径，系统地实施排放控制和污染阻断技术，有效地削减大气氮排放量和氮沉降负荷，形成基于水生态环境保护的大气氮沉降污染防治管理体系。

4）加强大气氮沉降领域的科学研究。深入研究大气活性氮的来源构成与传输机制，深化大气氮沉降数值模拟技术和水气耦合的水生态环境响应分析技术，阐明大气氮排放、传输、沉降以及其水生态环境影响之间的关系。深入研究农业生态系统氮临界负荷评估与氮素环境损失量核算方法，开发适宜的氨挥发控制技术，为系统实施大气氮沉降污染防治管理提供技术支撑。

6　专家点评

该项目针对大气氮磷沉降的水生态环境影响问题，以珠三角海岸带和高州水库地区为研究对象，建立了大气氮磷干湿沉降观测网和沉降通量模拟预测方法，阐明了研究区氮磷沉降通量与典型排放源的定量响应关系，系统分析了氮磷沉降对研究水域污染负荷、水环境质量、营养结构以及浮游生物等方面的影响。编写了《大气氮磷沉降通量监测技术指南》和《大气氮沉降模拟预测技术指南》两项技术文件建议稿；部分成果已在研究区的环境监测、总量减排以及规划编制等工作中得到应用；总结凝练形成的《大气氮沉降的水环境影响及其污染防治管理对策建议》上报了中央和国务院办公厅，不仅为地方实际环境管理提供了支撑，也为国家宏观环境决策提供了参考。

项目承担单位：环境保护部华南环境科学研究所、华南师范大学、华南理工大学
项 目 负 责 人：陈中颖

重污染城市空气质量达标策略与关键支撑技术研究

1 研究背景

近年来，随着城市工业结构的日益复杂，我国环境空气污染状况和特征也发生了显著的变化。在二氧化硫和颗粒物污染问题尚未得到根本解决的情况下，工业化和机动车导致的氮氧化物、挥发性有机物、汞、黑炭等污染物的排放量大幅增加，与此同时以 $PM_{2.5}$ 和臭氧为代表的二次污染日趋严重，已成为许多城市空气质量进一步改善的主要障碍，给我国大气污染控制决策和管理带来严峻的挑战。国外许多国家和地区都经历了类似的污染过程，但是其严重程度和复杂程度却不如我国。究其原因，一方面我国幅员辽阔，城市空间分布不均匀，各城市在自然条件、产业结构、经济发展水平等方面差别巨大，导致其大气污染程度和污染特征存在明显差异。另一方面，长久以来，我国的大气污染防治策略存在重结果轻过程和“一刀切”的弊端，导致行动缺乏指导，效果难以同步的两难境地。

基于此，本项目旨在建立以改善城市空气质量为目标，兼顾城市群效应控制，适合我国国情并可持续发展的城市空气质量达标策略和管理机制。集成现有成果并开发支撑城市空气质量达标的关键新技术。通过在兰州、太原和包头开展强化观测、污染源排放调查、颗粒物精细化复合来源解析、空气质量模拟、达标方案制定等示范研究。根据不同类型城市的示范效果和评估，总结制定差异化空气质量达标方案和制定技术方法，促进重污染城市空气质量改善并在规定的期限内达标，保障全国城市环境空气质量持续、稳定改善。

2 研究内容

1）在系统分析我国城市空气质量分布特点、成因及城市环境空气质量管理历程的基础上，总结重污染城市空气污染防控工作现状、管理经验与教训。结合欧美等国空气质量管理经验梳理和研究，形成我国重污染城市空气质量达标策略和管理机制。

2）系统梳理城市空气质量达标方案制定的关键支撑技术，针对城市污染源数据库建立技术和管理方法、大气颗粒物精细化复合来源解析技术及应用和城市尺度空气质量模型应用技术进行开发与研究。

3）选择兰州、包头和太原三个典型重污染城市，在分析其空气污染现状及污染特征的基础上，开展三大支撑技术的应用示范，揭示污染成因，并形成具有“一市一方”达标方案。

3 研究成果

1）我国城市空气质量分类管理技术方法。在系统分析我国城市环境空气质量现状和分布特征，详细梳理我国大气污染控制历程，充分剖析欧美等发达国家和地区环境空气质量改善和治理经验的基础上，以科学发展观为指导，围绕全面建设小康社会的环境要求，结合我国“十二五”规划，从制定空气质量管理办法入手，设计城市空气质量管理的整体策略。

2）示范城市大气污染源排放动态数据库。以现有大气排放源清单数据库为基础，研发大气排放源清单管理系统软件工具。该工具设计用于辅助区域或城市排放源管理，以及为区域及城市空气质量模拟研究、空气质量管理决策提供便利的工具。解决了系统数据流管理及数据保存的关键技术问题，实现了排放源清单管理、排放源清单统计分析、排放源清单展示、排放源清单汇总分析等主要功能。

3）大气污染控制规划制定技术方法和导则。通过在兰州、太原和包头开展强化观测、污染源排放调查、颗粒物精细化复合来源解析、空气质量模拟、达标方案制定等示范研究。详细分析城市大气污染和空气质量的关键问题和瓶颈，结合已有控制措施，提取城市空气质量改善和达标关键支撑技术，建立一整套体系化的空气质量改善方案和达标方案编制和制定技术方法，编制完成《城市空气质量改善方案编制技术指南》。解决了我国缺乏科学完善的空气质量改善方案编制体系的问题，突破了城市空气质量改善过程中的支撑技术瓶颈，可以有效推动城市空气质量改善并逐步实现达标。以此为依据编制的三个示范城市空气质量达标方案将有效推动当地环境空气质量问题的解决。

4）颗粒物来源解析复合模型。构建了精细化复合受体模型，在解决共线性问题的同时，定量解析一次及二次污染源贡献值。同时，在综合国内外多年研究经验的基础上，通过在示范城市的具体实践，编制完成《大气颗粒物来源解析技术指南》，明确了大气颗粒物来源解析的指导原则、技术方法和结果应用，用来指导各地在科学的标准和规范下开展源解析工作，取得可靠可比的源解析结果，为颗粒物污染防控提供科学有效的支撑。

5）城市尺度空气质量模型。项目组在充分结合示范城市客观实际的情况下，对模型的各个部分进行了二次开发和升级，利用升级后的模型对兰州、太原和包头进行了模拟，并据此编制完成了《空气质量模型大气污染来源解析技术方法》，系统阐述了城市局地地形、污染物排放与转化以及周边环境特征信息的收集，模拟区域的选择，模式参数的配置，以及与模式系统兼容的排放源清单的建立方法。明确了模拟数据的输入与输出，阐明了结果的应用及对城市空气质量改善的指导意义。

6）兰州、太原和包头的城市空气质量达标方案。利用项目组开发的“城市空气质量改善方案编制技术指南”“大气颗粒物来源解析技术指南”，以及污染源数据库建立技术、大气颗粒物复合来源解析技术和城市尺度空气质量模型技术三项支撑技术等多个研究成果，依托示范城市现有监测体系，辅以强化观测，在充分考虑城市自然禀赋、经济发展现状和趋势、大气污染控制基础，以及未来发展方向的基础上，制定城市空气质量达标方案。

4 成果应用

1）为环境保护部科技标准司、环境监测司、污染防治司等提供支撑，编制完成《城市环境空气质量管理办法》《城市空气质量改善方案编制技术指南》《大气颗粒物来源解析技术指南》；

2）参加区域大气污染防治科技专项“大气专项”与“蓝天科技专项”建议书的编写工作，提供我国目前主要大气环境问题总结报告以及城市空气质量管理的国内外相关资料；

3）为示范城市兰州、太原和包头编制完成空气质量达标规划，并指导其具体实践；

4）研究成果在我国《大气污染防治法》修订工作中起到了重要的技术支撑作用。

5 管理建议

1）大气颗粒物精细化来源解析工作是一项复杂的系统工程，随着科学认知的逐步提高，需要在实施中不断完善技术方法。各地制定环境空气质量达标规划时要以颗粒物来源解析结果为依据，应根据空气污染现状、工作基础和污染防治目标，结合社会经济发展水平与技术可行性，科学选择适宜的来源解析技术方法。

2）大气质量模式的模拟结果需要详细全面的观测数据的支撑，观测数值的缺乏是当前面临的问题之一。排放清单的准确性也需要合理的评估。在模式中，气溶胶粒子的物理化学过程还需要进一步加强和改进。

3）城市大气污染源清单编制应是一项动态、长期的，需要不断完善和改进的基础性工作，目前尚存在以下问题：①工业源清单基于污染源普查数据开发，而工业源普查数据没有 VOCs、CO 等污染物的排放量统计；②非工业源清单部分由于目前国内基础数据及排放因子仍有欠缺，许多排放因子需借鉴国外相关的研究报告，未必能够很好地反映当地的实际情况。针对以上问题，未来城市大气污染源清单编制工作仍需要通过实测或排放因子估算等方法来完善 VOCs 等污染物的排放量测算；开展针对非工业源的基础数据和排放因子研究工作，减少相应的误差。

4）城市空气质量的改善关乎国计民生，与之相关的科学研究涵盖面广，学科复杂，包含了大气环境科学、大气污染控制技术、空气质量管理等多个方面。本研究是基于国内外多年研究经验和成功实践的基础上进行拓展，旨在形成能够为环境管理部门提供技术支撑，并有效指导城市切实改善环境空气质量的体系化工程。现阶段，项目组已经初步构建和完善了整体框架，开发了三大支撑技术，并在兰州、太原和包头三个示范城市完成了第一阶段的实践，但是距离形成一个优化完善的达标和改善方案还有进一步加强的空间，下一步要继续细化各部分内容，力求研究成果客观、可行、有效。

6　专家点评

该项目在系统分析我国城市环境空气质量现状和国内外环境空气质量管理经验的基础上，提出了我国重污染城市空气质量达标管理策略；研发了大气排放源清单管理系统软件，形成了示范城市大气污染源排放数据库，构建了大气颗粒物精细化复合来源解析模型和城市尺度空气质量模型并在示范城市开展了应用研究；参与编制了《大气颗粒物来源解析技术指南（试行）》，完成了《城市空气质量改善方案编制技术指南（报批稿）》，提交了《城市空气质量达标管理办法》等五项文件建议稿。研究成果在环境保护部相关技术指南编制和兰州、太原和包头等城市大气污染综合防治等工作中得到应用，为我国城市空气质量管理提供了技术支撑。

项目承担单位：中国环境科学研究院、中国科学院大气物理研究所、南开大学、兰州环境科学学会、包头市环境科学研究院、太原市环境科学研究设计院

项 目 负 责 人 ：王淑兰

城市固体废物焚烧大气环境污染防控与管理支撑关键技术研究

1 研究背景

随着我国城市化和工业化过程的超常规发展以及人民生活水平的提高，城市固体废物产生量越来越大，由于城市土地资源稀缺，焚烧处理技术能够最大限度度地减容化和无害化处理垃圾，同时还能回收利用热能，已成为政府部门城市固废处置优先选择的一种方式。然而我国以往注重以焚烧处理技术的引进和适应性研究，对其风险的识别和评估重视不够，疏于从风险和危害的角度对焚烧技术的发展进行论证。此外，由于城市污泥焚烧技术发展起步较晚，以焚烧方式处理污泥在我国还没有得到充分的发展，因此在环境管理层面也尤其缺乏技术标准、污染控制标准和最佳技术指引等。

本项目通过对我国不同地区已建的不同技术、不同管理水平条件下的典型城市固体废物焚烧处理设施开展大气污染防控技术研究与环境风险评估，重点关注城市固体废物在各种条件下焚烧过程中特征污染物（二噁英、重金属等）的排放特征，初步形成城市固体废物焚烧处理设施大气污染防控技术体系、环境影响后评估技术规范、污染减排评估技术方法与长效监督管理技术；开展焚烧设施周边环境和暴露的风险评估，形成固体废物焚烧处理环境风险识别与评估方法；对比研究各种典型固体废物焚烧处理方式的环境与健康风险水平，提出城市固体废物焚烧处理设施环境风险控制管理对策，为我国城市固体废物焚烧设施环保监管与决策提供管理支撑技术。

2 研究内容

（1）城市污泥焚烧大气污染防控技术体系研究

针对我国不同地区城市污泥单独焚烧及污泥混烧典型工艺的大气污染防控，重点提出典型城市污泥流化床单独焚烧、流化床垃圾混烧工艺的主要污染物重金属和二噁英的产排污因子。重点研究污泥特性、焚烧工艺、运行管理水平和污染控制技术对重金属和二噁英等毒害物质排放的影响，评估筛选大气污染防控的适用技术，提出毒害污染物的排放因子和推荐的排放限值，以及污泥焚烧和污染物控制全过程管理措施，为城市污泥焚烧的环境管理提供依据和技术支撑。

（2）城市生活垃圾焚烧过程污染物控制与评估技术研究

对国内不同垃圾组分、处理技术及管理水平条件下的典型城市生活垃圾焚烧处理设施开展大气污染防控评估技术研究，重点关注垃圾焚烧过程中二噁英和重金属排放特征及污染控制技术水平，分析影响二噁英与重金属排放的生活垃圾组分、焚烧工艺、运行管理水平和污染控制技术等因素的影响程度，建立常规污染指标与二噁英的关联关系，提出毒害污染物（二噁英、重金属）非正常工况排放因子计算方法，构建生活垃圾焚烧处理设施大气污染控制技术评估方法。

（3）生活垃圾焚烧大气污染物扩散与人群暴露风险评估技术研究

重点研究城市生活垃圾焚烧设施烟气特征污染物二噁英、重金属扩散、沉降定量数值模拟技术，开展焚烧设施周边环境特征污染物监测和人群特征污染物呼吸暴露风险调查，形成垃圾焚烧处理环境风险识别与评估方法，获得我国典型垃圾焚烧处理设施环境空气特征污染物人群暴露风险评估基础数据，建立垃圾焚烧处理设施环境影响监测方案和技术指南。

（4）城市固体废物焚烧处理管理支撑技术研究

构建我国城市固体废物焚烧处理管理支撑技术体系，制订城市固体废物焚烧管理技术规范综合示范方案，结合示范成效进一步完善和优化管理技术体系；开展城市固体废物焚烧管理政策及技术、标准体系与我国现阶段城市固体废物焚烧处置管理需求的协同性和匹配性研究，提高城市固体废物管理水平；分析目前城市固体废物焚烧设施选址现状及存在的问题，以解决焚烧设施建设与公众反对这一矛盾为目标，建立社会监督技术体系，开展城市生活垃圾焚烧处理设施环境友好构建机制研究。

3　研究成果

（1）关键技术

①《城市污泥焚烧处置设施大气特征污染物排污因子手册》（建议稿）；②《我国城市污泥处理处置污染防治最佳可行技术指南——污泥焚烧部分》（建议稿）；③《城市垃圾焚烧设施运行全过程污染控制技术评估方法指南》（征求意见稿）；④《城市垃圾焚烧设施二噁英排放因子计算方法指南》（建议稿）；⑤我国城市生活垃圾焚烧特征污染物大气扩散及沉降模型；⑥《我国城市生活垃圾焚烧设施周边人群呼吸暴露健康风险评估方法指南》（建议稿）；⑦《城市生活垃圾焚烧处理设施健康风险评价监测方案》（建议稿）；⑧城市固体废物焚烧处置设施环境友好公众意愿调查方案；⑨《城市固体废物焚烧设施环境影响后评估技术指南》（建议稿）

（2）政策建议

①《基于最佳适用技术城市污泥焚烧的有毒有害污染物排放标准限值》（草案）；

②《我国城市污泥焚烧设施日常运行的监督管理办法》（建议稿）；③《我国污泥焚烧处理处置的对策与建议》；④《关于指导生活垃圾焚烧厂二噁英类达标排放的政策建议》；⑤《加强垃圾焚烧设施环境健康风险管理对策建议》；⑥《城市固体废物焚烧处置设施环境友好公众参与实施规范》（建议稿）；⑦城市固体废物焚烧设施监督管理体系；⑧《城市固体废物焚烧处置设施选址建议》（建议稿）。

4 成果应用

1）在污泥焚烧及污染防控技术方面，指导了江阴光大污泥垃圾协同焚烧工程，绍兴、杭州萧山和无锡惠山污泥喷雾干燥工程，合计指导4个工程实例；

2）在生活垃圾焚烧及污染防控技术方面，指导了重庆同兴、大同富乔、山东菏泽、东莞科维等单位的工程实践，应用单位达到9家，形成2家焚烧设施工程案例；

3）运用大气污染物风险评估技术，评估了1家已建焚烧厂及2家欲建焚烧厂污染物排放对各网格内人群造成的呼吸暴露风险，并形成风险评估报告。

5 管理建议

（1）完善污泥焚烧污染物防治法规标准，推进污泥焚烧后二次污染的控制

污泥焚烧烟气治理的研究国内起步较晚，缺乏对污泥焚烧废气产排规律及其控制的系统认识，使得众多污泥焚烧处理实用技术不能有效推广，也缺乏针对性的环境管理依据。为此，建议借鉴发达国家在污泥焚烧大气污染物排放标准与控制措施的成功经验，组织开展相关研究，制定相关的污泥焚烧污染物排放标准、技术规范与环境管理政策，促进我国污泥焚烧技术推广和规范化环境管理。此举不仅有利于污泥焚烧后的二次污染的控制，而且能促进焚烧技术工艺流程的革新。

（2）加大对污泥焚烧处理处置的投入和政策支持

污泥处理处置是需要政府投入和建立收费体系来支撑的公益事业，应该以“减量化、稳定化、无害化”为目的。“资源化”并不是目的，而是一个重要的原则，要尽可能利用污泥处理处置过程中的能量和物质，以实现其资源价值。虽然污泥资源化利用可以补偿部分污泥处理处置的成本，但是实践证明要靠盈利实现污泥处理处置是很难的。原因主要有以下两点：一是原料（污泥）性质和市场前景不确定因素多；二是生产成本高于利润所得，难以形成市场良性运作。因此需要政府加大对污泥焚烧处理处置的投入和政策支持，推动污泥处理处置产业的良好发展。

（3）选择典型污泥焚烧技术，建立污泥焚烧示范工程，在大范围内推广应用，促进污泥处理处置产业发展

污泥焚烧耗资大、设备复杂、对操作人员的素质和技术水平要求高，对社会经济水

平要求较高。污泥焚烧在国内应用不多，主要的应用领域也限于小规模、特殊行业。大规模市政污泥焚烧技术的应用开始于 2004 年建成运行的上海石洞口污水处理厂污泥焚烧系统。建议环境保护部牵头组织一些环保企业在典型地区建立污泥焚烧处理处置示范工程，对典型污泥焚烧技术进行应用示范，取得经验后在全国范围内推广，促进我国污泥处理处置产业发展。

（4）开展全国垃圾焚烧设施污染特性与周边人群分布调查，构建我国垃圾焚烧设施基本信息动态数据库

针对我国目前垃圾焚烧设施，尤其是中小城镇小型垃圾焚烧设施，污染严重且底数不清，周边暴露人群缺乏基础数据，以及管理状况不明的现状，开展全国性垃圾焚烧设施基本信息、污染排放和周边人群分布特征的普查工作，构建我国垃圾焚烧设施基本信息动态数据库，并依据每年新增或减少的垃圾焚烧设施情况动态更新数据库。掌握我国垃圾焚烧设施建设、运营和管理环节主要产生的环境问题，识别潜在的风险源，为风险评价和风险管理决策提供依据。

（5）对典型垃圾焚烧炉的周边环境和人群进行持续性跟踪监测与评估研究

由于二噁英监测时间较长以及费用较高，同时二噁英对健康影响的敏感性，在开展周边环境实际监测中遇到较大的阻力，本研究仅选择了 8 个焚烧设施开展现状监测，普适性具有一定的局限。未来应在本次初步研究结果的基础之上进行大样本量的人群研究，如病例对照和队列的多假设检验的流行病学研究，考虑人体研究多影响因素的存在和潜在影响，有可能造成偏倚，针对城市垃圾焚烧源对周边人群健康的影响，应该进行长期的更加严密和科学的流行病学大样本量设计研究。在此基础上，利用本研究初步建立的技术方法体系，对垃圾焚烧设施所带来的环境、生态安全、健康风险需要进行全面、持续性的评估。建议对垃圾焚烧炉的周边环境和人群进行持续性跟踪研究，以获得更加科学、可信的有关垃圾焚烧健康暴露的科学证据。

（6）逐步建立和完善垃圾焚烧环境健康风险评估技术体系

垃圾焚烧设施环境风险管理的核心是焚烧设施排放的致癌污染物二噁英、重金属长期暴露的人群健康风险评价，因此要推进垃圾焚烧设施环境风险管理，应加强焚烧设施环境健康风险评估技术研究，建立风险评估数据库（人群的暴露参数、区域地形地质、水文参数、土壤参数和常见目标污染物的毒性参数等），完善健康风险评价中的污染物扩散沉降模型、暴露评价模型、风险表征模型和关键技术等，制定发布垃圾焚烧设施环境健康风险评价技术导则。对评价的内容、程序和技术要求做出相应的规定。

（7）加强垃圾焚烧设施环境健康风险控制与交流

在公众环保意识日益增强的趋势下，市容环卫和环境保护主管部门应对垃圾焚烧设施进一步加强监管，对技术落后污染严重的焚烧处理设施进行关停并转，升级改造，切

实降低排放所致的人群健康风险。企业必须加快提高设施运行水平，严格执行各项工程技术规范和操作规程，在运营过程中要足额使用石灰、活性炭等辅助材料，去除烟气中的酸性物质、重金属离子、二噁英等污染物，保证达标排放，将污染物的人群健康风险控制在可接受的水平。大力开展已建垃圾焚烧设施的环境健康风险评价和风险控制管理工作，提高环境数据和风险评价结果的透明度，加强与公众的沟通交流。新建生活垃圾焚烧设施，应安装排放自动监测系统和超标报警装置，设置便于与公众进行环境数据信息交流的在线数据显示系统；同时应制定应急预案，有效应对设施故障、事故、进场垃圾量剧增等突发事件。

（8）逐步将环境健康风险评价纳入垃圾焚烧设施管理制度

为了消除公众疑虑，科学地控制垃圾焚烧设施风险，随着环境健康风险评价技术体系的完善和成熟，应逐步将环境健康风险评价纳入垃圾焚烧设施的日常环境管理。在焚烧设施建设规划之环境保护专题中设立环境健康风险评价的内容，根据风险评价的结果进行科学合理的布局和规划。在焚烧设施选址论证过程中，开展环境健康风险的预评价，为总图布局和规划控制提供依据。在垃圾焚烧设施建设环境影响评价中，开展环境健康风险评价，为污染控制措施和环保可行性论证提供依据。在垃圾焚烧设施运营监管中，开展焚烧设施环境健康风险回顾性评价，为日常监管采取相应措施提供科学依据。

6 专家点评

该项目通过对我国不同地区已建成的生活垃圾和城市污泥焚烧处置设施污染防控与管理现状的调查、监测、实验及分析，建立了城市垃圾焚烧设施运行全过程污染控制技术评估方法；构建了城市污泥单独焚烧、污泥混烧处理工艺的重金属、二噁英类大气污染物产排污因子，提出了生活垃圾设施正常和非正常工况下特征污染物排放因子计算方法；针对我国国情应用和改进了垃圾焚烧特征污染物扩散与沉降模型。基于上述成果，形成了《我国城市生活垃圾焚烧设施周边人群呼吸暴露健康风险评估方法指南》《城市垃圾焚烧设施运行全过程污染控制技术评估指南》等9项技术文件建议稿，并在重庆、大同、深圳和东莞等城市开展了应用和验证。项目研究成果已在多地城市污泥和生活垃圾焚烧设施环境管理工作中得到应用，为城市污泥和生活垃圾污染控制和环境监管提供了有效的技术支持。

项目承担单位：环境保护部华南环境科学研究所、清华大学、中日友好环境保护中心、中国科学院生态环境研究中心、浙江省环境监测中心、重庆市环境监测中心、辽宁省环境监测中心、广州大学、暨南大学、广州华科环保工程有限公司
项目负责人：任明忠

典型人为源挥发性有机物排放特征及控制政策研究

1　研究背景

挥发性有机物（VOCs）是大气中气态的有机物，包括成千上万种不同的物质，是大气氧化性增强的关键因素。VOCs 的转化及其对二次气溶胶生成的贡献是认识大气 $PM_{2.5}$ 浓度、化学组成和变化规律的核心科学问题，转化生成的二次有机气溶胶（SOA）在细颗粒有机物质量浓度中占 20% ～ 50%。大气重污染的发生往往伴随着空气中 $PM_{2.5}$ 中有机组分的大幅度增加。而且，大气中很多 VOCs 物种对人体健康有直接危害。因此，VOCs 是我国城市群大气中 $PM_{2.5}$ 和 O_3 形成的关键前体物，有效控制 VOCs 已成为现阶段我国大气环境治理领域中的热点问题，“大气十条”明确规定控制 VOCs，国家在“十三五”期间拟将 VOCs 列为约束性指标加以控制。尽管中央和地方政府增强了对 VOCs 的重视，于 2007 年末对 VOCs 污染源进行了第一次普查，但到目前为止仍没有系统完整的 VOCs 排放清单数据库形成，给大气污染管理技术带来很大不确定性。可见，准确描述大气中 VOCs 的排放特征，对于研究 VOCs 在我国大气复合污染生成的作用、识别大气复合污染的来源和生成机制、描述大气氧化性的强弱具有重要的科学意义。

本研究针对我国 VOCs 污染源排放控制管理研究滞后、防控和监督管理未有成熟经验及模式的现状，建立典型人为源 VOCs 污染源排放清单；以源头追踪为工业 VOCs 排放量核算的指导思想，探讨工业生产的 VOCs 污染控制途径；在有代表性的工业园区进行 VOCs 排放核算、控制与管理的示范，建立国家和地方两个层面的 VOCs 系统的防控监督管理模式；进行 VOCs 控制技术评估研究和 VOCs 控制政策研究，为工业 VOCs 的管理控制提供理论依据和技术支持。

2　研究内容

1）基于对典型工业、溶剂、涂料、加油站、加气站和机动车等人为源排放 VOCs 排放因子和全国重点污染源产排污现状监测调查，建立我国典型人为源 VOCs 排放时空分布。

2）以源头追踪法作为工业 VOCs 排放量估算的指导思路，分解与整合工业 VOCs 排放的全过程以及各单元过程，研究典型工业VOCs排放特征和VOCs污染排放控制途径。

3）针对石化、汽车制造、化学制药等开展其VOCs控制策略研究，并在广州市南沙小虎岛化工区和台州市医药化工园区，分别进行石油化工产品储运和生产行业和医药化工行业VOCs污染控制及管理模式示范研究。

4）测试与评估典型行业现有VOCs控制工程性能，建立VOCs污染控制技术综合评价指标体系和定量方法，评估典型行业VOCs控制技术，提出典型行业VOCs污染控制的技术路线图。

5）通过国外VOCs控制政策经验总结和我国典型工业行业VOCs控制的环境政策框架研究，开展VOCs控制政策研究。

3 研究成果

1）建立了我国典型人为源VOCs排放源清单编制方法体系，包括源分类和估算方法以及排放系数和活动水平数据库的构建。基于国民经济行业分类标准和参考欧美人为源VOCs排放源分类，将人为源VOCs源分为移动源、生物质燃烧源、工艺过程源、溶剂使用源和化石燃料燃烧源五类四级共152个子源的人为源VOCs排放分类体系，并引入不确定性分析及关键影响源识别技术构成排放量计算优化系统。基于模型模拟、文献调研和现场测量的方法，确定了各子源当前及历史排放因子，建立具有时间动态的排放因子数据库；通过数据收集及补缺法构建了活动水平数据库；结合“自上而下”和“自下而上”空间分配方法，获得县级水平VOCs排放量；应用GIS建立40 km×40 km排放量网格时空分布图。

2）首次建立了1978—2012年我国人为源VOCs高分辨率的排放源清单，获得了人为源VOCs排放历史变化趋势和空间分布特征。2012年人为源VOCs排放量2 871.46万t，其中工艺过程源、移动源、溶剂使用源、生物质燃烧源和化石燃料燃烧源分别占总排放量的41%、27%、15%、12%和5%。十大关键排放源为载客汽车、秸秆燃料、炼焦、秸秆露天焚烧、化学原料及化学制品业、摩托车、塑料制品业和医药制品业、炼油、建筑涂料排放量均超过80万t，排放量占总排放量的57%左右。四大重点排放地区为山东、广东、江苏和浙江，其排放量在200万t以上，排放贡献率分别为10.98%、9.25%、7.78%、7.34%。1978—2008年人为源VOCs排放量由704.83万t逐年上升，以1989年和2000年为界经历了平稳、波动及迅速上涨阶段。源贡献由1978—1996年以化石燃料和生物质燃料燃烧源为主转变为1997—2008年移动源、工艺过程源和溶剂使用源为主，2000年后移动源成为主要排放源。

3）建立了2010—2012年我国典型工业源VOCs排放源清单。基于VOCs的生产、储存和运输、以VOCs为原料的工艺过程及含VOCs产品的使用和排放等四环节，应用源头追踪法估算出 2010—2012 年典型工业 VOCs 排放量分别为 1 674.39 万 t、1 905.47 万 t 和 2 088.67 万 t，其中石油化工行业、印刷和包装印刷、建筑装饰行业、油品储运是最大的四个排放源。2011 年含 VOCs 产品的使用和排放环节是排放量最大的部门，排放量占总排放量的 63.44%；其次是 VOCs 生产环节，占 14.28%，该环节主要包括石油化工和有机化工行业；以 VOCs 为原料的工艺过程、VOCs 的储存和运输的排放贡献分别为 13.27% 和 9.01%。工业源 VOCs 排放量最大的四个省份依次是浙江、广东、江苏、山东。

4）建立了典型工业行业 VOCs 控制技术评估方法及控制技术备选库，分析了我国未来 VOCs 控制情景。基于建立的以环境性能、技术性能、经济性能为主体的多因素多级 VOCs 控制技术综合评估指标体系和系统的评估方法，评估典型工业行业 VOCs 控制技术。结果表明，活性炭纤维吸附技术为包装印刷行业的最佳可行技术，在资金不足时可考虑颗粒活性炭吸附技术，若仅考虑污染物的去除可用直接燃烧技术去除 VOCs；低温等离子体技术为家具制造行业最佳技术，可通过设置预处理过滤装置和多级串联等方式弥补 VOCs 去除效率不高的缺点。

5）提出了典型工业行业 VOCs 控制途径。石化 VOCs 控制途径，包括生产过程、输配及储存过程、废水处理的有机气体回收和处理；汽车涂装 VOCs 控制应从涂料、涂装工艺和末端治理三方面控制汽车制造喷涂过程；包装印刷 VOCs 控制，应从源头削减、过程管理及末端治理三方面实施全过程控制；化学原料药制造 VOCs 控制，应从源头削减、过程管理及末端治理三方面控制；合成材料制造 VOCs 控制，应推行低 VOCs 或无 VOCs 环保溶剂使用、保持所有盛装溶剂或有溶剂成分药剂的容器完全密闭、吸附冷凝法和吸收溶解法的末端控制技术；橡胶和塑料制品生产 VOCs 可用吸附法、吸附—脱附—冷凝回收技术达到治理污染的目标。从储存、运输和装卸三方面控制油气储运行业 VOCs。

6）选择广州龙沙南沙公司、广州发展碧辟油品有限公司、广州鸿业储运有限公司 3 家企业进行治理技术示范，主要包括安装有效的集气设施、安装废气在线监测系统、安装 RTO 废气焚烧装置。编制了企业 VOCs 整治工程方案，开展企业排污监测，编写了 VOCs 监测报告，完成了“重点企业 VOCs 污染防治总结”。总结了各试点企业 VOCs 污染防治工作经验，形成了“企业 VOCs 污染防治建议”。

7）提出了典型行业 VOCs 控制政策框架建议，包括 VOCs 污染控制管理政策、技术政策和经济政策建议。

4　成果应用

1）编制的《大气挥发性有机物源排放清单编制技术指南（试行）》，已由环境保护部作为环保技术标准正式发布。

2）建立的“2011年我国典型人为源VOCs排放清单与时空分布”作为科学报告提交给环境保护部，基本弄清了全国VOCs排放总量及各个行业的贡献比例，为我国VOCs排放总量控制政策研究提供了基础数据。

3）建立的典型人为源VOCs排放因子数据库，已应用于各地方环境保护部门和环境科学研究院开展VOCs源清单的建立。

4）提出的典型工业VOCs控制途经与政策，部分建议已被“大气十条”和“十二五”重点区域大气污染联防联控规划采纳。

5）建立的典型行业VOCs控制技术数据库，已应用各地方典型行业VOCs治理规划，应用于VOCs总量控制目标和实施方案的研究。

6）提出的《工业行业VOCs污染防治指导意见》《汽车制造行业VOCs污染防治指导意见》和《石化行业VOCs污染防治指导意见》等征求意见稿及《典型高VOCs排放行业园区污染防治建议》《医药化工园区VOCs污染控制示范方案》和《化工园区VOCs污染控制示范方案》，已应用于部分工业行业、汽车制造行业、石化行业、医药行业等VOCs的防治。

5 管理建议

1）完善VOCs污染防治法律法规，健全VOCs防治环境标准。完善《大气污染防治法》《环境影响评价法》《清洁生产促进法》和《职业病防治法》中VOCs污染防治相关条文；健全涉及VOCs的环境质量标准、污染物排放标准、环境监测方法标准、职业卫生标准和环境标志产品标准。加快完善典型行业污染物的排放标准，针对有机化工、涂料与涂装、印刷包装、制药、交通运输、半导体等重点VOCs排放行业，制定有针对性的行业性大气污染物排放标准和行业通用设备的VOCs排放标准；同时应针对石油、饮食业、皮革制品等行业已有的大气污染物排放标准适时进行修订。

2）实施VOCs总量减排制度。目前我国挥发性有机污染物（VOCs）的减排与控制整体上可以考虑总量控制，实施减量减排；从重点地区、典型行业、重点污染源做起，分阶段、有步骤地进行控制。以环境质量为目标，以控制重点行业和实施区域管理为手段，根据设定目标与局部区域实际排放情况来量化污染物总体减排量；再次根据区域内污染来源确定总体目标在具体地区、具体行业的减排任务。

3）加强重点区域和行业VOCs污染防治规划，突出VOCs削减和控制。以重点区域、重点行业VOCs污染防治为主要内容，编制全国VOCs污染防治规划，明确防治目标、任务和政策措施；在全国推行VOCs污染防治的基础上，各地要加强基础工作，切实掌握VOCs污染源情况和排放现状，抓紧编制地方VOCs污染防治规划；建立污染防治规划的回顾评价制度，将评估结果向社会公布，对未达到削减目标的区域和行业采取定期通报制度。

4）逐步推行排污申报登记制度。制定污染源 VOCs 排放量测算规范方法，逐步推行 VOCs 排放申报登记试点工作和推进环境统计制度，对排放 VOCs 的企业和单位要求开展 VOCs 排放监测测算其 VOCs 排放量及对含 VOCs 的相关物质的使用、生产以及输出进行登记以及跟踪记录；排放 VOCs 的企业和单位对排放污染物的数量、种类、浓度、监测方法、污染物处理设施处理效率以及原料使用、产品生产等数据进行记录，并将记录上报地方环保部门备案。

5）开展重点行业的 VOCs 污染综合防治。控制石油与化工行业 VOCs 污染排放；采取有力措施，开展表面涂装工艺的 VOCs 污染减排；推动制鞋行业的 VOCs 废气治理；推进印刷行业 VOCs 排放控制；对化学原料药行业开展 VOCs 废气治理。

6）建立健全 VOCs 环境监测机制，开展 VOCs 来源解析。建立针对 VOCs 的监测体系及其配套的污染源采样监测网络，并对现有 VOCs 排放清单加以完善。同时，各级环境保护部门需要从污染源、环境质量的监测工作入手，适当地分区域、分层次配置相关的监测技术和设备，形成完善的 VOCs 日常监测机制。

7）制定 VOCs 控制技术政策、工程技术规范和技术指南等。建立以技术政策、技术指南、工程技术规范、产品标准，以及环境技术评价和示范推广体系为主要内容的 VOCs 防治技术体系，建立有利于技术研发、转化、推广应用的长效机制。在环境影响评价、环境工程建设、“三同时”验收等环境管理中加大实施力度。大力推进实施企业环保产品标准、环境工程技术规范、环境服务标准等。

8）在生产、储运、使用、排放、回用等环节 VOCs 污染排放调查的基础上，综合考虑 VOCs 的排放控制成本以及 VOCs 对环境的危害情况，建立合理的排污收费政策，使 VOCs 的排污收费高于其控制成本，推动排污企业自觉进行 VOCs 的排放控制。对 VOCs 污染严重的典型行业，设置专项环境税。

6 专家点评

该项目建立了我国典型人为源挥发性有机物（VOCs）排放源清单编制方法体系，包括源分类和估算方法及排放系数和活动水平数据的构建，编制出已由环境保护部作为技术标准向全国颁布的《大气挥发性有机物源排放清单编制技术指南（试行）》；首次建立了 1978—2012 年我国典型人为源 VOCs 高分辨率的排放源清单和 2010—2012 年典型工业挥发性有机物排放源清单，获得了我国人为源 VOCs 排放历史变化和空间分布特征，基本弄清了全国 VOCs 排放总量和各个行业的贡献比例，为我国 VOCs 排放总量控制研究提供了基础数据；建立了典型工业行业 VOCs 控制技术评估方法及控制技术备选库，分析了我国未来挥发性有机物控制情景。提出的典型工业 VOCs 控制途经与政策部分建议已被“大气污染防治行动计划”和重点区域大气污染防治“十二五”规划采纳；建立的典型行业VOCs控制技术数据库，已应用各地方典型行业VOCs治理规划及其总量控制目标和实施方案的研究。因此，该项目成果为我国大气VOCs的管控提供了重要技术支撑，具备广阔的应用前景和重要的参考价值。

项目承担单位：北京大学、清华大学、华南理工大学、中国环境科学学会、环境保护部华南环境科学研究所

项目负责人：谢绍东

制药行业挥发性有机物与恶臭控制技术政策研究

1　研究背景

挥发性有机物（VOCs）与恶臭污染物的治理在环保治理工程领域发展时间不长，尤其针对制药行业产生的 VOCs 与恶臭气体的各种治理技术、工艺仍然不够成熟，存在运行不稳定、能耗高、易产生二次污染和管理维护工作量大等缺陷，现有技术和单一技术难以满足日益提高的环保标准。VOCs 与恶臭气体治理的新技术，将朝着低能耗、低成本、无污染的优化集成的、绿色高效的方向发展。评价筛选制药行业产生的 VOCs 与恶臭气体治理技术对制药行业的 VOCs 与恶臭的污染控制和科学化管理有着重要的推动作用。目前我国制药行业 VOCs 和恶臭排放现状尚不清楚，尚无针对 VOCs 和恶臭污染控制的技术评估指标体系和方法，缺少 VOCs 和恶臭污染物最佳适用技术和控制途径指南以及制修订行业标准、排放标准的依据。

本项目拟针对制药行业的特点，给出化学制药和生物制药典型生产工艺及污水处理过程中产生 VOCs 与恶臭物质的源强、种类，鉴别其组成、毒性，建立 VOCs 与恶臭物质的污染物种类与特性数据库，给出全国典型制药行业 VOCs 与恶臭污染现状；对制药行业有效削减和控制 VOCs 与恶臭气体产生的清洁生产技术或“绿色制药”措施进行评价；针对典型制药生产工艺单元所产生 VOCs 与恶臭气体中的特征污染物不同治理技术进行技术经济效益评估，建立污染控制评估指标体系，筛选并推荐适宜的工艺技术，编制《制药行业 VOCs 与恶臭污染控制技术指南》（建议稿）；开展制药行业 VOCs 与恶臭气体排放控制标准的制（修）订关键技术研究，为制药行业 VOCs 与恶臭气体排放控制标准制（修）订提供科学依据。本研究预期成果能为制药行业 VOCs 和恶臭污染的控制、污染物排放标准的制定、最佳适用技术和清洁生产等环境技术管理、技术政策提供决策支撑。

2　研究内容

1）针对制药行业的特点，给出化学制药和生物制药典型生产工艺及污水处理过程中产生 VOCs 与恶臭物质的源强、种类，鉴别其组成、毒性，建立 VOCs 与恶臭物质的污染物种类与特性数据库，给出全国典型制药行业 VOCs 与恶臭污染现状。

2）对制药行业有效削减和控制VOCs与恶臭气体产生的清洁生产技术或“绿色制药”措施进行评价；针对典型制药生产工艺单元所产生VOCs与恶臭气体中的特征污染物不同治理技术进行技术经济效益评估，建立污染控制评估指标体系，筛选并推荐适宜的工艺技术，编制《制药行业VOCs与恶臭污染控制技术指南》（建议稿）。

3）开展制药行业VOCs与恶臭气体排放控制标准的制（修）订关键技术研究，为制药行业VOCs与恶臭气体排放控制标准制（修）订提供科学依据。

3 研究成果

（1）掌握了制药园区、典型产品生产过程VOCs和恶臭污染特征，建立了国内首个制药行业VOCs和恶臭特性数据库

通过制药园区、典型制药产品的现场调查和实验室实验，掌握了制药园区、典型产品（青霉素类、阿莫西林、维生素C、对乙酰氨基酚、头孢霉素等）生产过程、废水治理系统VOCs和恶臭污染特征。探索了长期高强度（我国现有标准限值下）环境健康风险。完成了生物制药、化学制药典型产品生产过程中VOCs和恶臭特性调查、采样和分析工作，建立了国内首个制药行业VOCs和恶臭特性数据库。数据库可提供生物制药、化学制药典型产品生产过程典型工艺、VOCs和恶臭产生源、排放清单、污染物种类、健康风险、毒理特性及80余种VOCs理化特性等信息。

（2）研究提出了典型产品生产过程VOCs和恶臭排放标准制（修）订体系建议

由于制药行业典型产品生产过程中在VOCs和恶臭排放源、污染物种类、排放特征有显著差异，而且国际上和国家尚没有相关标准或限值可借鉴。通过对四种典型产品青霉素类、阿莫西林、维生素C、对乙酰氨基酚等生产过程中VOCs和恶臭排放特征的对比研究，建议其生产过程VOCs和恶臭排放标准制（修）订体系：污染物控制节点、特征污染物、控制指标的种类、监测方法等。其中，阿莫西林产品控制的特征污染物为：二氯甲烷、三乙胺、异丙醇、丙酮、臭气、总挥发性有机物（TVOCs）。青霉素类控制的特征污染物为：乙酸丁酯、正丁醇、TVOC、臭气。维生素C控制的特征污染物为：臭气、甲醇及TVOCs。对乙酰氨基酚控制项目为乙酸、乙酸乙酯、TVOCs。

（3）研究建立了制药行业VOCs和恶臭气体监测方法

该项目研究建立了完整的制药VOCs及恶臭气体监测体系。采用手持式PID快速测出VOCs及恶臭气体总量，典型样品采用苏玛罐或吸附管进行全分析（定性、定量），对于气质联机无法满足监测要求的，采用气相色谱仪等进行特征污染物分析。改进了苏玛罐—气质联机和便携式气质联机VOCs及恶臭气体全分析方法，定量物质由EPA（TO-15）的64种增加到94种。提出了挥发性有机毒性物质（VOTCs）评价指标，建立了相应评价方法，用于表征制药行业VOCs综合毒性。该项研究建立的方法体系能够快速、

准确、全面地监测制药企业排放的 VOCs 及恶臭气体，为环境管理、环境执法以及雾霾预警和防治提供技术支撑，对保障人民群众的身体健康具有重要意义。

（4）开发了若干 VOCs 和恶臭污染控制技术

研究开发了适用于制药企业 VOCs 与恶臭污染物的先进净化技术：微波催化氧化净化技术，广谱和专属生物净化技术，高效的 VOCs 吸附氮气保护再生技术，高效的 VOCs 吸收解析集成耦合技术，转轮浓缩与洗涤回收技术等，并将上述单一技术进行了优化集成研究。

开发的微波催化燃烧技术及专用的催化剂，可有效提高催化氧化效率，降低燃烧温度，延长催化剂的使用寿命，该技术目前已申请 3 项发明专利，1 项国际专利，并将成果应用于制药行业中高浓度、难降解的 VOCs 治理工程。

研究开发了可高效降解恶臭物质 H_2S 和回收硫资源的生物 / 化学、吸收 / 化学氧化净化技术，可实现 VOCs 气体的高效吸收和净化，该技术已实施应用于制药废水处理站产生的含有 H_2S 和 VOCs 气体净化处理工程。

研究开发出了 TiO_2/ACF 复合光催化材料净化 VOCs 气体净化技术，该技术利用吸附和光催化的协同效应，可实现 VOCs 气体的快速吸附和高效降解，并将成果应用于制药行业低浓度、小分子的 VOCs 治理工程。该技术已获得国家发明专利授权。

研究开发了绿色离子液体吸收 / 回收 VOCs 和恶臭气体工艺，采用己内酰胺离子液回收制药行业蒸馏、烘干等工序高浓度有机溶剂，实现制药行业的绿色清洁生产，使有机废气得以资源化利用，获国家授权发明专利 2 项。

开发了离子液体固载改性海泡石技术，改性海泡石的孔结构，得到了多孔和高吸附性和催化活性的海泡石，并将其应用于 VOCs 和恶臭气体治理工程，获国家授权发明专利 2 项。

对上述开发的单一技术和现有成熟技术进行优化集成研究，包括高效的 VOCs 吸附氮气保护再生与溶剂回收技术，绿色高效的 VOCs 吸收与解析集成耦合技术，广谱和专属生物净化技术，转轮浓缩与微波催化氧化净化技术，转轮浓缩与洗涤回收等集成技术，取得了良好的经济和环境效益。

（5）编制了《生物和化学制药行业 VOCs 与恶臭污染控制技术指南》（建议稿）

该技术指南适用于制药行业在生产过程、原材料储存、污水处理和其他环保设施点源及面源所产生的 VOCs 及恶臭污染控制。

该技术指南的基本要求为：制药行业 VOCs 及恶臭污染控制应以保障人体健康、防止大气环境污染为宗旨，遵循“减量化、资源化、无害化”原则；污染控制要以预防为主，防治结合为原则。预防是指以改进工艺技术、更换设备、防止泄漏及其他清洁生产为主的工艺技术，杜绝 VOCs 及恶臭气体排放为主的预防性措施，防治是指以末端污染物控制与治理为主的工艺技术。污染控制技术的研究应考虑企业的生产工艺及废气排污节点，尽可能从源头避免和减少VOCs及恶臭气体的产生。建立制药行业VOCs与恶臭气体污染控制技术评估体系，推荐最佳可行处理技术，达到清洁生产、节能降耗的目的，尽可能回收利用再生资源，为环境管理部门、制药企业以及工程技术人员提供技术支持和决策参考。

4 成果应用

1）研究的化学与生物制药典型生产工艺VOCs与恶臭气体污染物种类与特性数据库及全国制药行业VOCs与恶臭污染现状调研报告给出了污染源强参数、污染物种类、浓度分布，为医药企业的环境科学管理提供了有效的技术支撑，并为制药行业污染物排放控制标准的制定提供了科学依据。相关研究成果已纳入一些地方政府的工作计划和规划中，有效推动了制药行业VOCs和恶臭减排与控制，为改善大气环境质量起到了积极作用。

2）研究产生的《生物和化学制药VOCs和恶臭污染控制技术指南》《制药行业VOCs与恶臭物质特性数据库》和《制药行业VOCs与恶臭控制技术评估系统软件V1.0》为制药行业VOCs和恶臭污染物的控制技术的筛选与规范提出了科学的方法，为减少$PM_{2.5}$前体物VOCs和恶臭污染物的排放提供了科学管理和治理技术的支持。

3）典型工艺生产过程中VOCs与恶臭气体的排放标准制（修）订指标体系的建立为尽快制定国家制药行业VOCs和恶臭污染排放标准打下了良好的基础，排放标准的建立将会倒逼企业的技术进步，为改善大气环境质量起到了重要的推动作用。

5 管理建议

1）在制药行业典型工艺生产过程中VOCs与恶臭气体的排放标准制（修）订指标体系研究成果的基础上，尽快制定国家制药行业VOCs和恶臭污染排放标准，倒逼企业的技术进步。同时，随着我国VOCs和恶臭污染投诉案件逐渐增多，应尽快研究制定VOCs和恶臭污染投诉案件评价处理程序和方法。

2）结合我国制药行业的特点，在初步建立的监测分析方法、制药行业VOCs与恶臭污染控制技术评估系统软件的基础上，加快建立国家级制药行业VOCs与恶臭污染监测标准和技术规范、制药行业VOCs排放量核算方法、控制技术评估方法，服务于制药行业VOCs与恶臭污染控制的评价和管理。

3）在制药行业VOCs和恶臭特性数据库基础上，研究建立国家级制药行业VOCs和恶臭特性数据库及交流、分析平台，有力提升全国制药行业VOCs和恶臭污染评价、监测、控制和管理水平。

4）采取产学研示范，结合《生物和化学制药 VOCs 和恶臭污染控制技术指南》积极推动制药行业 VOCs 和恶臭污染的控制，及时研究制定制药行业 VOCs 和恶臭控制技术规范，自主开发切合我国制药行业 VOCs 和恶臭控制的高新技术，为减少 $PM_{2.5}$ 前体物 VOCs 和恶臭污染物的排放提供科学的管理和治理技术的支持。

6　专家点评

本项目通过对青霉素钾盐、维生素 C、阿莫西林、对乙酰氨基酚 4 种药品生产工艺污染现状调研的基础上，分析了典型制药产品生产过程中 VOCs 与恶臭污染特性，建立了化学与生物制药典型生产工艺 VOCs 和恶臭气体污染物种类与特性数据库，初步构建了制药行业 VOCs 与恶臭气体治理技术评估体系，编写了《生物和化学制药行业 VOCs 与恶臭控制技术指南》《青霉素工业盐生产过程中 VOCs 与恶臭排放控制标准制修订指标体系》等 6 项技术文件建议稿。项目部分成果为河北省地方标准《青霉素类制药 VOCs 与恶臭特征污染物排放标准》（DB13/2208—2015）等制（修）订工作提供了技术支撑。

项目承担单位：河北科技大学、南开大学、华药集团环境保护研究所、河北省环境监测中心站

项 目 负 责 人 ：郭斌

长株潭地区大气重金属污染特征及控制研究

1 研究背景

针对我国重金属污染严重化、复杂化和全面化的态势，国务院及环境保护部等有关部门发布了一系列有关重金属污染防治的通知、技术文件和规划等。2009年11月，国务院办公厅下发了《国务院办公厅转发环境保护部等部门关于加强重金属污染防治工作指导意见的通知》，要求各地区、各部门积极稳妥地处置重金属污染，加大污染防治力度。2011年2月，《重金属污染综合防治“十二五”规划》由国务院正式批复，成为我国第一个“十二五”规划。2012年初，国务院批复了《重金属污染综合防治“十二五”规划》，规定的第一类规划对象以铅（Pb）、汞（Hg）、镉（Cd）、铬（Cr）和类金属砷（As）等毒性强且污染严重的重金属元素为主，重点防控的五大行业包括有色金属矿（含伴生矿）采选业和冶炼业、含铅蓄电池业、皮革及其制品业、化学原料及化学制品制造业等。湖南是“有色金属之乡”，省内分布着多个有色金属矿区和有色金属冶炼工业群。作为湖南省经济发展核心的长株潭城市群位于罗霄山脉与雪峰山脉之间的湘江谷地，为气流交汇地区，不利于大气污染物远距离扩散，易形成三市大气污染的相互叠加。加之城市群内火电、钢铁、有色冶炼、水泥等重点行业排放大量废气，机动车保有量快速增长，大气重金属污染问题日益突出。长株潭作为我国首批的“两型”社会（环境友好型、资源节约型）试验区，大气环境研究较少，更未开展大气重金属方面的系统研究。

本项目在对长株潭大气重金属污染源、环境大气和沉降样品进行调查、采样和分析的基础上，结合模型模拟和实验室实验，对长株潭大气重金属来源、时空分布、形态和粒径分布、干湿沉降通量、大气重金属污染等级等开展了针对性研究。项目成果对于促进我国大气重金属研究、污染防治和相关政策措施制定，推进大气重金属标准和基准研究具有重要支撑作用。

2 研究内容

1）长株潭地区大气重金属来源研究。以清水塘工业区为重点，通过资料收集和实地调研，分析长株潭地区大气重金属排放源特征，进行大气重金属来源研究。基于文献调研和部分实测，汇总、整理出典型行业主要重金属大气排放因子。建立长株潭地区大气污染源重金属排放清单，分析重点行业的大气重金属排放特征及其在大气重金属排放量中的比例。

2）长株潭地区大气重金属区域特征与输送研究。研究长株潭地区大气颗粒物中重金属污染水平，分析源区和不同功能区、不同粒径中重金属含量和质量浓度特征。研究长株潭地区大气颗粒物中重金属时空分布特征。研究长株潭地区大气颗粒物重金属输送的背景场。分析影响大气污染过程的主要天气形势。大气颗粒物重金属迁移特征研究。分析重金属迁移过程中形态及浓度变化、典型污染过程中重金属的迁移特征，以及不同季节重金属的迁移特点。

3）长株潭地区大气重金属沉降特征研究。分析不同地区大气颗粒物中重金属总沉降量和沉降通量，大气重金属沉降对土壤中重金属累积影响。建立重金属输送和沉降模型，模拟大气重金属的时空分布特征和不同下界面的沉降通量。

4）长株潭地区大气重金属污染控制研究。对大气重金属污染源控制提出有效建议，对大气重金属污染区域提出有效的治理措施，根据源排放特征对工业企业的合理布局提供理论支持。

3　研究成果

（1）建立了长株潭地区大气重金属的排放清单

本研究以 2011 年为基准年、以长株潭地区（2.8 万 km^2）为研究对象，综合采用“自下而上”和“自上而下”的方式，利用排放因子法，结合活动水平数据，编制完成了长株潭地区包括煤炭燃烧、油品燃烧、生物质燃烧、有色金属冶炼、钢铁冶炼、水泥制造、玻璃制造等多种源类，涵盖 Pb、As、Cd、Hg、Cr 等多种污染物的大气重金属污染源综合排放清单。清单首次阐明了长株潭地区大气重金属的主要来源，揭示了各种重金属（Pb、As、Cd、Hg、Cr）的排放总量、行业分布规律和空间分布特征。

（2）明确了长株潭大气颗粒物中重金属污染特征和赋存形态

通过对长株潭大气颗粒物 TSP、PM_{10}、$PM_{2.5}$ 样品的采集和实验室实验，发现除背景点外，长株潭秋冬季大气颗粒物浓度明显高于夏春季节，不同功能区采样点大气颗粒物浓度无明显差异，但位于株洲清水塘工业区下风向的采样点颗粒物中 As、Cd、Pb 重金属浓度明显高于其他采样点，其中 Cd 的富集因子最大，其次为 Pb 和 As。环境大气 PM_{10} 中重金属形态的分布特征分析表明：Zn、Pb、Cd 的形态分布具有一定的空间变化特征，主要以弱酸提取态的形式存在。

（3）明确了长株潭大气沉降中重金属的沉降量和污染等级

近 10 年来长沙、株洲、湘潭三城市大气降尘和重金属量都呈逐年降低的趋势，其中株洲大气降尘量下降最为明显，2010年较2006年下降284.4%，降尘中Zn、Pb、Cu和Cd 4种重金属2010年较2003年分别下降93.6%、96.2%、95.7和91.8%。通过富集因子（EF）、单因子指数、内梅罗综合指数法、污染负荷指数法、地积累指数法分析表明，长株潭主城区污染程度最严重的元素为Cd，其次为Zn、Pb、As，主要来源于人为源，仅有Cr达到安全级别。株洲市大气降尘中Cd的富集因子最大，其次为Hg、Pb和As，除Cr达到安全级别（Ⅰ级），As、Cd、Hg和Pb均为重度污染，其中污染最严重的元素为Cd。

（4）明确了长株潭地区大气重金属潜在生态风险评价和对土壤影响

长株潭地区Cd的潜在生态风险因子最高，尤其是位于株洲清水塘工业区下风向的采样点，Cd的潜在生态风险因子最高，处于极强的生态危害。长株潭地区大气降尘中Cr的质量浓度与土壤中差别不大，Cd、Pb、Zn都大于土壤中的含量，说明大气降尘是Cd、Pb、Zn向土壤输送的重要途径之一。

（5）开发了污染源多种大气重金属同时监测技术和大气沉降中重金属前处理方法

借鉴国外的相关经验，研究开发了适用于铅锌冶炼行业废气中多种大气重金属同时采样分析技术。针对目前现有的大气沉降采样标准不适用于大气沉降中重金属的分析研究，本项目提出了《大气沉降中重金属采样及前处理方法（规范）》草稿，通过过滤方式将大气干湿沉降分离，再进行样品中重金属组分分析。

（6）对长株潭地区加强大气重金属相关工作的建议

长株潭地区大气重金属主要来源于铅锌冶炼行业，建议加强对铅锌冶炼行业大气重金属排放的监测和相关研究工作。加强长株潭环境大气中重金属的监测和研究，进一步分析其他重金属元素的污染特征。开展大气降尘中重金属的采样和分析方法标准的制定。应开展大气重金属对生态影响的相关研究。铅锌冶炼企业搬迁之前开展大气、土壤、水体、生态环境等重金属的前期研究工作。

4 成果应用

1）研究成果向环境保护部污染防治司重金属办进行了汇报。目前我国针对大气重金属的研究成果较少，行业大气重金属排放特征、环境大气中重金属污染特征等基础研究数据和研究成果等都较缺乏。本项目的开展为我国大气重金属排放、污染特征等研究提供了基础研究数据和科技支撑，有助于我国在大气重金属方面开展相关工作，此项目研究对下一步进行大气重金属污染监测、预警、防治等工作具有重要的参考作用。

2）针对《绿色和平组织呈递关于北京$PM_{2.5}$中重金属浓度监测研究的报告》，在对全国大气重金属方面文献数据及自身相关研究进行全面整理的基础上，编写了“我国大气颗粒物中砷污染现状及防控建议”咨询报告。该报告得到环境保护部领导的批示并转相关部门参阅，为应对大气重金属污染问题提供了技术支持和决策依据。

3）本项目组将研究成果提交湖南省环境保护厅，提升了湖南省环保工作人员在大气环境问题研究和大气污染控制领域科研能力和水平，深化了对长株潭城市区域大气污染控制领域的认识，为深入开展大气环境领域的科研工作打下良好基础。

4）本项目组将在长沙、湘潭、株洲的研究成果提交给三个监测站，有助于三个监测站了解该市大气颗粒物中重金属污染状况及特征，并为监测站今后在大气重金属方面的监测工作及大气环境领域的项目申请提供了有力的科技支撑。

5　管理建议

（1）建议长株潭地区加强对铅锌冶炼企业废气排放的监管，加强企业无组织排放的监管能力

按照环境保护部《污染源自动监控管理办法》的规定，结合排污口规范化管理工作，要求区域所有国控企业的重点污染源必须安装自动监测设备，督促列入自动监控安装计划的企业，根据污染源自动监控工作相关技术规范和项目实施方案，抓紧组织实施，分批公布安装在线监测和自动监控企业名单，同时将企业在线监控系统运行监管作为主要污染物节能减排的考核的重要内容。

目前我国已制定了《铅锌工业污染物排放标准》（GB 25466—2010），并从 2011 年开始执行新标准，但在执行过程中应严格铅锌冶炼废气排放的监管，同时，加强企业无组织排放的监管，确保企业废气能够达标排放。

（2）城市规划时应考虑工业企业排放大气重金属对下风向环境影响

本研究表明，工业企业排放废气中重金属对企业周边和下风向地区的大气环境污染较为严重，因此，建议长株潭地区在规划未来的城市和区域布局时，应着重考虑大气重金属排放量大的行业企业对整个城市大气环境的影响。建议加强企业周边大气重金属污染监测，尤其是企业下方向地区大气环境中重金属监测和研究工作。

（3）铅锌冶炼企业搬迁之前开展大气、土壤、水体、生态环境等重金属的前期研究工作

由于城市的发展，位于长株潭主城区中间的多个企业会搬迁到周边其他地区。建议在企业搬迁之前，在搬迁新址周边开展环境大气、土壤、水体、生态等重金属的相关研究工作，明确不同介质的环境本底值，有利于了解企业搬迁后对环境造成的影响。

（4）重视大气重金属对生态影响的研究工作

国外已有研究表明大气重金属是生态系统外来源输送最主要的因子，大气重金属沉降不仅会对土壤、水体产生影响，也会通过农作物、蔬菜的根和叶吸收影响到植物，并通过生物链影响动植物、人类等整个生态系统。目前国内此类工作尚未开展。

（5）强化科技支撑力度，提高大气重金属污染防控能力

提升大气重金属环境科学实验能力，搭建区域大气重金属环境科研综合实验平台，开展区域大气重金属污染的机理和应用研究。提升环保科研能力，开展大气重金属重点课题研究。开展大气重金属污染物排放因子与排放清单研究。

6 专家点评

该项目在对国内外大气重金属污染监测方法调研和长株潭地区大气颗粒物中重金属污染调查分析的基础上，给出了适用于长株潭地区典型行业大气主要重金属污染源排放监测方法，基本明晰了长株潭地区大气重金属污染来源与分布特征，研究了长株潭地区大气环境中重金属输送、沉降模型，提出了长株潭地区大气重金属污染防控建议。研究成果在国家和湖南省大气重金属污染综合防治工作中得到应用，可为我国大气重金属污染管理提供科技支撑。

项目承担单位：中国环境科学研究院、长沙环境保护职业技术学院、湖南省环境保护科学研究院、湖南省气象科学研究所

项目负责人：张凯

空气污染对气候变化的影响及反馈研究

1　研究背景

我国进入了空气污染物和温室气体协同控制的污染控制新阶段，将面临双重减排压力。积极应对气候变化，协同控制污染物和温室气体排放，已成为我国实现可持续发展的内在需要。因此，迫切需要对我国空气污染物和温室气体排放的特征和关系进行系统分析，明确空气污染与气候变化的互馈效应，针对性提出环境管理对策，为开展有利于气候变化的环境保护工作提供重要决策依据。

悬浮于空气中固态和液态质点组成的大气气溶胶是造成空气污染的重要原因。本研究主要关注大气中的硫酸盐、硝酸盐、黑碳等常见气溶胶污染物，这些粒子在大气中通过气溶胶形态对气候产生一定影响。目前关于空气污染与气候变化之间的影响与反馈研究存在较多的争论与不确定性，不同科学家的观点相差较大，但不可否认，我国空气污染日趋严峻的形势是在全球变化的背景下由于经济快速发展所造成的，但气候变化的影响到底有多大，值得深入探讨与研究。

本项目针对我国空气污染对气候变化的影响，研究了典型空气污染和温室气体排放特征，通过对比国内外空气污染特征，分析中国地区空气污染状况；并利用 WRF-chem 模型和 RegCM 模式进行模拟，对空气污染产生的气候效应进行了分析；并根据观测数据，分析了未来气候变化对空气污染的影响以及应对气候变化应该采取的措施，并且构建了数据库与反馈集成系统。对于防范空气污染，保证空气质量，实现社会、经济与环境的可持续发展具有重要意义。

2　研究内容

以控制温室气体和空气污染物排放及应对气候变化为宗旨，在对污染物与温室气体排放现状与趋势评估的基础上，选择典型空气污染物，开展空气污染对气候变化的影响与反馈研究，探讨未来气候变化对空气污染的影响，提出应对气候变化的空气污染控制对策及措施。本项目定位于空气污染对气候变化影响与反馈研究领域的初期研究与探索，立足于现有数据资料、方法和模型的系统总结凝练，充分利用国内外既有研究成果，紧密结合气候变化和空气污染控制这一主题，最终服务于环保需求。

3 研究成果

（1）通过对我国30个省（直辖市、自治区）大气污染物排放总量、排放强度和排放弹性系统的统计

中国空气污染物和温室气体的排放特征有一定的相似性，有关研究也显示传统污染物控制措施会对温室气体减排产生一定的协同效应，同时，温室气体减排措施也会对传统污染物的排放产生一定的协同效应。虽然利用协同控制措施减排大气污染物和温室气体的理念已基本得到认同，但目前国内关于协同控制效应及协同控制效应评价方面的研究还处于起步阶段。结合二氧化硫和二氧化碳排放特征和关联性，我国未来大气污染物和温室气体减排应更注重协同效应，积极开展大气污染物与温室气体的协同控制研究。

（2）研究了空气污染对气候变化的影响

气溶胶污染对区域气象要素和气候影响定量评估结果表明，气溶胶气候效应可造成区域太阳辐射量、温度和PBL高度下降，我国受气溶胶污染影响最严重的区域集中在东部地区，特别是京津冀、长三角、珠三角、山东、武汉及周边地区、长株潭和川渝等污染较重的地区，月均入射太阳辐射量下降20W/m^{2}以上、月均温度下降0.3℃以上、月均PBL高度下降30m以上。我国与美国、欧洲和印度等国家和地区相比较，由于气溶胶污染较重，气溶胶气候效应更加显著。

黑碳气溶胶的气候效应既可造成我国部分地区温度上升，也可造成温度下降，这是由于黑碳气溶胶的状态不同，其对气温的影响不同。黑碳气溶胶气候效应使得区域太阳辐射量和PBL高度等气象要素下降。而人为硫酸盐气溶胶排放源集中区域也与气温下降明显的地区有较好的一致性，气温下降不明显或略有升高的区域主要集中在西北和东北北部，这类地区经济相对欠发达，受强烈人类活动的影响较东部地区小，一定程度上导致硫酸盐气溶胶对气温变化造成的影响不明显。气溶胶污染较重时（$PM_{2.5}$>250μg/m^{3}或者AQI>150时），黑碳气溶胶和硫酸盐气溶胶气候效应作用更加显著。

（3）研究了气候变化对空气污染的影响

三大城市群典型城市近十年API总体上呈下降趋势，其中京津冀城市群下降最为明显，其次是长三角城市群，珠三角城市群API下降最不显著；年均和季节API由北向南逐渐降低，京津冀城市群的API最高，珠三角城市群的API最低，而城市群内部距离海洋近的城市API较低；三大城市群API均表现出冬春季高、夏季低的季节变化特征，气候背景对城市空气质量起到很大的决定作用；城市群不同城市年均和各季节API有趋于同步的变化趋势，大气污染呈现一定的区域同质化的特征；北京和石家庄近十年年均污染天数最多，分别为131.6天和111.7天，珠海污染天数最少；2001—2008年3大城市群城市间的污染天数差距较大，2008年之后各个城市间的污染天数明显缩小。

分析京津冀和西北地区7个代表性城市2001—2010年的空气质量状况，结果表明，空气质量最好的时段为夏季，空气质量最差的时段主要集中在冬季和春季。此外，通过对研究时段的首要污染物进行分析，发现PM_{10}是造成两个典型区域大气污染的主要因素。

相关分析结果得出，京津冀和西北地区的API与气温大都呈负相关关系，说明API与气温呈反向的变化，冬季较夏季污染较为严重；与降水量和相对湿度基本呈负相关，说明降水过程对污染物具有明显的湿清除作用；与气压均呈正相关，说明高压控制天气容易造成空气污染的加重；与风速的相关性有正有负，说明风速对空气污染物具有双重影响。在一定范围内，风速越大，越有利于大气污染物的稀释和扩散，API指数越小；超过这一范围，大气中可吸入颗粒物浓度开始受地面开放源的影响，导致空气污染加重。此外，还受风向和地形的综合影响。

（4）研究提出了应对气候变化的空气污染防控对策与措施

空气污染和气候变化的协同控制逐渐被各国接受和认可，二者均需从单一治理模式转向复合治理，即“末端治理”—“过程控制”—“源头消减”的综合整治。应对气候变化举措在不同方面对控制空气污染产生了明显的影响（表1），另外，空气污染物和温室气体排放具有较高相关性，控制污染物的措施在一定程度上减缓了温室气体排放。

表1 气候变化应对措施对空气污染的影响

措施分类	体现形式	对控制空气污染的影响
强制减排措施	制定温室气体排放目标	由于空气污染物和温室气体的同根同源性，在温室气体减排过程中，空气污染物也会相应减少；减排目标有助于缓解全球气候变化趋势，同时优化空气质量
	应对气候变化的法律法规	强制性法规的出台为治理工作提供了法律保障
	强制性税收政策	税收政策在控制二氧化碳排放方面起到了一定作用，作为碳减排的连带效应空气污染也在一定程度上得到了治理
市场机制措施	建设应对气候变化市场体系	规范碳交易市场，一方面改变了不同行业的耗能成本，引起产业结构调整升级，新兴低耗能产业快速发展；另一方面一定程度上减少发达国家CO_2排放，给予相对落后国家一些资助，某种意义上调整了能源分配结构，改变了空气污染物的地区分布
资金技术保障措施	减缓气候变化的低碳技术与研发	低碳技术是缓解气候变化的重要途径之一，新能源的推广和利用是实现低碳能源技术方面的突破，为减少空气污染物提供了保障，为长期的可持续发展战略提供科学可靠的依据
	可再生能源政策	由于各国温室气体和空气污染物排放源主要为能源消耗，倡导使用可再生的清洁能源，本质就是减少温室气体和空气污染物
	资金支持	雄厚的资金支撑，一方面确保了科研工作的推进，另一方面保证了各项政策的顺利进行

不同温室气体排放源的大气污染物影响强度（单位碳排放的大气污染物危害）差异明显，协同效益较高的行业应对气候变化的政策能够实现更好的减排效果；温室气体效应的全球性与大气污染物效应的局地性之间存在矛盾，对于靠近温室气体排放源的区域而言，大气污染物具有明确而即时的环境与健康效应。所以，应对气候变化的政策中考虑大气污染物的危害程度及其不均衡性分布更能体现减排的效率和公平。

基于对空气污染和气候变化影响和反馈机理的认识，结合国内外应对气候变化和防治空气污染的实践和经验，提出如下建议：一是强化碳减排目标；二是确立大气污染物监测的机制；三是指定高优先级别区域；四是指定高优先等级的行业部门和设施。

4 成果应用

1）基于我国30个省（直辖市、自治区）1985—2010年面板数据，对我国主要大气污染物（SO_2、烟尘、NO_x）和主要温室气体（CO_2）的排放总量，人均和单位GDP排放强度和排放弹性系数等排放特征进行了分析，并对SO_2、CO_2进行了统计意义上的关联性分析。

2）建立了项目研究所需的三维区域资料数据库，提供了科学有效的基础数据平台。进行了大气气溶胶气候效应定量评估、黑碳气溶胶和硫酸盐气溶胶气候效应定量评估和我国污染物减排政策实施效果定量评估等研究。

3）基于区域气候模式和全球气候模式模拟分析了不同排放情景下全国和两个典型区域未来各气候要素的时空变化特征，得到的各气象要素的月平均数据，基于相关统计分析、主成分分析和神经网络技术探讨了未来气候变化对空气污染的影响。

4）基于对空气污染和气候变化影响和反馈机理的认识，结合国内外应对气候变化和防治空气污染的实践和经验，提出以下应对气候变化的空气污染防控对策与措施。

5 管理建议

1）空气污染与气候变化对人类环境的影响过程中，二者相互作用、相互影响。基于目前我国空气污染治理和应对气候变化问题的现状，项目建议在治理过程中不能仅考虑气候变化或空气污染的单一影响，应采用“一盘棋”思想、一体化的方式来综合解决空气污染治理和应对气候变化问题，最大限度地发挥空气污染治理和应对气候变化的协同效应，以期实现空气污染治理和应对气候变化之间的双赢。

2）项目根据全国空气污染物及温室气体排放的总体情况，通过引用新的统计数据、修正排放因子和估算等手段更新与整合现有的排放数据，建立了基准年典型空气污染物（SO_2、NO_x、颗粒物等）和主要温室气体（CO_2）排放数据库，建议进一步开展我国空气污染物和温室气体排放现状与趋势分析、空气污染对气候变化的影响综合评估。

3）项目通过研究空气污染的气候效应和气候变化对空气污染的定量评估，构建了适用于我国的空气质量模式和气候模式，建立了一系列数据分析和定量评估方法，建议在本项目研究基础上，继续开展大气气溶胶气候效应定量评估、我国污染物减排政策实施效果定量评估和空气污染控制等研究。

6　专家点评

该项目通过对30个省（直辖市、自治区）1985—2010年面板数据的系统分析，初步解释了大气污染物和CO_2排放的关联性，建立了三维区域资料数据库，定量评估了大气气溶胶效应、黑碳气溶胶和硫酸盐气溶胶气候效应和我国污染物减排政策实施效果；研究了不同排放情景下全国和两个典型区域未来气候要素时空变化特征，分析了未来气候变化对空气质量的潜在影响，初步提出了应对气候变化的污染物防控策略，编写了《应对气候变化的空气污染控制对策建议》等4份报告。研究成果可为我国构建气候友好型环境管理体系提供参考。

项目承担单位：中国环境科学研究院、北京市气候中心、中国科学院地理科学与资源研究所、北京工业大学

项目负责人：师华定

芦苇植硅体与未来温度变化预测研究

1 研究背景

全球变暖已成为当今世界引人瞩目的重大科学和社会问题。IPCC-TAR的预测结果和其他资料综合显示，1990—2100年全球平均温度将上升1.7～4.9℃。随着全球变暖的加剧，快速增温必然对生态系统的气候变化、生物多样性以及生态系统健康等方面产生深远的影响。对中国东北样带（NECT）的模拟研究发现，在模拟温度升高2.0℃条件下，样带内的植物绿色生物量将在30年内下降25.0%，在模拟CO_2浓度倍增、降水增量10.0%和温度升高2.0℃的综合作用下，样带内的植物绿色总生物量在30年内将增加约8.0%。

植硅体是发育在高等植物细胞及细胞间隙内的一种具有特殊形态的二氧化硅矿物，能够综合表征其形成时的环境状况，而芦苇在全球范围内分布广泛，其变化对生态环境具有明显的指示意义。因此，通过研究芦苇植硅体对模拟全球变暖的响应，不仅可为国家制定应对气候变化的方案提供一定的理论依据，可为全球变暖环境下生态系统的响应研究提供一个新的途径，同时，也能为芦苇群落的科学管理、湿地自然保护区建设和生物多样性保护等提供环保技术支持。

该项目研究了在东北地区广泛分布的不同湿地中，不同温度带的芦苇植硅体的形态、数量和大小差异，讨论芦苇特征植硅体与温度之间的关系，结合人工控制增温实验，建立芦苇植硅体与温度之间的量化关系。同时分析和评价国内外湿地健康评价方法，找出现有湿地评价方法的共同性和局限性，借鉴和吸收其他国家湿地健康评价的优点，提出一种适合我国湿地健康评价并具有耗时短、便于操作等特点的湿地健康评价方法。

2 研究内容

利用芦苇生态域宽、硅含量高和植硅体丰富的特点，研究在东北地区广泛分布的不同湿地中，不同温度带的芦苇植硅体的数量和形态差异，讨论芦苇特征植硅体对温度的指示意义。结合区域网络样地和人工温控实验，建立芦苇植硅体与温度之间的量化关系，为验证植硅体作为气候代用指标的科学性提供理论依据和实验基础。从植物硅的角度理解植物对全球变暖的响应，编写不同温度带和人工增温环境下芦苇群落数量特征、生物量和多样性指数资料。开展全球变暖情景下芦苇植硅体对芦苇及其群落的生理、生态特征和健康状况的指示意义研究，提出芦苇湿地健康评价的新方法，为全球变暖情景下的芦苇群落的科学管理、湿地自然保护区建设和生物多样性保护提供科学依据。

3　研究成果

（1）通过东北地区野外网络样地不同温度带芦苇植硅体形态、数量和大小的研究，并结合人工温控样地实验，发现了芦苇特征植硅体与温度之间的密切联系

东北地区野外网络样地中，不同温度带芦苇植硅体数量和大小因样点温度的不同而有明显差异，并发现在不同湿度区，芦苇植硅体数量和大小随温度的变化趋势也不一致，表明东北地区芦苇植硅体数量和大小空间分异的影响因素较为复杂，虽其随温度呈现一致的变化，但其仍然受到湿度等其他因素的影响。同时对比分析人工温控样地（西部半干旱区）芦苇植硅体数量和大小随温度的变化趋势，明确了单一因素——温度对芦苇植硅体数量和大小的影响。综合得出，不同湿度区，芦苇植硅体数量和大小的空间分异受温度和湿度的共同影响，但在相同湿度条件下，其主要受温度的影响。由于全球变暖的过程仍在持续，芦苇是一种非常重要的经济作物，因此有必要加强对芦苇群落生长发育的监测和管理。

（2）通过芦苇植硅体数量和大小与气候、微地形以及土壤理化性质之间关系的研究，证明了芦苇植硅体是一个特定区域内各种自然环境因素的综合产物

芦苇植硅体形成的影响因素较为复杂，受温度主控的基础上仍然受到湿度的影响，而植物植硅体中的硅是来源于土壤的，因此，如果土壤环境不同，那么不同样点的植物植硅体的数量和大小也可能出现差异。研究发现，芦苇植硅体的数量和大小与气候、微地形及土壤理化性质间的关系密切，其因样点气候、微地形及土壤理化性质的不同而有明显变化。因此，更为深入地探讨芦苇植硅体形成的因素不仅对现代农业、草原等生态系统具有重要意义，同时可为古环境的恢复提供参考依据。

（3）综合比较气候、微地形以及土壤理化性质对芦苇植硅体形成的影响程度，明确了温度是影响东北地区芦苇植硅体形成的主要因素，建立了芦苇植硅体—温度转换函数

基于芦苇植硅体数量和大小与气候、微地形及土壤理化性质间的密切关系，分析发现，气候（尤其是年均温）是影响芦苇植硅体数量和大小的主要因素。为进一步将芦苇植硅体数量与温度之间的关系定量化，利用东北地区 12 个样点月均最高气温并结合芦苇植硅体浓度做逐步回归分析，得出芦苇植硅体—温度转换函数：$T = 23.122 + 0.002X_{鞍型} - 0.032X_{扇型} - 0.008X_{尖型} + 0.053X_{棒型} - 0.01X_{帽型}$，其中，伴随概率为 0.009（$P<0.01$）。

（4）提出了东北地区湿地健康评价的植硅体诊断标准与保护对策

综合各国建立的湿度健康评价体系，依据切比雪夫不等式对东北地区12个湿地芦苇植硅体浓度进行分级，并结合已有的指标体系法求得的湿地健康状况和相关湿地健康评价标准，建立湿地健康“硅诊断”的具体标准和湿地对应的健康状况（表1）。依据该标准，可实现利用植物体内植硅体浓度对湿地健康的快速硅诊断，并实现快速监测湿地健康状况。

表1 基于植硅体浓度的湿地健康快速诊断标准

健康等级	植硅体浓度/（万粒/g）	湿地主要健康指标							
		湿地植被覆盖度/%	湿地水质	人类活动强度/%	栖息地破坏率/%	退化面积比例/%	水土流失控制	休闲娱乐功能	湿地管理水平
很健康	>446	＞80	Ⅰ类	＜10	＜1	＜2	水土流失不明显	生态景观，美学价值高，休闲娱乐服务功能齐全	管理机构设置合理，人员基本素质高，科研投入大、能力强
健康	344～446	60～80	Ⅱ类	10～20	1～4%	2～4	微弱侵蚀，侵蚀率<2%	有较齐全的休闲娱乐设施	管理机构设置较为合理，人员基本素质较高，科研能力较强
一般健康	242～344	40～60	Ⅲ类	20～30	4～7	4～6	有水土流失现象，侵蚀率2%～5%	在特定的时段内可供休闲娱乐	有管理机构，但人员素质不高，缺乏监督管理，科研能力一般
一般病态	140~242	20~40	Ⅳ类	30～40	7～10	6~8	水土流失比较严重，侵蚀率5%～10%	很少有休闲娱乐功能，景观美学价值较低	人员素质不高，管理不善，湿地科研能力差
病态	<140	＜20	Ⅴ类	＞40	＞10	＞8	水土流失现象非常明显，侵蚀率>10%	没有休闲娱乐功能	管理水平低下或没有成立相应的管理机构，基本上没有科研价值

4 成果应用

本项目的理论成果《常见植物植硅体图谱检索表》中列出了东北地区50余种不同科属植物植硅体的形态并逐一命名，清晰地展示了众多典型植硅体类型，为同行开展相关研究提供了重要参考资料；《东北地区芦苇植硅体对时空变化的响应机制》一书查明了植物植硅体与温度的关系，为全面理解植物对全球变化的响应研究提供了新依据。应用成果“基于植硅体的一种快速湿地健康状况诊断方法”已在哈尔滨白渔泡国家湿地公园进行了应用，并得到了相关湿地管理部门的重视。此外，专利“一种盐碱裸地植被快速建植方法”也已在大庆市杜尔伯特县他拉哈镇康平村得到了成功应用，成功试点改良盐碱裸地 200 余 hm^2。本项目的研究成果为指导全球变化研究和优化芦苇群落管理提供了科学参考，为提升我国湿地健康水平科学划分的技术水平起到积极的推动作用，并为相关部门湿地管理和湿地自然保护区建设提供借鉴。

5 管理建议

根据项目执行过程中的相关研究资料和研究成果，东北地区湿地芦苇植硅体的浓度及相应土壤的物理化学指标是衡量和判断湿地健康水平的重要参考。因而东北地区芦苇湿地在今后管理过程中应加强地表植被和土壤理化性质的监测并及时采取相应措施，其具体的措施如下：

1）加强湿地监测，定期公布健康报告；

2）加速推广“硅诊断”方法，利用植硅体浓度快速、简便地监测湿地健康状况；

3）定期观察和测量芦苇生长状况，通过芦苇长势直接评估湿地健康水平；

4）适时监测并控制土壤 pH，防止次生盐渍化发生；

5）积极保障湿地用水需求，对不同湿地类型采取针对性治理措施；

6）大力提倡芦苇枯叶及时回田，严格控制并减少烧塘频次；针对湿地健康状况适当增施硅肥。

6 专家点评

该项目在对东北地区芦苇湿地环境背景数据收集和整理的基础上，通过对东北地区 12 个湿地样点的土壤背景数据及芦苇植硅体数量、形状、大小特征的分析，编制了常见植物植硅体图谱，探讨了东北湿地芦苇植硅体的时空分异特征；结合人工增温实验，阐明了芦苇优势类型植硅体与温度的定量关系，建立了芦苇植硅体—温度模型，提出了依据芦苇植硅体浓度评估湿地健康水平的方法。该研究成果可为环保部门湿地健康监测和评价提供参考。

项目承担单位：东北师范大学
项 目 负 责 人 ：介冬梅

第二篇
土壤与地下水领域

2011 NIANDU HUANBAO GONGYIXING HANGYE KEYAN ZHUANXIANG XIANGMU CHENGGUO HUIBIAN

工业污染场地中挥发性及半挥发性有机污染物的风险控制与规范

1 研究背景

在长期工业化过程中，世界各国都产生了大量的污染场地，从而引发了严重的环境问题。发达国家的工业土地污染比例达 20% 以上。美国 30% 以上的地下储油罐都存在不同程度的漏油；英国 30% 以上的加油站以及几乎所有的化工厂、炼油厂均存在严重的污染。据欧洲环境保护局统计，污染场地中石油烃、苯系物、多环芳烃、氯代烃芳香烃等为代表的有机污染物约占污染物总数的 63%。同样，我国在长期的经济发展过程中污染场地的数量及其环境问题也日益凸显。近年来，在城市污染企业搬迁后所遗留、遗弃的工业污染场地，特别是一些化工污染场地中，挥发性有机污染物（VOCs）及半挥发性有机污染物（SVOCs）普遍被高频率检出。其中 VOCs 最常见的是苯系物和卤代烃类，如苯、三氯乙烯、四氯化碳等；SVOCs 常见的有多环芳烃和农药类 POPs 物质等。这些 VOCs 或 SVOCs 具有相对高的挥发性，极易扩散到环境中危害居民健康和环境安全。此外，由于其具有易迁移的特性，还非常容易在土壤中迁移扩散，造成污染范围加大，修复难度增加，或者迁移至地下水引起地下水污染风险。有些高浓度的 VOCs 在一定条件下，甚至可以形成非水相液体（Non-Aqueous Phase Liquid, NAPL），形成土壤中新的污染源并长期滞留和赋存。SVOCs 尽管挥发性不是很强，但污染物在土壤中长期高浓度聚集条件下，一旦土壤被挖掘和扰动，也很容易形成短时间内的高浓度挥发物，2004 年北京地铁五号线宋家庄站施工时就曾经发生过施工中污染土壤半挥发性农药熏倒工人的事件。因此，针对土壤 VOCs 和 SVOCs 环境特性，研究开发具有针对性的风险控制方法和监管程序具有重要的现实意义。

《国家中长期科学和技术发展规划纲要（2006—2020 年）》明确把“环境”和“城镇化与城市发展”确定为重点领域，分别包括“综合治污与废弃物循环利用”和“城市生态居住环境质量保障”优先主题。本项目从城市工业污染土地再开发的环境安全角度出发，拟在典型工业污染场地案例研究的基础上，通过辨识土壤中挥发性及半挥发性有机污染物的风险来源、风险构成及其不确定性影响因素，探明其风险控制的关键途径与技术环节。同时，研究场地修复过程中不同修复技术条件下的风险可控性，研究开发场地修复过程中的风险控制技术，以及非修复技术手段的污染场地无害化管理技术，为我国污染场地中VOCs和SVOCs的风险控制与环境管理提供科技支撑。

2 研究内容

（1）场地中VOCs及SVOCs的风险识别与不确定性研究

1）我国典型工业污染场地中主要VOCs及SVOCs主要类型和污染特征

在全国土壤污染现状调查和污染源普查的基础上，收集污染场地调查评估案例信息，确定我国污染场地VOCs及SVOCs的主要类型和污染特征，提出我国典型工业污染场地VOCs及SVOCs筛选指南。

2）场地主要VOCs及SVOCs的源识别及暴露途径研究

通过调查不同地区、不同行业VOCs及SVOCs的来源特征和污染物类别，建立场地有机物污染源识别方法。根据场地历史及未来土地利用类型（包括住宅区、工业用地或其他用途），确定VOCs及SVOCs潜在敏感人群，分析人群可能接触场地污染物的暴露途径；针对主要暴露途径，例如，挥发气体侵入室内途径，结合我国环境条件及受体人群的特征，调查研究关键迁移转化系数、接触频率、暴露时间等参数在我国典型场地的取值范围与特征。

3）场地中VOCs及SVOCs环境风险不确定性的主要来源及定量化影响

根据污染场地中VOCs及SVOCs污染特征，结合暴露途径相关参数的取值特征，通过蒙特卡罗模拟开展典型污染场地的概率风险评估，分析研究场地VOCs及SVOCs环境风险不确定性的主要来源。以苯系物（BTEX）、卤代烃和POPs类农药为目标污染物，采用RBCA场地风险评估模型，定量分析典型污染场地环境风险估算的不确定性及其影响因素。

4）风险的不确定性对场地VOCs和SVOCs控制标准定值的影响

以苯系物（BTEX）、卤代烃和POPs类农药的污染场地为例，采用RBCA场地风险评估模型，研究风险的不确定性对场地VOCs及SVOCs控制标准定值的影响，利用提出的理论和修正模型指导国家和地方场地控制标准值的制定。

（2）场地修复过程中VOCs及SVOCs的风险控制

1）场地修复过程中风险源的识别

通过案例场地调查和资料分析，结合VOCs及SVOCs的环境特性，研究识别场地修复过程中VOCs及SVOCs的风险源。

2）污染场地挖掘扰动及污染土壤储存过程中VOCs及SVOCs的环境风险控制

挖掘扰动中的VOCs及SVOCs的环境风险控制。以苯系物（BTEX）、卤代烃和POPs污染场地为例，研究在场地开挖及外力扰动（如抽气井施工）过程中VOCs及

SVOCs 的二次污染的程度、范围和暴露风险，并提出控制二次污染的措施。污染土壤储存过程中的 VOCs 及 SVOCs 的环境风险控制。通过储存场地的现场监测和实验室模拟储存方法（开放、塑封、补气式储存）过程，研究 VOCs 及 SVOCs 的暴露量来表征污染土壤储存过程中 VOCs 及 SVOCs 的环境风险，研究控制对策。

3）主要技术修复污染场地土壤过程中 VOCs 及 SVOCs 的环境风险控制

针对主要修复技术修复过程中的二次污染物产、排节点和实施效果开展现场监测或模拟实验，研究在采用修复技术修复污染土壤过程中的 VOCs 及 SVOCs 的环境污染风险，研究其控制措施。包括：① SVE 修复苯系物污染土壤过程中的环境风险及可控性研究，现场监测 SVE 修复污染土壤过程中的关键节点，针对高浓度挥发性有机物污染场地的土壤，实验模拟研究拖尾阶段抑制技术和尾气强化处理技术；②水泥窑修复 POPs 污染土壤过程中的环境风险及可控性研究，通过试烧实验，分析熟料、尾气、窑灰中 POPs 的去除效果，分析二噁英的可能污染源，分析水泥窑共处置 POPs 污染土壤过程中产品、尾料及烟气中可能存在的环境风险，并研究其控制措施；③热空气吹脱技术、热解吸技术修复卤代烃和半挥发性有机污染物污染土壤过程中的环境风险及可控性，研究原位热空气吹脱在成孔和热空气注射阶段卤代烃的环境风险及控制方法，通过试烧试验，研究异位热解吸尾气和废液、浓缩污染物的环境风险及处理措施。

4）VOCs 及 SVOCs 污染场地修复的风险控制技术规范

通过上述研究，明确场地修复过程中风险源及其可控性，结合国际上污染场地有机污染物风险控制技术经验，研究提出主要修复技术条件下场地修复过程中 VOCs 及 SVOCs 的风险控制技术方法和技术规范。

（3） 典型 VOCs 及 SVOCs 污染场地风险管理关键技术研究及示范

1）场地 VOCs 污染自然衰减过程研究

开展典型 VOCs 自然衰减潜力及其环境影响因素研究。以氯代烃、苯系物为例，利用实验室小型土柱模拟试验与案例现场调查手段，研究土壤和地下水环境条件对污染物生物降解、挥发、吸附和扩散速率的影响，建立自然衰减潜力评价方法。开展污染场地 VOCs 自然衰减过程与模拟研究。综合生物降解模型、地下水迁移模型、风险评估模型等多种模拟手段模拟自然衰减过程；结合案例场地数据，优化建模过程，分析关键参数及其敏感性，建立 VOCs 自然衰减进程预测方法。

2）VOCs 及 SVOCs 污染场地封存与阻隔技术研究

调研美国原位阻隔技术情况，收集整理国内场地的水文地质情况，污染物扩散情况，分析原位阻隔技术在我国污染场地的应用潜力。结合案例场地建立原位阻隔技术筛选方法及应用指南。针对 VOCs 污染风险特征，研究 VOCs 土壤异位堆存场地选择方法。通过野外试验，评估不同异位覆盖材料风险控制效果，研究异位堆存覆盖条件下污染物的衰减趋势，优化覆盖系统设计。建立VOCs污染土壤异位堆存覆盖技术应用指南。

3）VOCs及SVOCs污染场地制度控制研究

针对我国污染场地管理体制、土地所有权性质和污染场地利益相关者行为特点，提出适宜我国的VOCs及SVOCs污染场地制度控制方法。以农药POPs类污染场地为例，开展VOCs及SVOCs污染场地制度控制示范研究。借鉴国际上的制度控制方法，针对国内的土地所有权体制和管理模式，研究一套挥发性有机污染场地污染调查评价、修复或风险管理、修复后监测维护等各个环节配套的制度控制措施，对国家和地方实施低成本的制度控制措施起到示范作用。

3 研究成果

（1）编制了《我国典型工业污染场地挥发性及半挥发性有机污染物筛选指南》（建议稿），结合我国工业污染场地特点，提出了污染场地VOCs及SVOCs优先污染物清单

在大量调研和分析国内污染场地基本信息、污染物检测项目信息、土壤样品中污染物浓度信息等的基础上，本项目总结了我国工业场地的分布特征、我国污染场地中VOCs及SVOCs的主要类型和污染特征，并在此基础上提出了《我国典型工业污染场地挥发性及半挥发性有机污染物筛选指南》。该指南提出了工业污染场地优先控制污染物的筛选原则、筛选流程、筛选方法和要求。以收集到的污染场地为数据基础，分析获得我国VOCs及SVOCs优先污染物清单（黑名单和红名单）。

（2）开发了污染场地健康风险评价及不确定性分析工具包

通过适合我国国情的人体暴露参数和场地暴露参数的调研，获得具有中国特色的暴露参数表单。综合中国风险评估导则、ASTM和美国环保局等组织的风险评估方法开发了风险评估工具。利用获得的暴露参数和风险评估工具对苯污染场地、氯代烃污染场地、农药污染场地进行分析，总结了VOCs及SVOCs在典型暴露情景下的主要暴露途径。结合VOCs及SVOCs污染场地的风险特点，获得了影响风险结果的敏感参数统计表。

（3）编制了《主要修复技术修复挥发性及半挥发性有机物污染场地风险控制技术规范》（建议稿）

以实际污染场地修复工程为基础，通过场地调查、风险评估、实验室模拟等方式分析了VOCs及SVOCs污染场地风险源，提出污染场地修复过程中风险控制技术规范，该指南规定了VOCs（如卤代烃）污染场地和SVOCs（如有机氯农药和多氯联苯）污染场地在相关修复技术下的专业术语与定义、修复技术及风险源识别、风险控制要求及现场全管理规范等环节。其中包括采用常温解析技术或SVE技术修复卤代烃等污染场地，采用生物化学技术、水泥窑共处置技术和热解析技术修复有机氯农药和PCBs等SVOCs污

染场地。为上述技术修复 VOCs 和 SVOCs 污染场地提供了操作依据。

（4）**编制了《挥发性及半挥发性有机物污染场地风险管理技术应用指南》**（建议稿）

在总结国外技术指南、应用案例等资料的基础上，分析了监测自然衰减、工程阻隔技术和制度控制技术 3 类风险管理技术在国内工业污染场地的应用潜力，明确了风险管理技术在国内污染场地应用的条件，提出了风险管理技术的应用方法。通过国内典型 VOCs 及 SVOCs 污染场地，开展了风险管理技术案例应用研究。通过系统分析 VOCs 及 SVOCs 污染场地的风险特征及环境管理需求，在结合国内外相关技术指南的基础上，建立了我国 VOCs 及 SVOCs 污染场地风险管理技术应用指南。该指南规定了挥发性及半挥发性污染场地风险管理的原则、程序、工作内容和技术要求。与已有污染场地相关指南相比，本指南考虑 VOCs 及 SVOCs 污染场地的污染特点，如地下水污染、蒸汽入侵、表层挥发等，明确了风险管理技术在 VOCs 及 SVOCs 污染场地的应用情景和方法。

4 成果应用

1）向环境保护部提交了科技专报“污染场地修复过程中挥发性及半挥发性有机污染物引发的环境与健康危害亟待重视”，为这类场地修复过程的风险管控提供技术支持。

2）项目研究成果《我国典型工业污染场地特点的挥发性及半挥发性有机污染物的筛选方法》和《我国典型工业污染场地挥发性及半挥发性有机污染物筛选指南》（建议稿），为上海市、扬州市等地的工业污染场地 VOCs 及 SVOCs 监测指标筛选提供了重要的基础信息和技术支持。

3）项目研究成果“概率环境风险评估工具包”被应用于常州华日新材有限公司原厂址地块、云南省某污染场地的环境风险评估工作，利用工具包定量计算了场地污染物的健康风险水平，推导了场地污染物的修复目标。风险评估结果和场地修复目标为场地开展后续修复项目提供了依据。

4）项目研究成果《卤代烃污染场地（VOCs 类）常温解吸修复过程风险控制技术规范》和《农药污染场地（SVOCs 类）生物化学修复过程风险控制技术规范》，为广华新城污染场地修复过程中风险控制提供了技术支持，有力保障了安全文明施工和项目的顺利进行。

5）项目研究成果《挥发性及半挥发性有机物污染场地风险管理技术应用指南》（建议稿）和《挥发性及半挥发性有机物污染场地制度控制方案示范》，为吴江区典型复合型有机污染场地的修复与综合治理提供了重要的技术支持和示范借鉴。

6）项目关于风险管理技术（帷幕阻隔技术）的研究成果，被应用于北京市焦化厂场地深层重污染区域治理。帷幕阻隔技术与传统的地下水抽出处理相比，具有周期短、成本低的显著优势，符合我国修复资金短缺、场地开发需求迫切的国情，具有较好的应用效果和推广前景。

5 管理建议

（1）重视污染场地修复过程中 VOCs 及 SVOCs 引发的环境与健康危害

VOCs及SVOCs污染场地在修复治理过程中问题多，风险高，管控难度大，危害突出。针对 VOCs 及 SVOCs 污染场地修复过程中的风险控制问题，需高度重视，应对 VOCs 及 SVOCs 污染场地全过程（包括场地调查、风险评估及修复等环节）进行风险管控。

（2）按行业类别开展挥发性及半挥发性优先污染物筛选

在场地调查数据许可的情况下，根据我国典型工业污染场地 VOCs 及 SVOCs 筛选指南所提供的筛选原则、筛选方法及指标体系，按照更细的行业划分标准，筛选出各类工业污染场地挥发、半挥发性优先污染物。

（3）重视基础性参数的研究和本土化

VOCs 及 SVOCs 种类多，迁移转化和危害途径复杂。当前场地风险评估定量计算过程中需要应用大量的暴露参数。大部分暴露参数来自各类导则文件的推荐，而非场地的实际测量。即使参数来自于实际测量，由于我国地域广阔、土壤类型多样、气候多变、居民生活习惯不同，参数随时间和空间的变化会产生变异。如目前缺乏全面反映我国建筑特征的换气率、呼吸速率、室内气压差、涉水活动等参数信息。因此，急需加强相关研究工作，开展区域内的暴露参数调查，为典型行业工业污染场地中 VOCs 及 SVOCs 风险评估提供基础支撑。

（4）建议开展污染场地修复宣传教育，提高公众、工作人员、管理人员对场地修复过程环境风险的科学认识

目前，在 VOCs 及 SVOCs 污染场地修复过程中恶臭污染控制已经采取了一些措施，包括施工时尽可能选择在气温低的时段开挖和扰动，使用遮阳网或工程膜覆盖工作面；应用泡沫阻隔技术进行封盖等。但在场地修复过程中恶臭污染控制的难度在于一方面恶臭污染物质成分复杂，另一方面恶臭污染物质往往嗅觉阈值很低，有时污染物修复达标了，但感觉上仍能感知。只有通过对恶臭污染物实质的认识，向公众正确地解释气味产生的原因，使大家对污染场地散发的气味不至于产生恐慌。因此，提升修复过程中操作工人和管理人员的科学认识，对场地污染物的识别和控制有着非常重要的意义。建议相关部门编制专门的宣教资料，对操作工人和管理人员进行培训，逐步引导，形成科学认识。

（5）污染场地治理过程中重视风险管理类技术的应用

风险管理技术在 VOCs 及 SVOCs 场地具有较好的应用潜力，建议管理部门和场地治理责任人重视风险管理技术的应用。具体而言，在场地调查评价结束，开始修复技术筛选的环节适当考虑应用风险管理技术的可行性，倡导风险控制，避免过度修复。在暂

时不具备修复条件的场地，采用风险管理类技术控制场地污染风险，保护暴露受体安全。

6　专家点评

该项目在国内污染场地典型案例调研和监测研究的基础上，编制了《我国典型工业污染场地挥发性及半挥发性有机污染物筛选指南》，建立了具有中国本土化的暴露参数和优先污染物清单；开发了 VOCs/SVOCs 污染场地健康风险评估工具，提炼出了场地挖掘扰动中 VOCs 扩散预测方法；编制了《挥发性及半挥发性有机污染物场地修复风险控制技术规范》《挥发性及半挥发性有机物污染场地风险管理技术应用指南》和《挥发性及半挥发性有机物污染场地制度控制方案示范》。项目研究成果在北京、上海、云南等地的场地风险评估及控制工作中得到应用，可为工业污染场地中 VOCs 及 SVOCs 的风险控制与管理提供科技支持。

项目承担单位：中国环境科学研究院、清华大学、环境保护部南京环境科学研究所、中国科学院南京土壤研究所、中国矿业大学（北京）、环境保护部对外合作中心、北京市勘察设计研究院有限公司、北京建工环境修复有限责任公司、伊尔姆环境资源管理咨询（上海）有限公司

项目负责人：李发生

设施农业土壤环境质量变化规律、环境风险与关键控制技术研究

1 研究背景

近年来，我国设施农业发展极其迅速，设施生产面积从1983年的不足1.5万hm^2增加到2010年的近466.7万hm^2，成为世界上设施生产面积最大的国家，产值达7 000多亿元，成为我国现代农业的一个重要产业。设施农业是现代集约化的农业生产方式，它实现了蔬菜等作物的全年生产。由于设施环境相对封闭，高度集约化和高复种指数的栽培方式，农用化学品大量投入，对土壤环境质量和农产品安全产生不同程度的不利影响。蔬菜在人们日常饮食结构中占有重要地位，其质量的优劣直接关系到人们的身体健康，近年来设施菜地土壤污染与蔬菜品质和安全备受关注。设施土壤经常处于高温、高湿、无雨水淋溶的环境条件之中，加之长期实行高投入、高产出及单一化栽培的生产模式，大量使用农药、化肥、有机肥、农膜等，设施在使用到一定年限后，导致不同污染物在土壤中积累，土壤环境质量发生退化，对土壤环境质量和农产品安全产生不利影响，严重威胁土壤、作物和水体环境安全，严重影响设施农业农产品的清洁生产和农业的可持续发展。

因此，针对设施农业生产中长期持续性使用农药、化肥、有机肥、农膜等带来的设施土壤环境问题，结合目前设施农业环境管理现状与实际需求，迫切需要开展设施农业土壤环境质量变化规律、环境风险与关键控制技术研究，为环境保护部门进行设施农业环境管理提供理论和技术支撑，其研究具有重要的社会意义。

2 研究内容

项目拟在我国不同区域（山东、上海、江苏、浙江等）选择典型设施农业生产区域，重点研究设施农业土壤中农药、氮磷养分、农膜、酞酸酯、重金属、抗生素等的污染特征、土壤环境质量变化及其主控因子，建立设施农业土壤污染物清单，提出设施农业农药、氮磷养分、农膜、酞酸酯、重金属、抗生素等污染的环境质量评价指标与评价方法，形成设施农业土壤污染关键控制技术和环境管理框架体系。

3 研究成果

（1）分析了设施农业发展的社会、经济、生产、管理现状及问题

在我国设施蔬菜生产中，社会经济和管理状况存在生产经营相对分散落后、生产者的产品产量或收入稳定性不够、政府相关部门环境管理和技术服务滞后等问题，成为影响设施蔬菜产地土壤环境状况演变的重要人为因素。

（2）总结了设施农业生产系统农业投入品使用和管理状况

设施蔬菜生产过程中，农药高频高量混用现象普遍，农药包装废弃物处置不当；肥料投入种类繁多、来源复杂，养分投入量异常高；地膜厚度普遍不达标，残留农膜处置方式不尽如人意。这些成为影响设施蔬菜生产土壤环境状况变化的直接原因。

（3）研究了设施农业土壤环境质量状况与演变规律

设施菜地土壤基本性质调查结果显示，土壤普遍呈现出底土压实、酸化、养分非均衡化、次生盐渍化、生物活性降低等土壤退化的演变趋势；农药在冬季设施蔬菜土壤中的消解速率较露天蔬菜土壤可降低 5 ～ 10 倍，积累明显；酞酸酯在土壤中的含量呈现增加趋势，出现超标现象；重金属和抗生素在土壤中积累明显高于非设施农业土壤。

（4）确定了设施蔬菜土壤中污染物来源与污染清单

研究确定了基于农药用量和设施环境风险评价的农药投入清单；确立了以各种有机肥为主要来源的土壤氮磷养分、重金属 Cd、Cu、Zn、Hg、Pb 等和抗生素土霉素、氧氟沙星、四环素、强力霉素、环丙沙星、恩诺沙星、诺氟沙星、磺胺氯吡嗪、金霉素、磺胺嘧啶等污染清单。

（5）设施农业土壤环境演变和污染的生态效应和风险评估

设施蔬菜生产系统土壤环境的演变和污染影响土壤微生物生态、作物产量和品质、水环境质量、动物和人体健康。典型农药的积累明显改变了土壤微生物结构，出现广谱抗性的烟曲霉，抗生素土壤积累则导致新的微生物优势种群出现和诱导抗性的上升，作物中硝酸盐含量明显提高、农药和酞酸酯残留量增加、低土壤 pH 值条件下叶菜类蔬菜出现超标现象，增加了土壤氮磷的淋失风险，增加了污染物对动物和人体的暴露风险。

（6）提出了设施农业环境管理框架体系建议

针对设施农业生产中的土壤环境问题及原因，提出了设施农业环境管理体系。重点围绕设施土壤质量改善、农产品安全和设施生态环境保护，全面统筹考虑土壤环境管理的主体、对象、过程和规模等要素，建立“四维一体”的设施农业土壤环境管理框架体系（图 1）。以政策、法规、规范、标准及相关基础研究的支撑作用为基础，以指导和监管为手段。

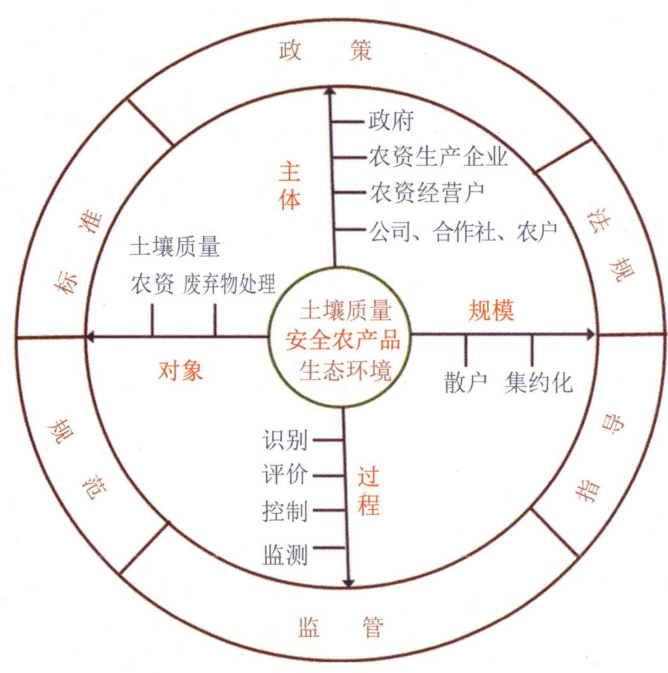

图1 设施农业土壤环境管理框架体系

（7）**提出了设施农业生产农用投入品安全使用与土壤环境管理对策建议**

从源头防控、过程消减和末端治理角度，给出了农用投入品安全使用规范，同时给出了相应的配套措施建议，以利于强化设施农业生产农用投入品土壤环境管理。

（8）**提出了设施农业土壤环境质量评价标准体系建议**

该体系包括设施农业土壤环境质量标准、农业投入品污染控制标准、土壤环境分析测试方法标准，并给出了完善该体系包括设施农业土壤环境质量标准、增加农业投入品污染控制标准、规范土壤环境分析测试方法标准的建议。

（9）**构建了设施农业土壤污染综合防控对策和技术体系建议**

根据防控对策和技术成熟程度、成本/效益、时间允许度、环境安全性、可行性等条件，从设施农业生产的源头、过程和末端三个环节拟定了土壤污染防控对策和技术体系。

4 成果应用

（1）**服务于设施农业农药使用环境管理和污染控制**

项目研究提出的设施蔬菜生产重点投入农药风险分级清单、设施蔬菜多菌灵、毒死蜱和百菌清使用管理对策、设施农业农药污染环境管理体系、设施菜地和农产品农药污染控制对策、农药包装废弃物管理处置对策等建议，为设施蔬菜生产农药使用环境管理和污染控制提供了决策参考依据和切入点。

（2）服务于设施农业肥料使用环境管理和污染控制

通过本项目的研究，掌握了设施菜地肥料施用对土壤环境质量的影响特征，设施菜地肥料高投入对面源污染、土壤重金属和抗生素累积的贡献，设施菜地肥料投入现状及其土壤污染因子清单，设施菜地肥料氮磷投入阈值，提出了设施菜地肥料高投入污染控制技术方案，可服务于设施农业氮磷污染的环境管理、设施农业重金属和抗生素污染的环境管理和污染评估与控制对策。

（3）服务于设施农业农膜使用环境管理和污染控制

本项目分析研究了我国典型设施农业农膜及酞酸酯污染的主要成因、来源、污染负荷、环境风险和修复技术等，可以对农膜生产及使用、回收相应标准的修订制定，完善农膜使用与控制的相关法律法规和技术规范，制定和完善设施农业农膜使用、回收、质量管理和监督等提供支撑。

（4）服务于设施农业土壤环境质量评价与环境管理

编制完成的《设施农业条件下土壤环境质量评价指南》（草案）可以支撑《无公害食品设施蔬菜产地环境条件》（NY 5294—2004）和《温室蔬菜产地环境质量评价标准》（HJ 333—2006），作为蔬菜产地土壤环境质量评价配套标准方法和指南。编制完成《设施农业土壤环境质量评价标准体系框架建议》《设施农业土壤污染综合防控对策和技术体系》和《设施农业土壤环境管理框架体系及土壤环境安全管理对策》可以作为完善设施农产品产地环境评价标准体系的直接依据和参考，为进一步建立、修改和完善设施农业土壤环境质量评价标准与管理制度提供科技支撑。

5 管理建议

（1）开展设施农业产地土壤环境专项调查

在国家层面组织开展设施农业产地土壤环境专项调查。建立各地设施土壤环境本底数据，划分土壤污染高风险区，为相关标准制定提供数据支持。建立国家设施土壤环境信息管理系统，及时掌握与分析设施土壤环境质量及其动态变化趋势，为设施土壤污染防治与资源保护提供科学依据。

（2）加强设施农业土壤环境容量和区域环境承载力研究

深入研究设施农业的高投入和设施规模的不断扩张对土壤生态环境和地下水资源的影响，评估设施农业生产区土壤和水资源的利用潜力及区域的环境承载力。由于设施农业发展和环境间的协调关系非常复杂，目前的研究基础还很薄弱，因此非常有必要开展专项研究。

（3）加强设施蔬菜产地的区域宏观调控研究

建议环境保护部根据国家各个地区的资源和区位优势，制定有指导性的设施农业污染防治规划，明确设施农业发展的优势区域、重点领域和重要项目。各级环保部门应参与到设施农业的发展规划中，进行监管和指导，把节约资源和保护生态环境的理念落实在设施农业发展的各个环节。

（4）尽快修订和完善设施农业土壤环境质量标准

土壤环境质量标准的制定是一项涉及面广、量大、十分复杂的工作，我国缺乏基础研究与数据，标准制定的技术方法是一个不断完善的过程，需要以实践检验并持续改进。指标体系选择及标准值制定等方面也需要不断地采用现场数据进行检验与调整。为此应加强各相关调查与基础性研究工作，在今后的各类土壤污染调查及相关研究中对标准不断予以检验、修正和完善。同时，及时补充制定标准指标体系中污染物的标准分析方法，保证标准实施的可行性。建立由科学家、管理者、使用者等各方能进行信息沟通的工作平台，标准制定过程中与农业、国土等各相关部门、协作单位共同研讨，鼓励地方参与土壤环境标准的研究与制定工作，广泛征求各方专家及管理者的意见，并请各单位利用原有调查或试验资料进行标准的检验，提出修改意见，使最终形成的标准在符合科学性与可行性的同时，可为各级政府管理部门与应用单位接受。

我国设施农业土壤环境质量标准的更新已严重滞后，修订和完善现行设施土壤环境质量标准势在必行。首先，要尽快通过设施蔬菜生产基地土壤重金属积累状况调查和重金属在设施土壤中的环境化学行为、迁移转化规律等修订现行的设施土壤重金属环境质量标准。其次，针对目前缺乏反映设施农业农药、肥料和农膜高投入污染的土壤环境质量指标。要尽快完善设施农业中常规使用农药、氮磷养分、农膜与酞酸酯残留、抗生素等污染物的含量限值。在设施农业农用投入品方面，尽快构建设施农业条件下农用投入品生产、安全使用规范与污染物控制限量标准，尤其是针对农药包装废弃物随意处置问题，制定设施农业农药安全使用标准和农药包装废弃物管理处理政策和技术体系，针对目前商品有机肥标准的不健全，如未列入监管的抗生素及Cu、Zn等元素，农膜中尚未制定酞酸酯的限定标准等，完善相应的标准体系，为设施农业土壤环境质量管理提供依据。

（5）完善相应管理法规，加强标准的实施管理

建立合理可行的设施蔬菜产地环境监督管理体系，可以尝试建立以环保部门负责的环境监管职能部门，统筹设施蔬菜生产系统环境管理制度、环境监测标准、环境监测监管手段、土壤环境评价、土壤环境生态补偿确定和实施等的制定，使设施蔬菜生产的环境管理落实到实处。

构建土壤污染防治的政策、法律及管理体系框架，建立土壤污染防治的有效机制，各地方应查明并建立各自区域内土壤环境中需重点或优先控制的污染物名录，促进土壤环境保护标准的有效实施，使土壤环境质量评价切实成为土壤资源与环境保护、土地开发利用及保障农产品安全与人体健康的法规性管理手段，从而进一步增强标准对土壤环

境监控管理的服务功能。

（6）开展设施蔬菜产地环境监测和风险评估

为了保障一个地区的资源合理利用，开展设施土壤环境质量状况的系统调查与定位监测，逐步建立设施产地土壤环境质量监测与评价体系，实时了解区域设施土壤污染的特征与程度，适时反馈规划和决策部门。

对设施蔬菜产地进行环境风险评估，是实施环境管理的重要依据。目前，国家在对污染场地的生态风险评估方面做了大量的工作，形成了一系列规范和导则，构成了完善的污染场地环境风险评估框架体系。然而，污染场地的风险评估主要关注的是在遗留遗弃工业污染场地再开发利用中对人体健康和生态环境的风险，并没有关注设施蔬菜生产基地土壤污染风险。因此，建议制定设施蔬菜生产基地土壤污染的风险评估技术和设施蔬菜产地土壤修复技术导则，开展设施蔬菜产地农药、酞酸酯、重金属和抗生素等污染物对生态环境和人体健康的风险评估，尤其是对设施农业从业人员的健康风险评估，完善设施农业土壤农药等污染物的生态风险评估体系，为设施农业土壤重金属和抗生素污染的风险评估与修复提供理论和技术支持。

在环境监测和风险评估的基础上，应逐步建立设施农业产地土壤环境质量的定期认证，并以此为基础制定设施产地的准入、推出制度，切实加强设施农业土壤环境管理，保护设施土壤资源，保障设施农业产地农产品质量安全和环境生态安全。

（7）开展设施农业发展的生态补偿机制研究

国内外的先进经验表明，实施农业生产的生态补偿是改善一个地区生态环境切实有效的重要途径。而结合各地区设施农业特点，研究和制定设施农业生态补偿规划，如何设立设施农业生态补偿专项资（基）金；研究设施农业生态补偿的标准和技术支撑体系，如何建立设施农业生态补偿监督评估机制，如何提高农民组织化程度，推进设施农业产业化进程和生态补偿机制的有效运行，这些问题都有待深入研究。

（8）加强设施农业环境问题的调控关键技术研发和示范推广

目前设施农业生产中有关环境问题的关键技术依然存在瓶颈，有必要加大研发力度，如设施农业减少环境影响的装备的更新与改造、环境友好型农药的研发与推广、先进的精准施肥技术、节水灌溉技术、土壤中农药、酞酸酯、重金属和抗生素污染控制与修复技术等有待深入研究。重视协同攻关，集成各方优势，联合开发具有自主知识产权的设施农业环境技术设备和污染控制技术，促进设施农业的技术进步和可持续发展。

6　专家点评

该项目在全国典型设施农业生产区资料调研和环境调查、观测采样、实验室模拟分析基础上，获得了大量第一手资料。分析了设施农业土壤环境质量变化规律，评价了环境风险，并提出了设施农业土壤环境管理、农用投入品安全使用、土壤环境质量评价标准体系、土壤污染综合防控对策和技术体系等一系列对策建议，为保证设施农业可持续发展提供了环境管理支撑。培养了人才，提交了决策咨询报告，发表了大量研究论文和专利。项目总结的2份决策咨询报告引起了环境保护部的重视，并提交至中共中央办公厅和国务院办公厅。部分成果已在环境保护部相关部门、设施农业管理和生产部门得到广泛应用，并有着较好的推广和应用前景。

项目承担单位：中国科学院南京土壤研究所、浙江大学、环境保护部南京环境科学研究所、中国环境科学研究院、上海市环境科学研究院、南京大学、河南省环境保护科学研究院、山东省农业科学院土壤肥料研究所

项目负责人：黄标

重金属污染场地诊断评价与修复支撑技术研究

1 研究背景

近年来，我国由于重金属污染导致的群体性事件频发，污染事件造成的影响极其恶劣，严重影响了社会的稳定与和谐。《国家中长期科学和技术发展规划纲要（2006—2020 年）》在“环境”领域把“综合治污与废弃物循环利用”列为优先主题，在“城镇化与城市发展”领域把“城市生态居住环境质量保障”列为优先主题；国务院发布了《关于加强重金属污染防治工作的指导意见》（国办发 [2009]61 号），环境保护部会同发改委等八部门制定落实《重金属污染综合整治实施方案》，《重金属污染综合防治“十二五”规划》进一步明确了“十二五”期间我国重金属污染防治的目标和重点，铅、汞、镉、砷和铬等重（类）金属污染列为防控重点元素。

涉及重金属排放的行业很多，企业生产场地及其周边污染废物排放影响的区域可能形成重金属污染场地。这些污染场地对周边居民的健康和动植物和生态系统均有潜在的生态风险。对于重金属污染场地的环境问题，我国目前的管理政策和技术指导文件还有欠缺，急需借鉴国外先进经验，结合我国国情，制定包括重金属污染场地的快速诊断、污染场地的人体健康风险评估和生态风险评估、重金属污染场地修复技术的筛选与应用评价、重金属污染场地修复的环境管理等方面的指导文件。

本项目围绕重点行业和重点关注的重金属污染物，从典型重金属污染场地案例研究入手，结合当前的环境管理需求，完善相关标准体系，为重金属污染场地的环境管理提供技术支撑。

2 研究内容

1）研究典型重金属污染场地土壤生态毒性诊断技术方法及其筛选指南；

2）研究重金属污染场地土壤健康风险评估技术和生态风险评估技术，构建重金属（镉、汞、砷、铅、铬）的毒性效应数据库和生物富集效应数据库；

3）研究典型重金属污染土壤修复技术筛选方法，并进行应用评价，集成优化成场地实用的修复技术体系；

4）研究建立污染场地档案数据库；

5）研究重金属污染场地修复管理的政策与技术。

3 研究成果

（1）构建了重金属污染场地档案管理数据库

通过广泛调研国际上已有的关于污染场地的建档技术方法，结合国内重金属污染场地管理现状，设计建立了《重金属污染场地档案管理数据库》结构，档案内容包括几大方面的信息：（原）企业基本信息、场地基本信息、主要产品信息、主要原辅材料信息、场地土水气环境信息、敏感受体信息。通过不同级别的授权设置，实现企业（或场地使用权人）对本企业场地的填报和查询，各级环保部门对辖区内污染场地的登记、备案、查询等监督管理。

（2）建立了《典型重金属污染场地土壤重金属生态毒性诊断技术筛选指南》（草案）

参考了ISO土壤质量测定标准中的相关理念，建立了典型重金属污染场地土壤重金属生态毒性诊断技术筛选的一般程序和方法，方法包含了场地调查、诊断技术初筛和复筛3个步骤。针对典型污染场地（蓄电池场地），通过室内模拟和野外调查试验研究，从保护土壤功能的角度出发，建立了典型重金属污染场地土壤生态毒性多层次诊断技术体系，并在此基础上提出了典型重金属污染场地土壤铅、铬、镉生态毒性快速诊断方法，包括水生生物系列毒性试验和陆生生物系列毒性试验方法，涉及代表性植物、动物和微生物毒性，可以较全面地反映土壤重金属污染对生态环境的影响，为典型重金属污染场地土壤的生态毒性诊断提供依据。

（3）完善了我国污染场地风险评估体系

研究制定了《铅污染场地健康风险评估技术导则》（草案）。项目组广泛调研国内外有关铅污染评估的技术资料，研究不同血铅模型在我国的适用性，重点研究适合于儿童和成人的IEUBK模型和ALM模型，结合中国铅污染状况和特征环境因子，进行模型参数本地化，编制了技术导则草案。

研究制定了《食物链途径暴露评估导则》（草案）。项目组调研了国外的食物链途径暴露风险评估的主要技术方法，根据我国土地利用特征和居民饮食习惯，确定了各种饮食来源的结构和每种食物的日消耗量，确定环境介质中和各种食物中重金属浓度的计算方法，建立重金属—土壤—动植物—人体暴露评估方法，提出了中国食物链风险评估导则的构架及主要参数。

建立了基于食用农产品安全的重金属污染土壤生态风险评估方法。从我国目前对重金属污染场地管理的迫切性来看，生态风险评价的管理目标仍然是从“人本位”的角度出发，关注土地利用和粮食食品安全。本项目重点研究了重金属污染土壤对主要粮食、蔬菜农作物的生态影响，建立了基于食用农产品安全的现阶段我国重金属污染土壤生态风险评估方法，发明了人体胃肠模拟消化系统。采用密封玻璃反应釜模拟人体胃肠消化系统，人工唾液、胃液和肠液参考欧洲生物有效性研究组制定的配方，根据中国人的身体特点适度调整，确定了污染物生物有效的评估方法和程序。

构建了《典型重金属（铅、汞、镉、铬和砷）的生态毒性效应数据库》和《典型重金属（铅、汞、镉、铬和砷）的生物富集效应数据库》框架建议。毒性数据库主要关注镉、铅、砷、铬、汞 5 种重金属对农作物（小麦、水稻、大豆、大麦、玉米等）、绿化观赏植物、经济作物的毒性数据。包括了美国 EPA-ECOTOX 生态毒性数据库中 8 329 份陆地生态毒性数据，中国的 633 份陆地生态毒性有效数据，为重金属污染土壤生态风险评估工作的开展提供了基础数据。生物富集效应数据库按照农作物、牛肉和牛奶、猪肉、鸡肉和蛋、饮用水和鱼等五个层次构建典型重金属生物富集效应数据库构架，相关信息已形成电子文件实现网络共享（可查询网址：http://www.shzhaopin.cn/Geng6.php）。

（4）研发了典型重金属污染土壤修复技术

通过镉、铬土壤淋洗剂筛选及回收的实验室研究，筛选出 3 种能有效去除土壤中重金属镉、铬的淋洗剂；研发了土壤真空热处理小试设备进行了砷、汞污染土壤的热处理小试研究，确定了设备运行的工艺参数；通过研究，筛选出能显著稳定 / 固化土壤中重金属的 4 种稳定剂和 2 种不同配比的固化剂，并应用于株洲市清水塘霞湾港重金属污染土壤修复工程中。

（5）研究制定了《重金属污染场地修复管理导则》（草案）

该导则就污染场地修复项目的立项前提、修复相关方的职责、修复工程环境管理方案应包括的环境要素、污染场地土壤再利用的管理等问题进行了规定，并针对不同修复技术规定了应该采取的最佳环境管理措施。该导则为重金属污染场地修复工程实施过程中的环境管理提供了指南，既可作为工程承担单位的技术参考文件，又可为环境管理部门提供了工程管理依据。

4　成果应用

1）项目研究成果支撑了《污染场地风险评估技术导则》（HJ 25.3—2014）、《污染场地土壤修复技术导则》（HJ 25.4—2014）的制定。

2）研究建立的铅污染健康风险评估方法应用于《株洲清水塘工业区清水片区 / 铜霞片区土壤污染风险评估报告》《清水塘重金属污染土壤治理工程——清水片区 / 铜霞片区土壤治理工程可行性研究报告》的编制，为片区土壤环境整治提供了技术支撑。

3）研究建立的基于农产品生产安全的土壤污染生态风险评估方法应用于江西某铜冶炼厂影响的农田土壤污染风险评估，为当地重金属污染土壤的整治和安全利用提供了科学依据。

4）研究筛选的固化/稳定化技术应用于株洲霞湾港（排水渠）重金属污染治理工程项目的土壤修复工程设计中。

5）研究建立的毒性诊断方法应用于河北某蓄电池厂场地的调查诊断，为场地污染风险分区提供了参考依据。

6）研究成果对促进我国重金属污染场地的规范管理、污染防治相关政策措施的制定、环境标准体系的完善具有重要支撑作用。

5 管理建议

（1）**强化污染场地信息管理**

国际经验证明，在场地调查和风险评估的基础上，建立国家和地区污染场地信息档案是一种有效的管理手段。我国污染场地众多且分散，建立我国的污染场地信息名录，建立场地干预的优先排序制度体系，可为污染场地的管理与修复提供基础和依据。同时，污染场地档案管理数据库系统的建立和完善，可提高环境管理信息公开的水平，使社会有关方面及时查询、了解污染场地的环境信息，同时能促进公众对污染场地监督机制的形成。

（2）**完善重金属污染场地土壤风险评估技术**

污染场地风险评估技术是一项复杂的系统工作，虽然目前已发布了一些标准文件，但还是有很多问题需要继续深入研究，相关的模型与参数，还需在进一步的实证研究中予以充分验证和修正，整个风险评估技术体系还需要全面细化和完善。此外，风险评估是一个庞大的体系，既遵从自然规律，又受人为因素的影响，除了在国家层面鼓励评估工作者利用科学的知识和方法去解决评估中的技术问题，更需要组织构建法律的框架来约束利益相关者的行为。风险评估之后风险管理决策的制定往往是各方博弈的结果。科技的进步和政策压力会推进环境管理技术的实地应用与实践，统一管理体系与标准，进而提高管理水平，促使重金属污染场地的安全治理朝更客观、更科学的方向发展。

（3）**污染场地修复工程必须强调评估先行**

重金属污染治理存在治理难度大、修复技术工程转化难、修复成本高等问题，所以，修复工程的立项应特别强调风险评估先行，根据场地拟定用途确定适宜可行的修复目标；修复方案要可行性论证，强化修复技术评估，必须经过小试、中试的成功，否则不予立项，以免浪费人力、物力，不但得不到理想的修复效果，更有扩散污染的风险；修复工程的实施也需标准文件加以指导和规范，引导修复行业的健康发展。

（4）**加强重金属修复技术的研发与修复工程的环境管理**

污染场地修复产业在我国是新兴产业，目前还缺乏技术的储备，所以，应在引进消化国外先进经验技术的基础上，加强自主研发，开发适应我国国情的经济可行的修复技术。鉴于修复工程复杂多样，应充分利用当前的科研成果，针对不同的修复技术特点，制定相关环境管理的标准指导文件，规范工程操作，减少二次污染排放，降低修复成本。另外，对一些采用降低活性的修复工程，应强调长期的修复监测，建立污染物台账，跟踪污染物归趋，最大限度地保护人居环境健康和生态环境安全。

6　专家点评

本项目基于对典型类型的重金属污染场地调查研究，构建了典型重金属生态毒性快速诊断技术方法和典型重金属污染土壤修复技术体系，建立了土壤生态毒性综合评判体系，筛选出了 3 种有效去除镉、铬的淋洗剂，开发了典型重金属的生态毒性效应和生物富集效应数据库，形成了铅污染场地健康风险评估方法，提出了重金属污染土壤的生态风险评估技术框架，编写了《场地环境调查技术导则》等 9 项技术文件，完成了《重金属污染场地档案管理数据库系统》等 3 个数据库。项目研究成果在《污染场地风险评估技术导则》（HJ 25.3—2014）、《污染场地土壤修复技术导则》（HJ 25.4—2014）等 4 项文件编制过程中得到应用，为我国重金属污染场地环境管理提供了有力的技术支持。

项目承担单位：环境保护部南京环境科学研究所、中国环境科学研究院、长沙威保特环保科技有限公司、中国科学院城市环境研究所、轻工业环境保护研究所、常州市环境监测中心、长沙环境保护职业技术学院

项 目 负 责 人：单艳红

污染土壤稳定固化及生物堆处理专项技术规范

1 研究背景

随着我国城市化进程的加快，城镇工业企业搬迁后遗留大量的污染场地，这些场地再次开发利用前须经过修复。目前我国还没有针对污染场地特别是工业污染场地土壤修复的相关技术规范，难以有效地指导污染土壤修复工作，无法保证项目规范化进行和最终修复目标完成，同时对政府管理也造成了困难。许多国家曾经因为缺乏规范的场地环境调查和污染土壤修复制度，在场地开发再利用过程中几乎都曾多次出现污染事故，尤其是一些污染严重企业遗留下来的场地。目前，我国主要参考国外相关技术和工程经验实施场地土壤修复，迫切需要制定适合我国实际情况的土壤修复专项技术规范。

土壤稳定固化技术和生物堆技术是两种主要的土壤修复技术。该项目通过调研和评估，总结提出污染土壤稳定固化和生物堆处理技术可行性筛选、处理 / 修复材料选择、土壤预处理、处理工艺方法和设备要求、处理效果评估指标体系和方法、处理后土壤在利用途径及相应技术要求，并通过实验室研究、现场中试和示范工程对其进行验证、补充和完善，在此基础上制定实用性高和可操作性强的专项技术规范，为这 2 种技术在土壤修复工程中规范化实施提供技术指导，确保土壤修复项目实施中技术的可行性、操作的合理性、过程的安全性以及修复成果的可评估性，也为污染土壤修复管理和产业发展提供技术支持。

2 研究内容

1）针对稳定固化技术，研究制定一套污染土壤稳定固化处理技术规范，内容包括稳定固化处理可行性筛选程序和流程、稳定化材料和固化材料的选择程序、土壤预处理工艺、稳定固化处理工艺设计和工程实施规范、稳定固化性能系统评估方法、污染土壤稳定固化处理后再利用的技术要求等。

2）针对生物堆技术，研究制定一套污染土壤生物堆处理技术规范，内容包括生物堆处理可行性筛选、生物堆处理条件和关键参数、土壤预处理工艺、生物堆系统设计与构建、生物堆运行参数与过程控制、生物堆处理后评估方法等。

3 研究成果

（1）研究制定了污染土壤稳定固化处理技术规范

建立了包括初步评估、详细评估和编制可行性研究报告等内容的稳定固化处理可行性筛选程序和流程。建立了污染土壤稳定化处理材料和固化处理材料的选择程序，并通过实验研究进行了补充和完善。从土壤含水量调节、杂质筛分、土壤破碎、混匀、氰化物和有机物的处理、土壤 pH 值调节等方面构建了土壤预处理工艺，提出了判断是否需要土壤预处理措施的影响因素、土壤预处理措施及设备的适用条件和选择原则。制定了污染土壤原位稳定固化和异位稳定固化的处理工艺研究，提出了原位和异位稳定固化处理技术路线、施工流程和设备要求，并以实际应用案例验证了土壤稳定固化处理工艺合理性。从化学浸出毒性、物理评估、生物可利用性评估三方面建立了土壤稳定固化处理效果评估方法体系，根据固化稳定化后土壤处置（或再利用）情景建立了效果评估指标体系并推荐了测试方法。针对固化稳定化后土壤再利用情景，分别提出了制定稳定固化处理后土壤再利用技术要求。实施了重金属和多环芳烃复合污染土壤的稳定固化处理工程，对稳定固化剂选择程序、土壤预处理、稳定固化处理工艺和修复设备选择、修复效果评估程序、再利用技术要求等关键环节进行了验证、补充和完善。在此基础上，编制了污染土壤稳定固化处理专项技术规范（草案），对稳定固化处理的工作程序、技术可行性筛选、稳定化和固化处理材料选择、土壤预处理工艺、稳定固化处理工艺、处理效果评估和处理后土壤再利用等提出了规范化的要求。

（2）研究制定了污染土壤生物堆处理处理技术规范

总结提出了生物堆处理技术可行性筛选的评价参数，建立了生物堆处理可行性筛选流程。制定并优化了土壤预处理工艺，研制了土壤预处理增效试剂，提出了土壤预处理（验收）目标。开展了生物堆处理条件参数实验室及中试研究，考察了土壤水分含量、氧含量、营养元素以及添加外源微生物等条件参数对生物堆处理的影响，确定了最佳条件参数，筛选并研制了应用于生物堆处理的高效降解菌剂。制定了生物堆处理的场地选择、地基建设、堆体构筑、结构配置、单元设计及材料使用以及通风和排水系统设计等的技术要求。提出了生物堆处里系统运行调控、动态监测评估、土壤资源化利用和安全风险防范方法。确定了生物堆处理修复效果评价、安全性评价和场地利用性评价方法，制定了后评估流程和后评估报告编制要求。完成了多环芳烃污染土壤生物堆处理的示范工程，验证并补充完善了土壤预处理、生物堆系统构建、土壤装载与填放、系统运行与管理、修复后评估等技术要求。在此基础上，制定了污染土壤生物堆处理技术规范（草案），对污染土壤生物堆处理程序、技术可行性筛选、预处理工艺设计、处理系统设计与构建、运行参数设计与运行控制、处理效果后评估等提出了规范化的要求。

4 成果应用

1）向环境保护部提交了《污染土壤稳定固化处理专项技术规范》（草案）和《污染土壤生物堆处理专项技术规范》（草案），为污染土壤稳定固化及生物堆处理工程项目的规范化实施和监管提供技术支撑。

2）依托项目研究成果，对我国《污染场地土壤修复技术导则》（HJ 25.4—2014）制定提出了修改建议，并在该标准的编制修改过程中得到采纳。

3）研究成果在住房及和城乡建设部标准《城市建设用地污染修复工程技术导则》以及《上海市污染场地修复方案编制（试行）》等标准的制定工作中起到了重要的技术支撑作用。

4）项目研究成果已在多个公司的土壤修复工程中得到应用，对我国土壤修复工程实施发挥了有效技术指导作用。

5 管理建议

1）将该项目编制的《污染土壤稳定固化处理专项技术规范》（草案）和《污染土壤生物堆处理专项技术规范》（草案），修改完善后作为国家行业标准颁布，预计将很好地推动这两项修复技术应用，促进我国土壤修复行业规范化发展。

2）污染土壤稳定固化处理效果评估对该技术的规模化应用至关重要。本项目建立了稳定固化处理效果评价指标体系并推荐了物理特性、化学浸出和生物可利用性测试方法。逐步推行这种方法，可为污染土壤稳定固化处理效果评估和工程监管提供规范化指导。

3）本项目研究制定的污染土壤稳定固化及生物堆处理可行性筛选流程、土壤预处理验收目标，修复后评估内容、流程和大纲，可为环境保护主管部门和修复实施单位对该技术适用性判断提供标准化方法，为土壤修复工程验收和修复后土壤的资源再利用途径确定提供借鉴。建议有序推行这些方法。

6 专家点评

该项目在对污染土壤稳定固化和生物堆处理技术调查和分析的基础上，结合国内30多项土壤修复工程，开展了实验研究、现场中试和系统总结，制定了《污染土壤稳定固化处理专项技术规范》（草案）和《污染土壤生物堆处理技术规范》（草案），并在多个污染土壤修复工程中进行了工艺参数验证与示范。项目研究成果在《污染场地土壤修复技术导则》（HJ 25.4—2014）、《城市建设用地污染修复工程技术导则》的编制工作中得到应用。该项目提出的污染土壤稳定固化及生物堆处理技术可行性筛选、材料选择、土壤预处理、工艺方法和设备要求、评估指标体系和方法、处理后土壤在利用途径及相应技术要求，对未来这两种修复技术在我国规范化实施具有重要的参考价值和指导作用。

项目承担单位：上海市环境科学研究院、轻工业环境保护研究所

项目负责人：罗启仕

酞酸酯污染土壤的真菌和植物联合修复技术应用研究

1 研究背景

酞酸酯是一种重要的有机化合物，工业上的大量生产和使用，使其成为环境介质中常见的有机污染物之一。目前，我国地表水、地下水、环境空气、土壤中已广泛检测出酞酸酯，在个别地区土壤和饮用水中的含量已经超过相应的标准限值，甚至超标几十倍。由于酞酸酯的雌激素效应，以及潜在的致畸、致癌和致突变特性，对生态环境、食品安全和人体健康构成严重威胁。农用地酞酸酯污染问题越来越严重，迫切需要进行治理与修复。

国内外在酞酸酯污染土壤修复技术研究方面取得了一些进展，主要为土壤中酞酸酯含量现状调查、土壤迁移转化特性、特异降解菌株筛选及降解机理研究、微生物（细菌、丛枝菌根）与植物联合修复试验等研究，总体上尚处于试验研究阶段。

本项目针对农田土壤酞酸酯污染问题，以建立酞酸酯污染土壤的真菌和植物联合修复模式为目标，着重解决真菌筛选及降解机理、植物筛选、表面活性剂筛选、真菌和植物联合修复模式构建、地膜中酞酸酯替代等问题。通过关键技术研发、集成与示范，探索出一套低成本、环境友好的、能大面积应用的酞酸酯污染土壤生物修复技术，为土壤环境管理提供技术支撑。对于有效防治农用地酞酸酯污染，保障产出作物安全，实现社会、经济与环境的可持续发展具有重要意义。

2 研究内容

1）研究农用地土壤中酞酸酯迁移转化规律和环境健康风险评估。

2）筛选土壤酞酸酯高效降解真菌菌株，研究其降解机理和土壤中生长动态。

3）研究酞酸酯对作物种子发芽、植物生长的影响，以及葫芦科植物、蔬菜对酞酸酯的吸收作用，筛选出酞酸酯耐性作物品种或富集作物品种。

4）研究不同表面活性剂对真菌生物、植物生长的影响和对土壤酞酸酯生物有效性的增强作用，筛选、优化出适宜的表面活性剂种类和使用条件。

5）建立真菌和植物联合修复酞酸酯污染土壤的最佳模式并示范，研究酞酸酯在植物中的分布，构建酞酸酯修复植物的安全处置技术模式。

6）研究地膜中酞酸酯替代的可行性。

3　研究成果

（1）土壤酞酸酯污染现状调查与污染生态效研究

研究表明，典型区土壤中酞酸酯主要种类为邻苯二甲酸二甲酯（DMP）、邻苯二甲酸二乙酯（DEP）、邻苯二甲酸二丁酯（DBP）、邻苯二甲酸二（2- 乙基己基）酯（DEHP）和邻苯二甲酸二辛酯（DOP）。DMP、DOP 在土壤中垂向迁移能力弱，而 DBP 和 DEHP 垂向迁移能力较强。土壤中酞酸酯以可脱附态、有机溶剂提取态、结合残留态 3 种形态存在，可脱附态可反映出土壤中酞酸酯的生物有效性。酞酸酯对人群的暴露风险主要是通过食物链进入人体，DOP 和 DEHP 的暴露风险较大。研究提出了《土壤和植物中酞酸酯污染调查监测规范》（建议稿）。

（2）特异真菌筛选与降解机理研究

筛选出 4 种可同时降解 3 种酞酸酯（DMP、DEP、DOP）的真菌菌株，其最佳降解条件为 C ∶ N 值 20 ∶ 1 和 pH 值 7.0，接种真菌可以提高土壤酞酸酯的降解效率，而补种措施可以维持土壤中真菌数量稳定。真菌酶降解酞酸酯的试验和蛋白组学研究发现，真菌对酞酸酯的降解可能是胁迫诱导下多种酶共同参与的协同降解，甲醛脱氢酶、醇脱氢酶、热休克蛋白 hsp90 家族的催化酶等的协同作用可能是降解复合酞酸酯的一种机制。采用筛选出的菌株生产出特异真菌有机肥并在大田使用。一株降解酞酸酯的真菌及其应用，获得发明专利授权（ZL 2011 1 0331007.8）。

（3）酞酸酯污染土壤修复植物的筛选和评估

基于最小风险水平和参考剂量值，提出蔬菜等作物中酞酸酯含量安全阈值为 2 mg/kg（干重）。基于水培试验、土培试验和调查结果，提出酞酸酯污染土壤植物修复的潜力植物（冬瓜、黄瓜、南瓜）和《适宜酞酸酯中低污染农田土壤种植作物名录（初步）》。

（4）真菌和植物联合修复模式构建研究

农用地酞酸酯污染土壤的真菌有机肥和作物联合种植修复技术。酞酸酯中低污染农田使用真菌有机肥 250 ～ 500 kg/ 亩作基肥，种植水稻、冬瓜、大豆、玉米，结合水旱轮作措施，在降低土壤中酞酸酯的同时，耕地产出能力不受到影响，能生产出符合食品安全标准的农产品，同时提高了土壤中酞酸酯的降解效率。提出了《酞酸酯污染土壤的真菌和植物联合修复技术指南（讨论稿）》。

酞酸酯污染土壤的强化修复技术。采用真菌有机肥和冬瓜、南瓜、黄瓜组合，添加浓度为 0.5 ～ 1.0 g/L 的 Tween 80 溶液，提高修复效率。

农业废物中酞酸酯的微好氧堆肥处理技术。修复植物冬瓜藤叶与猪粪混合经微好氧堆肥处理，不但消除了冬瓜藤叶中酞酸酯的二次污染，也同时减少了猪粪中残留的酞酸酯，实现农业废物的综合利用。

（5）地膜中酞酸酯替代的可行性研究

采用乙酸柠檬酸三丁酯替代地膜中酞酸酯生产出新型地膜产品，证明了地膜中酞酸酯源头减量在技术和经济上均可行。

4 成果应用

1）向环境保护部提交《土壤和植物中酞酸酯污染调查监测规范》《酞酸酯污染土壤的真菌和植物联合修复技术指南》《适宜酞酸酯中低污染农田土壤种植作物名录（初步）》，研发形成的真菌降解减量、真菌和植物联合减量、地膜源头减量、修复植物安全处置等技术，可为开展酞酸酯污染土壤的调查与修复提供直接的技术支持。

2）本项目研究成果已在两个示范地（广东省高州市和山东省寿光市）进行了成功应用，通过该成果的进一步推广应用，可减少土壤酞酸酯含量、改善作物品质、提高农业收益。

3）地膜是农用地酞酸酯污染的来源之一，实施地膜中酞酸酯替代是控制酞酸酯污染的有效方法之一，本项目从技术、经济角度论证了地膜中DOP替代的可行性，为地膜产品结构调整提供了技术支持。

5 管理建议

（1）制定相关标准规范，加强环境监管

建议结合环境管理需求完善《土壤和植物中酞酸酯污染调查监测规范》《酞酸酯污染土壤的真菌和植物联合修复技术指南》和《适宜酞酸酯中低污染农田土壤种植作物名录（初步）》。

建议开展酞酸酯原料制造、使用行业清洁生产技术研发，形成行业清洁生产标准。进一步完善污染物排放标准与环境质量标准、食品卫生标准中相关指标与内容，促进我国酞酸酯污染防治的科学管理。

（2）加强酞酸酯源头控制，严格执行排污许可

建议进行酞酸酯污染源普查，建立排放源清单。根据酞酸酯在土壤中的迁移转化规律与生态响应进行溯源技术研究，构建酞酸酯污染溯源技术体系和源头阻断技术体系，建立基于环境敏感受体的区域酞酸酯排放许可制度，减少环境排放量。

（3）加强酞酸酯替代品研发，淘汰酞酸酯产品使用

限制、减少、禁止酞酸酯的使用是必然趋势。建议加强部际交流与协作，调整地膜产品结构，采用乙酰柠檬酸三丁酯替代DOP生产新型地膜；出台酞酸酯在相关产品中使

用控制政策，通过行业结构调整，发展和使用酞酸酯替代品种，既符合市场发展需求，又可有效削减邻苯二甲酸酯（PAEs）排放量。

（4）加强农用地酞酸酯污染土壤修复实用技术研发与应用

建议加强高效、低残留、低毒、环保型的实用修复技术与新材料的研发，创新酞酸酯污染土壤修复的新模式，结合全国土壤调查成果，选择典型区域进行试点示范，完善相应的技术标准与规范，取得经验后在全国范围内推广；实施“以奖促治，以补促治”政策，引导受污染农用地安全利用，实现“边生产、边修复”，逐步改善、提高我国土壤环境质量。

6 专家点评

该项目阐明了土壤中酞酸酯的存在形态、水平与垂直分布特点，以及土壤—植物系统的迁移转化特征；筛选出了多种可同时降解 3 种酞酸酯的真菌菌株，从酶学和蛋白质组学角度，阐明了真菌对酞酸酯的降解机理；研发了真菌有机肥、化学添加剂和酞酸酯地膜替代配方，形成了具有自主知识产权的修复模式，为酞酸酯污染农田土壤的污染控制与修复提出了新途径，丰富了我国土壤修复的理论与方法。项目研究成果在我国南方和北方两种代表性区域的成功应用，对这一技术的应用和推广起到良好的示范作用。该项目提出的规范、指南和名录，对于完善我国土壤修复标准体系、推动相关技术的应用，改善土壤环境质量，具有十分重要的意义。

项目承担单位：环境保护部华南环境科学研究所、中山大学、湖南农业大学、高州市农业科学研究所

项目负责人：蔡信德

盐渍土壤石油—重金属复合污染修复技术及示范

1 研究背景

随着石油开采工业迅速发展，在石油勘探、开采、运输、贮藏、加工等过程中出现的跑、冒、滴、漏现象以及含油废水的排放、燃料的不完全燃烧、石油产品的挥发、污水灌溉等均导致了严重的环境污染。作为世界上最大的石油生产国和消费国之一，每年落地原油约为 7.0×10^5 t，其中约1/10进入土壤环境，累计污染土壤面积高达500万 hm^2。石油类污染已经成为我国土壤环境污染的主要形式之一。原油和钻井液中均含有多种重金属元素，这些重金属污染物在油田开发过程中进入土壤环境，加之土壤背景中本身存在的重金属，与石油类有机污染物形成的石油—重金属复合污染，然而目前为止针对石油—重金属复合污染的污染特征、环境行为和污染修复方法均不十分明确。另外，我国北方油田普遍为盐渍化土壤，土壤盐渍化进一步加剧复合污染的治理难度。

该项目以山东省黄河三角洲孤岛油区石油污染的盐渍化土壤为研究对象，开展盐渍化土壤中石油—重金属复合污染特征研究、环境行为研究、联合修复工程及其环境监管示范，以及综合防治技术与环境监管体系的研究。为石油—重金属污染的盐渍化土壤的修复提供了安全、经济、实用的修复技术和工程示范，为石油—重金属污染的盐渍化土壤综合防治建立了一整套环境管理体系和监测、评价、预警技术指导方案。

2 研究内容

1）研究和弄清盐渍化石油—重金属复合污染土壤中污染物的浓度、存在形态以及水平和垂直分布等污染特征。

2）研究复合污染的微生物—植物修复过程中，石油和重金属的存在形态、生物效应和迁移转化规律等变化，及其与石油降解、微生物活性、植物根际条件等的关系。

3）建立具有协同效应的微生物、菌根化植物联合修复技术；建立石油—重金属复合污染的盐渍化土壤的物理—化学—生物联合修复技术。

4）建立盐渍化土壤石油—重金属复合污染的综合防治技术与环境监管体系。

5）在胜利油田孤岛油区，建立污染土壤修复工程示范，重点示范联合修复技术的应用及其效果、污染土壤修复过程中环境管理体系的运行等。

3 研究成果

（1）通过黄河三角洲土壤普查和孤岛油区土壤详查，完成了黄河三角洲盐渍化土壤石油—重金属复合污染现状调查及监测评价

通过资料分析和现场调查，确定了盐渍化土壤石油—重金属复合污染特征污染物清单（表 1）。

表 1 特征污染物清单

	石油类	重金属	石油—重金属复合污染
特征污染物	正构烷烃、16 种 PAHs、苯系物、全硫量和石油烃总量	铜、锌、铅、镉、铬、镍、钒和锰	镍卟啉和钒卟啉

通过取样分析，弄清了石油类有机污染物、特征重金属及其复合污染物在孤岛油区的盐渍化石油污染土壤中的浓度、成分特征、形态特征和时空分布规律，揭示了油田开发是造成该地区土壤污染的主要成因。

（2）弄清了石油—重金属复合污染的盐渍化土壤在微生物—植物修复过程中，重金属的迁移转化规律，以及石油降解、微生物活性、植物根际条件等与重金属在土壤中的存在形态、迁移转化、生物效应等关系

石油—镉或石油—镍复合污染盐渍化土壤微生物修复过程中，重金属的有效态含量和生物有效性均增加。添加石油降解菌是提高石油降解率的决定因素，因此微生物—植物联合作用可以提高石油降解效率。但重金属的存在显著影响了微生物活性，显著降低了微生物—植物联合修复效率，进而降低了石油烃降解效率，且镉对修复效率的影响高于镍。

随着改良剂添加量的增加，土壤中重金属生物有效态含量显著降低；另外，添加改良剂可以提高石油—镉或石油—镍复合污染土壤中石油降解率，改良剂—微生物—植物联合作用可以降低重金属活性，提高石油降解率。

（3）盐渍化土壤中石油—重金属复合污染的联合修复技术研究

优选出了耐盐大于 5%、石油周降解率可达 46.3% 的三株降解菌株，形成了产业化发酵技术。优选出了具有微生物—植物协同作用的碱蓬、柽柳、高羊茅和黑麦草 4 种盐生植物品种，形成了菌根化植物扩繁专有技术。

研发了碱蓬等与混合菌群具有协同作用的高效降解石油污染物的混合菌群，研发了具有协同作用的微生物—植物联合修复技术和碱蓬—菌根真菌—混合菌群及营养盐调节联合修复技术。

优化了以抬田压碱为主要措施的盐渍化土壤盐碱治理与调控技术。研制出石油—重金属复合污染盐渍化土壤高效调节剂和强化剂，修复效率分别提高 24% 和 8%。研发了石油—重金属复合污染盐渍化土壤的改良剂—微生物—植物联合修复技术。

（4）**建立了盐渍化土壤中石油—重金属复合污染的综合防治技术与环境监管体系**

通过比值法、相关性分析和主成分分析等方法进行了来源解析，识别了孤岛油区土壤中各特征污染物的潜在来源。

优化了盐渍化石油污染土壤中多环芳烃、苯系物、重金属全量和形态分析方法，新建了土壤中硫含量和金属卟啉类化合物的分析方法，建立了一套盐渍化—石油—重金属复合污染土壤中特征污染物的快速识别和快速监测方法。

建立了盐渍化土壤石油—重金属复合污染的环境质量评价方法、污染风险评估方法和污染土壤修复评价方法。建立了盐渍化土壤石油—重金属复合污染修复的环境预警与环境监管体系，即单项预警，当某一污染物质量指数位于 0.75 ～ 0.95 时，即可进行预警；若污染物质量指数小于 0.7，无须进行预警；综合预警，将土壤环境综合污染评价指数 IPI 划分为 5 个等级：安全、警戒级、轻污染、中污染和重污染。

（5）**盐渍化土壤石油—重金属复合污染的联合修复工程及其环境监管示范**

在胜利油田孤岛油区，选取面积为 5 000 m^2 的石油—重金属复合污染土壤，建立污染土壤修复工程示范，重点示范联合修复技术的应用及其效果、污染土壤修复过程中环境管理体系的运行等。应用本项目的修复方法进行大田修复的结果表明，改良剂—微生物—植物联合修复盐渍化石油—重金属复合污染土壤，能够大幅提高生物量、提高重金属钝化效果，石油烃降解率可达 80.26%，较单一修复技术总体修复成本可降低 40% 以上。

4 成果应用

建立的加速溶剂萃取—液相色谱—质谱联用技术检测石油—重金属络合物的方法在山东三润环保科技有限公司和山东省分析测试中心应用；建立的石油重金属复合污染盐渍化土壤质量的综合污染指数评价方法在济南市环科院和山东省化工研究院应用；建立的监测、评价盐渍化土壤使用重金属复合污染的微生物指标新技术在山东省分析测试中心、济南市环科院和山东省化工研究院应用；建立的盐渍化土壤石油重金属复合污染的植物监测、评价方法在济南市环境监测中心站、山东省分析测试中心、济南市环科院和山东省化工研究院应用；建立的石油污染的盐渍化土壤中重金属和形态监测方法在济南市环境监测中心站和山东省分析测试中心应用；盐渍化土壤石油—重金属复合污染修复技术在济南军区黄河三角洲生产基地二团机砖厂、胜利油田金岛实业有限责任公司应用。应用结果表明，本项目取得的成果应用性强、数据结果可靠，能够为该类型土壤的研究和分析提供有力支撑。

5　管理建议

1）将盐渍化土壤石油—重金属复合污染的环境监测、环境管理和污染修复技术规范（建议稿）完善上升为国家标准。

2）积累并优化盐渍化土壤石油—重金属复合污染联合修复技术的工艺运行参数，扩大应用范围。

3）进一步开展修复土壤及农产品生态风险的全生命周期监管体系研究，确保环境安全。

4）完善盐渍化土壤石油—重金属复合污染防治的政策法规。

5）开展高浓度石油—重金属复合污染土壤的原位和异位修复技术研究。

6　专家点评

项目提出了盐渍化—石油—重金属复合污染特征污染物的确定方法，建立了特征污染物清单；筛选出了耐盐碱、耐重金属污染的 3 种微生物菌群和 4 种土著植物；开发了重金属钝化剂和土壤改良剂，形成了盐渍化土壤石油—重金属复合污染的高效联合修复技术，编制了《石油—重金属复合污染盐渍化土壤改良剂—微生物—植物联合修复技术规范》（建议稿）；建立了 5 000 m^2 的石油—重金属污染盐渍化土壤联合修复示范工程；编制了盐渍化土壤石油—重金属复合污染的快速监测、环境质量评价、污染风险评估、修复效果评价方法及规范的建议稿。项目成果创新性、实用性和应用性较强。

项目承担单位：山东大学、山东师范大学、山东省科学院生物研究所

项目负责人：崔兆杰

枯枝落叶和脱硫石膏对滩涂土壤的改良研究和工程示范

1 研究背景

我国沿海城市每年产生大量的燃煤电厂烟气脱硫石膏和城市枯枝落叶。同时，这些沿海城市每年围垦造地数百平方千米。新围垦的土地土质偏碱性、有机质含量少，不适合耕作、种植和绿化。围垦滩涂的自然脱盐过程，往往需要十多年的时间；其他人工脱盐方法不仅费用高昂，需要的时间也很长，严重影响围垦土地开发和可持续使用。

滩涂土盐碱化比较严重，且非常贫瘠。烟气脱硫石膏能明显降低土壤pH值，石膏中的钙离子可以置换土壤中的可交换性钠，以此达到改良碱土的作用。此外，“落叶化土”后变成肥料，施加到滩涂中，可以提高滩涂土壤肥力。这两个措施能有效促进滩涂上植被的演替，在较短的时间内用较小的代价改变滨海盐渍土以高含量水溶性盐为主的恶劣土壤理化性质，对围垦滩涂的开发和可持续利用具有非常重要的现实意义和经济效益，是循环经济理念在环境保护领域的重要应用。

由于烟气脱硫石膏和城市枯枝落叶中存有一些可能引起生态和环境安全的污染物质（例如，我国的烟气脱硫石膏混有含重金属的飞灰，城市枯枝落叶也可能富集一些重金属如铅、锌、镉等），大规模循环利用或使用必须进行风险评估；在使用过程对可能产生的生态和环境安全问题采取预处理、风险规避或防范措施。

本项目拟采用城市废弃物脱硫石膏和枯枝落叶改造新造盐渍土地的土壤，研发形成一套加快滩涂脱盐过程、改善滩涂土地质量和生态安全的新技术，同时解决城市园林废弃物处理与围垦造地土壤质量两大难题。

2 研究内容

1）烟气脱硫石膏成分分析和盐渍条件下钙钠置换试验研究。在实验室条件下，研究钙钠置换机理、置换过程、淋溶效果，寻求最佳脱硫石膏改良盐碱土壤的配方。

2）城市枯枝落叶快速堆肥技术研究。研发城市枯枝落叶的快速堆肥技术，通过现场实验确定最佳条件。

3）改良滩涂盐渍土实验室研究。通过土柱淋溶实验和盆栽实验，测定脱盐速率，土壤中营养物有效状态，植物生长状况。

4）改良滩涂盐渍土的现场实验和工程示范。在两块盐渍程度不同的地块（各 20 亩，1 亩 =1/15 hm^2）进行现场实验和工程示范，形成可以推广的具有自主知识产权的适用集成技术，同时评估该项技术的环境生态风险。

5）生态环境安全评估和技术导则 / 指南制定。编制集成技术的技术导则和使用指南。

3 研究成果

（1）脱硫石膏成分分析和盐渍条件下钙钠置换试验研究

研究结果表明：加入烟气脱硫石膏之后，盐碱土团粒结构得到明显改善，土壤颗粒更容易凝聚成团，使土壤孔隙度变大，水力传导能力增强，平均导水系数是对照组的 4 ～ 5 倍，有效加快脱盐过程。烟气脱硫石膏土柱中钙离子与钠离子发生离子交换反应试验表明，钙离子优先与钠离子进行交换，平均脱钠效率达到对照组的 1.8 倍。

（2）城市枯枝落叶快速堆肥技术研究

利用上海城市枯枝落叶进行了堆肥实验室试验，堆体的水分含量调整为 40% ～ 65%，碳氮比（C/N）控制在 25 ∶ 1 ～ 35 ∶ 1，pH 值以中性为宜；添加合适的氮源和菌剂后，堆体温度升高快，高温阶段持续时间长，堆体的腐熟进程加快，堆肥产品的安全性能高（种子发芽指数很快达到 80%）。在 3 个配比中，添加尿素、液菌和 FGD 石膏的堆肥效果最好。

（3）改良滩涂盐渍土实验研究

实验室盆栽的研究表明，烟气脱硫石膏对存活的植物生长有明显地促进作用。杞柳和垂柳的高度随烟气脱硫石膏用量的增加而增加，为示范工程的建设、运行和维护提供了参数、方法和经验。

（4）改良滩涂盐渍土的现场实验和工程示范

根据实验室条件下研发的加快滩涂脱盐过程、改善滩涂土地质量的新技术，选择上海浦东新区东滩和崇明东滩建设了两块 20 亩（实际种植面积 1 hm^2）的示范基地。

示范工程 2 年的数据验证了烟气脱硫石膏可以通过钙钠交换将滩涂盐碱地自然脱盐过程缩短到数年内的科学假设。数据表明：

1）采用烟气脱硫石膏作为滩涂盐碱地土壤的改良剂，可以通过钙（Ca^{2+}）离子和钠（Na^{+}）离子的交换，加速围垦滩涂盐碱地的自然脱盐过程。在上海崇明具有年平均降雨量 1 050 mm 的条件下，60 t/ hm^2 的烟气脱硫石膏添加量可在 2 年内将土壤碱化度（ESP）降低至 10% ～ 15 %。

2）烟气脱硫石膏可以改变围垦滩涂盐碱地土壤的化学和物理特性，促进滩涂植被的多样性和演替。2 年的植被样方调查表明，在烟气脱硫石膏添加的第二年，就会出现一般围垦多年才会生长的非盐生草本植物；较高烟气脱硫石膏添加量，乔木植物的存活率较高。

3）采用烟气脱硫石膏脱盐具有低的环境风险，这不仅因为烟气脱硫石膏含有低的重金属含量，更多的钙和硫；而且只要施用一次，就可以获得明显的脱盐效果。

4）烟气脱硫石膏使用简便，成本低廉。安全使用烟气脱硫石膏有望大规模地有效改善围垦滩涂盐碱土壤质量和生态环境（图1、图2）。

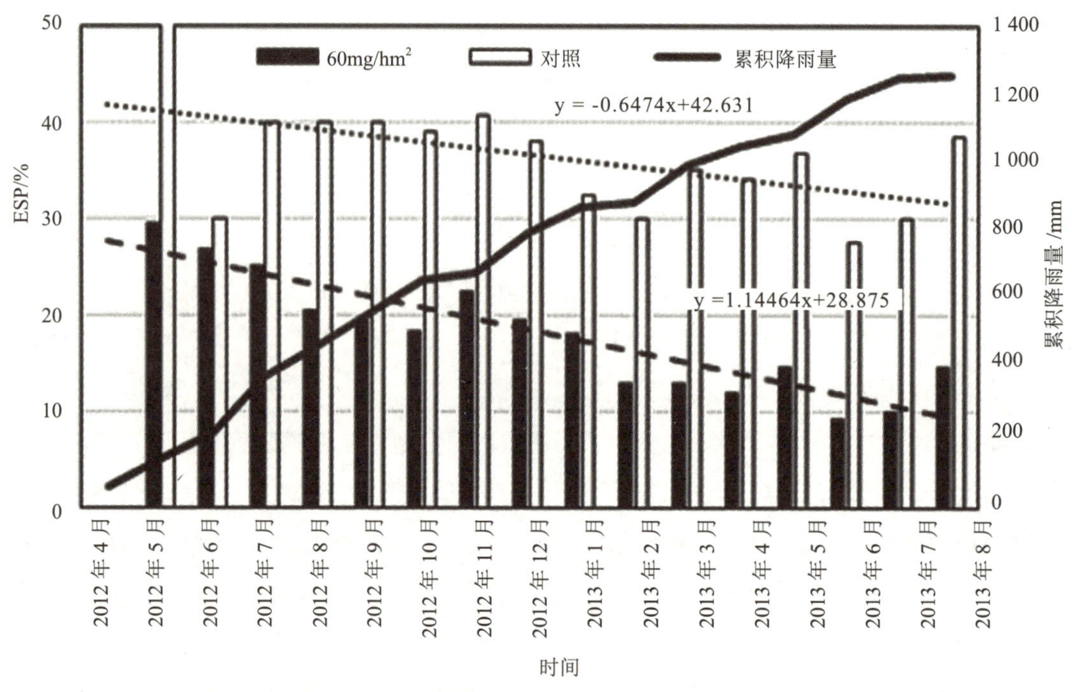

图1 示范工程土壤ESP随烟气脱硫石膏添加量和时间的变化

图2 两年后崇明东滩池杉的生长情况（左），南汇东滩杞柳与互花米草共生的情况（右）

（5）生态环境安全评估、使用指南和政策建议

初步制定了烟气脱硫石膏安全使用指南和城市枯枝落叶安全使用指南。

4　成果应用

1）向滩涂农业推广，例如，合作参与了上海农委“循环农业发展关键技术集成示范”中“烟气脱硫石膏改良土壤技术的应用示范”；

2）“十二五”滇池南部富磷面源污水入湖防治重点区域准备采用该项技术控制农业面源的磷流失（已写入指南）；

3）其他滨海地区也开始关注烟气脱硫石膏对滩涂的脱盐作用，例如，山东滨州、浙江温州和宁波地区，以及江苏连云港等地；

4）发表了6篇科学论文（其中SCI两篇）；申请了两项专利；《烟气脱硫石膏的农业与环境应用》一书出版中。

5　管理建议

（1）烟气脱硫石膏

我国若干燃煤电厂烟气脱硫石膏的重金属含量不高，一般低于当地盐碱地土壤的重金属背景值，但某些重金属（如汞）的含量却较高。在使用烟气脱硫石膏时，必须以土壤重金属的背景值计算烟气脱硫石膏安全使用量，评估其可能的生态风险。

建议：在目前还没有烟气脱硫石膏农业和环境用途的重金属含量指导限值时，采用《土壤环境质量标准》（GB 15618—1995）的一级标准作为烟气脱硫石膏农业和环境用途的指导限值的Ⅰ级标准（用于庄稼蔬菜等与食物链有关的用地），采用《土壤环境质量标准（修订）》（GB 15618—2008）的土壤无机物污染物的环境质量第二级标准值的最小值作为烟气脱硫石膏农业和环境用途的指导限值的Ⅱ级标准（用于林地滩涂娱乐等用地）。

（2）城市枯枝落叶

尽管在一般情况下城市枯枝落叶中的重金属含量不高，但某些枯枝落叶含有高的重金属；而且堆肥过程也不能明显地减少堆肥产品的重金属含量。直接利用重金属含量较高的城市枯枝落叶及其堆肥产品，可能会造成严重的生态安全问题。

建议：采用《土壤环境质量标准（修订）》（GB 15618—2008）土壤无机物污染物的环境质量第二级标准值的最小值作为绿化植物废弃物处置最终产品的重金属限制指标。对超过重金属含量的指导限值或当地土壤重金属背景的城市枯枝落叶，使用前必须进行生态安全评估；必要时还应该做一些实验室和现场研究，评估枯枝落叶综合利用时其重金属可能给目标（土壤和作物等）带来的生态安全风险。

6 专家点评

该项目运用实验室研究和现场示范的工程研究方法，提出了利用燃煤电厂烟气脱硫石膏和城市枯枝落叶改良滩涂盐碱地的成套技术；申报了“利用烟气脱硫石膏加速滩涂围垦盐碱地脱盐的方法”等专利，评估了使用烟气脱硫石膏和城市枯枝落叶的生态和环境风险，编制了使用烟气脱硫石膏和城市枯枝落叶改良滩涂土壤的技术指南。是第一个将烟气脱硫石膏实际运用于滩涂脱盐的现场工程性实验，引起了国内外专家的广泛注意。美国应用土壤生态学杂志主编，俄亥俄州立大学著名土壤学专家Dick教授先后两次来华实地考察烟气脱硫石膏的脱盐效果，认为该项技术大大拓宽了烟气脱硫石膏的应用。Coal Ash Asia认为该项技术有望进一步推动烟气脱硫石膏在亚洲地区的农业和环境用途，邀请项目组在其2015年会上做主旨发言。

项目承担单位：华东师范大学、上海市环境科学研究院、上海市园林科学研究所、上海恒德荣昌农村环境治理有限公司、上海浦东城建实业开发有限公司

项目负责人：李小平

化工区重金属土壤生态安全阈值及识别技术研究

1　研究背景

伴随着社会经济的快速发展，全球对金属需求规模在近代以来呈现了几何数字增长趋势，金属矿藏的开采和冶炼已经出现巨大增长。因而，大量重金属已经通过各种途径进入土壤，土壤环境已经或正在受到重金属污染而对生态安全和人类健康造成严重威胁。

我国 1995 年颁布实施的《土壤环境质量标准》，主要在国外资料调研及国内土壤背景值调查基础上得出，缺乏系统的土壤生态与健康风险的实验数据，更没有在我国土壤安全基准值的基础建立相应的土壤标准值。目前，国际上对土壤质量指导值的确定均涵盖了两个方面的内容：一方面保护土壤的生态功能，指导值基于生态毒理数据制定；另一方面保护人体，暴露于土壤污染物的无显著健康风险，指导值基于人体的健康暴露风险评估制定。因此，从当前的实际需求看，现行标准还难以较准确地评价我国土壤安全状况，不能较好地满足管理的要求，要进行标准的修订。

本项目选取土地利用方式为化工区的重金属污染场地，开展典型化工区场地土壤重金属积累行为研究，辨识重金属在土壤中分布和元素生态有效性特征，利用生态毒理学理论开展生态风险评估研究，揭示重金属的土壤环境生态风险水平，初步确定化工区铅、铬的土壤污染物的安全阈值，形成我国化工园区土壤重金属污染的环境风险识别技术规范，为我国工业区土壤重金属的风险评估监管提供技术文件，进而为现行土壤环境质量标准的修订提供参考依据，对我国工业区土壤资源管理和人民健康保护具有重要意义。

2　研究内容

（1）化工区土壤重金属生态安全建议阈值确定方法研究

结合国外土壤生态安全阈值研究方法与我国化工区实际情况，提出适合我国化工区土壤重金属生态安全建议阈值确定方法。

（2）典型化工区土壤重金属生态安全阈值研究

通过调研我国典型化工区土壤中污染重金属的土壤含量水平与变化规律，以典型化工区（南京、保定）为例，对我国化工区土壤重金属生态安全建议阈值确定方法进行应用与示范，进行当地土壤中“四门十科”本土生物的生态毒理学试验，建立了典型化工区的重金属的土壤生态安全阈值。

（3）土壤重金属生态风险识别技术筛选指南研究

在典型化工区对重金属的生态风险识别技术筛选进行验证，提出化工区土壤重金属生态风险识别技术筛选指南。

3 研究成果

（1）通过对国内外生态安全阈值确定方法进行研究，并结合我国典型化工区实际情况，初步提出一套适合我国典型化工区土壤重金属污染物的土壤生态安全阈值确定方法

通过对国内外生态安全阈值确定方法进行研究，并结合我国典型化工区实际情况，初步提出一套适合我国典型化工区土壤重金属污染物的土壤生态安全阈值确定方法，并分别从生物毒性数据的搜集方法、生物毒性数据筛选、我国推导土壤生态安全阈值的物种需求、基于生物毒性数据的阈值计算方法等方面进行研究，对建立适合我国典型化工区土壤重金属污染物的土壤生态安全阈值确定方法进行了规范。结合国内外研究，并考虑到后续物种敏感性分布法 SSD 对生物毒性数据量的需求情况（最少 10 个生物毒性数据），同时结合是否存在国际、国内标准测试方法等因素，初步提出了建立我国土壤生态安全阈值“四门十科”的生物物种需求，以较好的保证物种的代表性、推导方法的科学性。

“四门十科”应包含土壤植物、土壤无脊椎动物的生物毒性数据。“四门十科”生物物种包括但不限于以下生物物种，并可依据当地生物物种实际情况进行调整：

1）被子植物门中禾本科的 1 种生物（如小麦、大米、玉米、高粱等）、菊科的 1 种（如莴苣等）、葱科的 1 种（如韭菜、大葱等）、葫芦科的 1 种（如黄瓜等）、十字花科的 1 种（如白菜等）、豆科的 1 种（如大豆等）、茄科的 1 种（如番茄等）；

2）环节动物门中的 1 种（如正蚓科的环毛蚓、赤子爱胜蚓等）；

3）节肢动物门中的 1 种（如等节跳科的白符跳虫等）；

4）软体动物门中的 1 种（如巴蜗牛科的华蜗牛、玛瑙螺科的褐云玛瑙螺等）。

此外，其他本土物种如金龟子科动物、线蚓、田螺等也是潜在的生态安全阈值受试生物。

最后，微生物是生态系统中重要的一部分，虽然其毒性试验存在一定的争议，在条件可行的情况下，也应考虑土壤微生物的生态毒理学数据。

（2）提出典型化工区（南京化工区、保定风帆蓄电池厂）土壤重金属（Pb、Cr）生态安全阈值

通过对研究区域典型化工区（如南京化工区、保定化工区风帆蓄电池厂区）的实际生物毒性数据进行搜集，并筛选出适合该研究区域生态安全阈值推导的物种毒性数据，对于不足“四门十科”物种的污染物进行补充试验，分别进行植物（小麦、大米、玉米、莴苣、韭菜、大葱、黄瓜、白菜、大豆、番茄）的生长抑制毒性试验、动物（赤子爱胜蚓的繁殖毒性试验、蜗牛的生长抑制毒性试验）、微生物发光菌的活性抑制试验，然后采用基于物种敏感性分布的 SSD 法对所获得的各毒性数据进行推导和计算，得出我国典型化工区（如南京化工区、保定化工区风帆蓄电池厂区）的重金属（铅、六价铬）的生态安全阈值 4 项，并计算了基于不同生物保护水平的生态安全阈值。同时，项目进行的生态毒理学试验不仅对典型化工区的土壤生态安全阈值的推导提供了数据支持，还为今后典型化工区的重金属（铅、六价铬）的生态安全阈值推导和风险评估提供科学依据。

（3）提出土壤重金属生态风险识别技术筛选指南

对土壤重金属生态风险识别技术筛选进行研究，并在典型化工区（南京、保定）对重金属铅、六价铬的生态风险识别技术筛选进行验证，最终提出化工区土壤重金属生态风险识别技术筛选指南 1 项。

4　成果应用

1）本项目初步建立的我国化工区土壤重金属生态安全阈值确定方法和化工区土壤重金属生态风险识别技术筛选指南，已分别在典型化工区（南京化工区、保定化工区风帆蓄电池厂区）进行了实地推导与验证，同时可为建立我国土壤环境基准体系提供基础支撑，为现行土壤环境质量标准的制（修）订提供科学依据，为我国工业区土壤重金属的风险评估监管提供技术文件。

2）本项目提出的 4 项重金属（铅、六价铬）的土壤生态安全阈值，可应用于研究区域土壤中重金属（铅、六价铬）的土壤环境质量管理、生态风险评估、污染物控制等相关工作中。

3）在下一步的研究中，土壤生态安全阈值研究应逐步扩大至土壤环境基准的研究，并综合考虑我国各种土壤类型、土壤性质、土壤污染现状、气候条件、动植物分布类型、多污染物类型等多种影响因素，综合建立我国的土壤环境基准技术方法体系。

5　管理建议

1）本项目初步建立的我国化工区重金属土壤生态安全建议阈值确定方法和土壤重金属生态风险识别技术筛选指南，可为建立适合当地实际情况的我国土壤环境基准体系

提供基础支撑，为我国工业区土壤重金属的风险评估监管提供技术文件，进而为现行土壤环境质量标准的修订提供参考依据，进而为我国典型化工行业功能区土壤重金属的相关环境风险监管提供技术支撑。

2）本项目确定的典型化工区（南京化工区、保定化工区风帆蓄电池厂区）的4项重金属（铅、六价铬）的生态安全阈值，可为项目区域重金属（铅、六价铬）的土壤环境质量管理、生态风险评估、污染物控制等相关工作提供科学依据。

6 专家点评

项目初步建立了化工区土壤重金属生态安全阈值确定方法，构建了典型化工区土壤生物毒性数据库，提出了土壤重金属铅和六价铬的生态安全阈值，并对典型化工区土壤重金属的生态风险识别技术筛选方法进行了验证，编写了《化工区土壤重金属生态安全建议阈值确定方法规范》和《化工区土壤重金属生态风险识别技术筛选指南》技术文件草案。可为建立适合当地实际情况的我国土壤环境基准体系提供基础支撑，为我国工业区土壤重金属的风险评估监管提供技术文件，进而为现行土壤环境质量标准的修订提供参考依据，为我国典型化工行业功能区土壤重金属的相关环境风险监管提供技术支撑。

项目承担单位：中国环境科学研究院
项 目 负 责 人 ：刘征涛

农业土壤重金属污染源解析新技术及食物链安全诊断指标研究

1 研究背景

我国土壤重金属污染日趋严重，严重危害人体健康，影响国家社会可持续发展。本项目重点研究农业土壤重金属污染源解析新方法和不同土壤重金属污染与作物安全诊断指标，为土壤重金属污染控制策略制定和作物安全生产指标体系的建立提供技术支撑和基础数据。目前对于农田土壤重金属污染源解析的研究虽然不少，但都是基于多元统计分析和地统计学分析的定性评价，定量评估的研究非常少，而且同位素比值分析也只局限于铅同位素比值分析的应用，没有将现有的有效的方法有效结合起来。而我国对于土壤重金属的污染评价，多采用指数法，基于国标要求的基准值对土壤污染状况进行分级，没有考虑不同作物之间的差异，农田土壤重金属污染的评价就应该以食品安全为基准，国标要求的基准值就应该是不危害食品安全的基准值，同时应该考虑不同土壤类型和不同作物之间的差异。因此本文就不同的土壤类型和作物种类进行比较，研究土壤中铬、铅、镉、汞在土壤—水稻和土壤—小白菜系统中的吸收特性进而探究在保证食品安全的条件下的铬、铅、镉、汞的污染诊断指标。

2 研究内容

选择浙江省典型污染区作为重点研究对象，比较研究不同污染源（矿业、工业、农业、交通等）影响的典型区域中土壤及作物中重金属稳定性同位素丰度与比值分析，结合重金属空间分布与污染源多元统计分析，建立利用稳定性同位素与多元统计相结合的土壤镉、铅、汞污染源解析的新方法。

搞清典型生态条件下不同农业土壤中重金属生物有效性与土壤理化性质以及主要农作物可食部重金属积累的关系，初步建立预测水稻和叶菜作物食物链安全的土壤镉、铅、汞、铬污染环境质量诊断临界指标。

3　研究成果

（1）农业土壤重金属污染源解析新技术研究

1）探索和制定同位素比值测定的方法

通过调整仪器参数并采取相应手段减少质量歧视效应、记忆效应、同量异位素等对测定结果的干扰。建立ICP-MS测定镉、铅、汞重金属稳定性同位素比值的技术方法和优化条件。

2）农业土壤重金属污染源解析技术

本方法首先采取用地理信息系统技术绘制重金属空间分布图，然后采用主成分分析和聚类分析定性判断自然源或者人为源，同时找出潜在污染源。最后利用稳定同位素比值技术定量解析出污染源及其贡献率。

3）农业土壤重金属污染源分析

对典型城乡接合部农田土壤进行污染源解析，获得结论：铅污染来源主要是道路扬尘和固体废弃物；汞污染来源于有机肥、道路扬尘和固体废弃物；土壤镉污染的来源是固体废弃物，可能存在未知污染源没有纳入研究当中；土壤铬污染的来源是有机肥和道路扬尘还有当地电镀厂污水。

（2）主要农业土壤重金属污染食物链安全诊断指标研究

通过测定7种典型土壤及作物中铬、铅、镉、汞浓度，建立回归关系，以每日食用限量作为判断指标，建立不同土壤中铬、铅、镉、汞的污染诊断指标。

1）铬污染诊断指标

土壤中总铬、有效态铬与六价铬对于作物的影响不太一致。在土壤—小白菜中，潮土中总铬的污染诊断指标最低；红壤中有效态铬和六价铬污染诊断指标最低。在土壤—水稻系统中，潮土中总铬的污染诊断指标最低；石灰性紫色土中有效态铬和六价铬污染诊断指标最低（表1）。

表1　作物铬的安全诊断指标

土壤类型	小白菜			水稻		
	总铬/（mg/kg）	有效态铬/（mg/kg）	六价铬/（mg/kg）	总铬/（mg/kg）	有效态铬/（mg/kg）	六价铬/（mg/kg）
黄壤	226	20.7	27.8	56.6	1.54	2.26
红壤	443	15.8	24.8	90.6	0.56	0.82
石灰性紫色土	274	19.4	26.5	80.8	0.26	0.68
青紫泥	352	20.7	28	81.1	0.34	0.84
黑土	272	21.2	28.9	78.2	0.42	1.32
潮土	204	20.4	27.8	51.8	2.18	2.72

2）镉污染诊断指标

土壤中总镉与有效态镉对作物的影响相对一致。土壤—水稻及土壤—小白菜系统中，石灰性紫色土、青紫泥的安全诊断指标较高；红壤、黄壤的安全诊断指标较低（表 2）。

表 2　作物镉安全诊断指标

土壤类型	水稻		小白菜	
	总镉 /（mg/kg）	有效态镉 /（mg/kg）	总镉 /（mg/kg）	有效态镉 /（mg/kg）
黑土	0.77	0.25	0.86	0.23
潮土	0.75	0.17	1.02	0.18
青紫泥	0.85	0.22	1.16	0.41
黄壤	0.21	0.03	0.12	0.07
砖红壤	0.4	0.08	0.72	0.06
红壤	0.32	0.07	0.69	0.02
石灰性紫色土	1.29	0.36	1.25	0.25

3）铅污染诊断指标

在土壤—小白菜系统中，石灰性紫色土中总铅和有效态铅安全诊断指标最高，黄壤最低。在土壤—水稻系统中，总铅的安全指标石灰性紫色土最高黄壤最低，有效态铅黄壤最高砖红壤最低（表 3）。

表 3　作物铅安全诊断指标

土壤类型	水稻		小白菜	
	总铅 /（mg/kg）	有效态铅 /（mg/kg）	总铅 /（mg/kg）	有效态铅 /（mg/kg）
黑土	121.9	9.72	200.58	20.48
潮土	85.68	11.55	54.19	9.87
青紫泥	110	11.88	103.92	12.44
黄壤	60.88	13.47	20.86	3.82
砖红壤	70.1	9.33	42.8	7.21
红壤	65.8	11.59	33.75	5.12
石灰性紫色土	130.4	9.85	260.09	21.66

4）汞污染诊断指标

总体上看，土壤中总汞含量对小白菜和水稻的影响相对一致。七种土壤汞的安全诊断指标砖红壤、黄壤、青紫泥较高，红壤、石灰性紫色土较低（表 4）。

表 4　作物总汞安全诊断指标

	红壤	黑土	黄壤	砖红壤	红壤	石灰性紫色土	青紫泥
小白菜	0.27	1.35	1.8	1.7	0.69	1.68	2.6
水稻	1.1	2	2.6	2.78	1.53	0.63	2.17

（3）学术成果

已产出学术论文13篇，其中已发表SCI论文8篇在环境领域重要刊物*Journal of Agricultural and Food Chemistry*，*Journal of Environmental Quality*，*Environmental Science and Pollution Research*，*Ecotoxicology and Environmental Safety*。形成国家发明专利5项，其中1项已授权。

4 成果应用

本研究建立了农田土壤重金属污染的源解析方法可为土壤污染的源识别提供方法；研究中建立的重金属铬、镉、铅、汞的污染诊断指标可为农田土壤的重金属污染诊断提供指导。

5 专家点评

项目建立了利用稳定性同位素比值解析土壤重金属污染源的技术方法，探明了红壤、黄壤等7种典型土壤中铬、铅、镉、汞在小白菜及水稻系统中的吸收积累关系，并提出了典型土壤重金属污染食物链安全诊断指标。

项目承担单位：浙江大学

项 目 负 责 人 ：杨肖娥

废弃矿井地下水污染风险评价与控制技术

1　研究背景

煤炭是我国主要的能源，是我国国民经济生产和人民生活的主要驱动力。由于我国对煤炭资源的长期渴求，高强度的开采已使部分老矿区煤炭资源趋于枯竭，如淄博、徐州、肥城、枣庄等矿区，部分井工开采矿井深度已接近开采极限。由于煤炭资源枯竭、深部煤层赋存条件复杂、开采条件恶劣、瓦斯、水害等灾害频发，致使很多煤矿已经关闭或即将关闭，同时，国家陆续出台了相关政策，大力整合煤炭资源，已对数万小煤矿进行了关闭和整合，在未来几年，废弃矿井将越来越多，废弃矿井带来的安全与环境问题也越来越突出。煤矿为了安全开采，必须大量抽排地下水，形成了以矿井为中心的大范围的地下水降落漏斗，直接改变了区域的水循环与水动力场。矿井闭坑后，地下水位将快速回弹，原有的矿区地下水运动、循环条件和赋存环境再次遭受破坏，在水位恢复过程中废弃矿井将成为潜在的污染源，废弃矿井中遗留的各类污染物将进入地下水系统。特别是在北方地区，主采煤层底板为奥陶系或寒武系强含水层，既是矿井突水的主要水源，同时也是当地重要的供水水源，深层地下水一旦受到污染，将直接威胁当地生产生活用水安全。淄博、徐州、枣庄等老矿区已经发生了废弃矿井地下水污染案例。但目前我国对废弃矿井的管理还比较薄弱，相应的政策、法律和技术规范还不健全。因此，开展废弃矿井地下水污染风险评价及控制技术研究对保护矿区地下水资源具有重要意义。

2　研究内容

针对我国不同煤矿区的水文地质条件差异，选择徐州、淮南、淮北、淄博、枣庄等典型的老矿区进行废弃矿井的水文地质调查及废弃矿井地下水污染调查。根据调查结果，识别典型污染物，通过室内模拟、现场监测、野外调查等，揭示污染物在废弃矿井地下水系统中的迁移转化过程，建立污染物在复杂地下水系统中运移的动力学模型。根据风险评价理论，参考国内外环境风险评价程序，按照风险识别、源项分析、后果预计与风险表征的思路，建立适用于废弃矿井地下水污染风险评价的技术流程，提出废弃矿井地下水污染风险评估模型，开发废弃矿井地下水污染风险评估系统。针对废弃矿区污染特征构建废弃矿井污染控制技术体系。

3 研究成果

（1）对全国14个煤炭基地以及江西、浙江、湖南和福建等省的269处矿井的矿井水质进行了测试和调查，划分了矿井水化学类型，确定了矿井水特征污染物

研究将我国矿井水化学类型分为6类：①常见组分矿井水；②酸性矿井水；③高矿化度矿井水；④高硫酸盐矿井水；⑤高氟矿井水；⑥特殊污染物的矿井水。

对照地下水质量标准，废弃矿井特征污染物主要为悬浮物、硫酸盐、矿化度、铁、锰、氟化物、微量重金属、微量有机物，其中有机污染物包括取代苯类和低碳卤代脂肪烃类等25种VOCs和硝基苯类、氯苯类、多环芳烃类等20种SVOCs。

（2）建立了废弃矿井地下水污染的数值模拟方法，以贾汪矿区为例，对不同情景条件下地下水污染物运移进行了模拟预测

从时间和空间两个角度分析了采煤对地下含水介质的影响特征，确定了不同条件下的废弃矿井地下水动力场，建立了三维地下水流数学模型[式（1）]及污染物迁移反应模型[式（2）]。以贾汪矿区为例，对矿区水文地质概念模型进行了概化，包括水文地质参数分区、边界条件及源汇项。分别在两种矿井闭坑情景条件下，对矿区地下水流场演化进行了数值模拟，并对其进行识别与验证。

$$\frac{\partial}{\partial x}(K\frac{\partial h}{\partial x})+\frac{\partial}{\partial y}(K\frac{\partial h}{\partial y})+\frac{\partial}{\partial z}(K\frac{\partial h}{\partial z})-W=S_s\frac{\partial h}{\partial t} \tag{1}$$

式中，K为渗透系数（LT^{-1}）；h为水头（L）；W为单位体积垂向流量（T^{-1}），用于表示源汇项；S_s为孔隙介质的弹性释（储）水率（L^{-1}）；t为时间（T）。

$$\frac{\partial(\theta C^k)}{\partial t}=\frac{\partial}{\partial x_i}\left(\theta D_{ij}\frac{\partial C^k}{\partial x_j}\right)-\frac{\partial}{\partial x_i}(\theta v_i C^k)+q_s C_s^k+\sum R_n \tag{2}$$

式中，C^k为污染物k的溶解浓度（ML^{-3}）；θ为地下介质的孔隙度；t为时间（T）；x_i为沿笛卡尔坐标上的距离（L）；D_{ij}为水动力系数张量（L^2T^{-1}）；v_i为渗流或线性孔隙水的流速（LT^{-1}）；q_s代表注水（正）或抽水（负）的含水层的单位流量（T^{-1}）；C_s^k为污染物k的注水或抽水水流的浓度（ML^{-3}）；$\sum R_n$为化学反应项（$ML^{-3}T^{-1}$）。

（3）提出了废弃矿井地下水污染风险评价"重点在两源，关键在通道"的指导思想，构建了废弃矿井地下水风险评价指标体系，开发了污染风险评价系统

在对全国主要煤矿水文地质调查基础上，根据污染源和污染途径，提出了废弃矿井污染地下水的模式：①废弃矿井塌陷积水入渗污染；②废弃矿井地表固体废物淋溶污染；

③顶板导水裂隙串层污染；④底板采动裂隙串层污染；⑤封闭不良钻孔串层污染；⑥断层或陷落柱串层污染（图 1）。

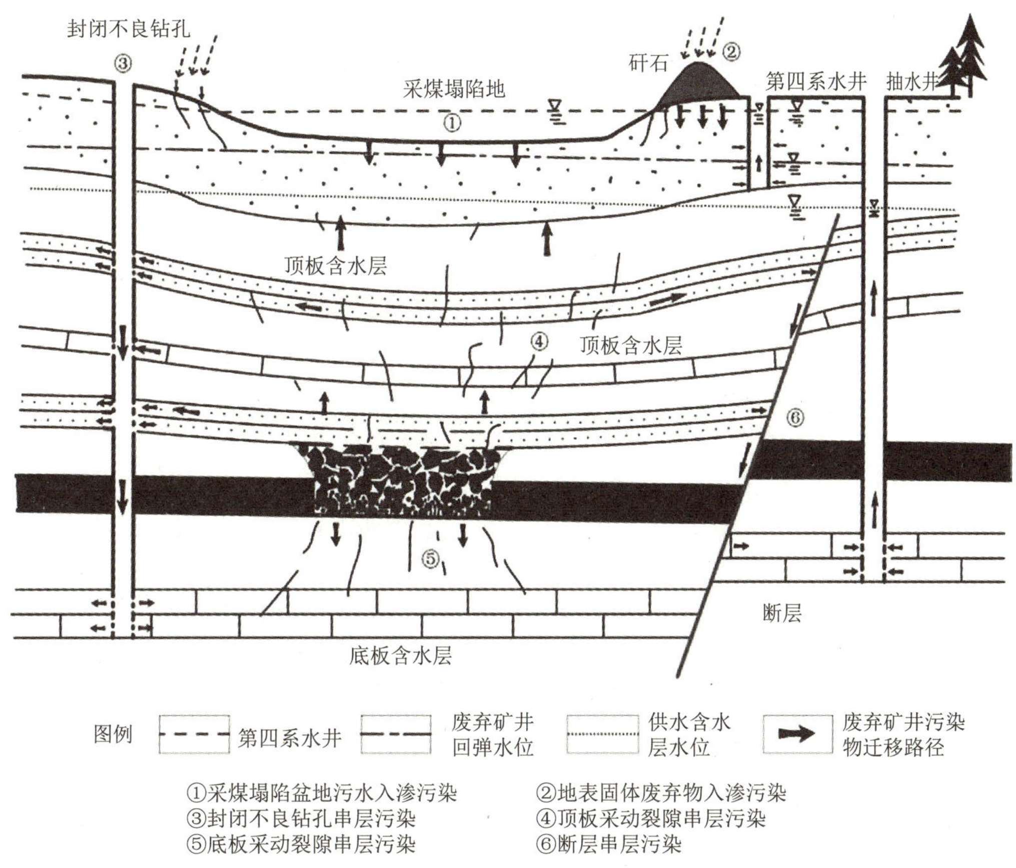

图 1　废弃矿井污染模式示意图

根据废弃矿井地下水污染特征，提出了废弃矿井地下水污染风险评价“两源一通道”（污染源、水源、污染通道）的指导思想，建立了废弃矿井地下水污染风险评价指标体系。评价指标包括污染源（废弃矿井）、污染通道、污染水体（目标含水层）3 个一级指标，筛选出了影响半径、矿井水水质、通道类型、目标含水层地下水质量等 15 个二级指标，利用专家打分和层次分析法确定了权重。利用叠置指数法构建了风险评价模型。[式（3）] 根据模型计算结果，根据表 1 的内容对废弃矿井地下水污染风险划分等级。

$$R = \sum_{i=1}^{5} \alpha_i C_i + \sum_{j=1}^{6} \beta_j W_j + \sum_{k=1}^{4} \gamma_k D_k \tag{3}$$

式中，R 为废弃矿井地下水污染风险评价综合指数；C_i 为第 i 个污染源风险评价指标的评分值；α_i 为第 i 个污染源风险评价指标对应的权重；W_j 为第 j 个污染通道风险评价指标的评分值；β_j 为第 j 个污染通道风险评价指标对应的权重；D_k 为第 k 个污染受体风险评价指标的评分值；γ_k 为第 k 个污染受体风险评价指标对应的权重。

表 1　风险评价模型计算结果等级划分

等级划分	低	中	高
综合指数（R）	$40 \leqslant R < 60$	$60 \leqslant R < 80$	$80 \leqslant R < 100$

基于废弃矿井地下水污染风险评价指标体系，利用 .Net 技术，使用 C# 语言开发了废弃矿井地下水污染风险评价系统软件。对规范废弃矿井的管理和煤矿建设项目后评价具有重要意义（软件著作权名称：废弃矿井地下水污染风险评价系统；登记号：2014SR017791）。

针对废弃矿区污染特征初步构建了废弃矿井污染控制技术体系，包括井下处理技术、边界重构技术、水动力场控制技术和矿井水抽出处理技术。对上述技术的适应性进行了评估。其中井下处理技术在徐州旗山煤矿进行了现场试验，效果良好。两项矿井水处理技术获得发明专利（一种矿井水的井下处理方法，ZL 201110405435.0；一种酸性矿井水处理方法，ZL 201310450175.8）。

（4）明确了废弃矿井地下水污染风险管理存在的问题，制定了废弃煤矿地下水污染风险评估技术流程

系统总结了国外关闭煤矿环境风险管理的先进经验，对比分析结果表明我国关闭煤矿地下水风险管理存在以下问题：缺乏针对关闭煤矿风险管理的相关法律法规、缺乏全过程风险管理规划、闭坑环境风险的责任不明确、缺乏资金保障机制、废弃矿井地下水污染防控技术研究与相关标准缺乏、公众参与程度缺乏。针对关闭煤矿的环境风险特征，以风险评估理论为指导，制定了废弃煤矿地下水污染风险评估技术流程（图 2）。

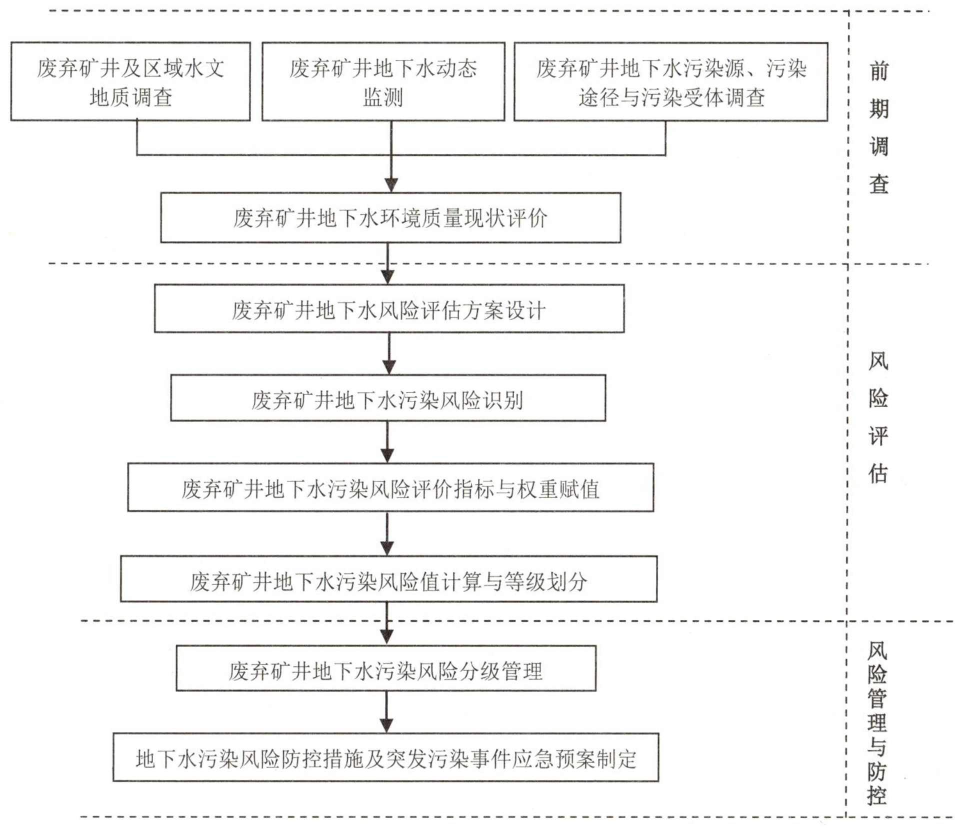

图 2　废弃矿井地下水污染风险评估工作程序

4　成果应用

研究成果可应用于环境影响评价、水资源管理、矿区水污染治理、矿区管理等多个领域。其中，对我国 269 个矿井地下水化学及污染情况调查的结论将有利于环保部门和水资源管理部门对废弃矿井地下水污染的控制与管理；开发的废弃矿井地下水污染风险评价系统指标体系设计合理，操作简单，计算指标易于获取，为环保管理部门、环评单位、煤矿及其管理部门和水资源管理部门提供技术支撑；提出的废弃矿井地下水污染防控与应急处置技术体系，对煤矿关闭的水环境保护提出了技术要求，为最大限度地减小矿区地下水污染、保护水资源提供了技术指导；制定的废弃矿井地下水污染风险评估技术流程，将为我国煤矿关闭的环境保护提供技术支撑。同时，对今后修订地下水环评导则、制定建设项目后评价技术导则提供参考。目前，研究成果已应用于徐州韩桥、夏桥煤矿关闭后的矿井水污染和风险管理与评估，此外还指导了旗山煤矿关闭工作面井下矿井水原位处理以及新河煤矿关闭矿井的井下处理与污染控制。项目开发的废弃矿井地下水污染风险评价系统已应用于兖矿集团唐村煤矿（已关闭）地下水污染风险评估。

5 管理建议

1）尽快建立我国关闭煤矿的数据库和管理信息系统，及时更新矿井关闭信息；

2）尽快出台我国矿井关闭的技术指南，包括安全与环境保护等核心内容；

3）加强废弃矿井闭坑后评估与环境管理；

4）加强关闭矿井的污染机制及控制技术研究，包括废弃矿井地下水污染过程中水岩作用机理、污染物的降解与迁移转化规律，筛选污染控制的相关技术；

5）建议环保部门、国土部门、煤炭安监部门联合进行制定废弃矿井资源、环境、安全相关的技术规程。

6 专家点评

该项目在对我国主要矿区煤矿关闭情况调查的基础上，研究了我国废弃煤矿矿井水水化学类型和地下水特征污染物，开展了典型关闭煤矿地下水污染风险评价及水质变化规律模拟，构建了废弃矿井地下水风险评价指标体系，开发了具有软件著作权的废弃矿井地下水污染风险评价系统，编写了《废弃矿井地下水污染风险评估与控制技术指南》（草案）。项目研究成果已在部分煤矿得到应用，为我国废弃矿井地下水风险评价与控制技术提供了技术支持。

项目承担单位：中国矿业大学、徐州矿务集团有限公司、南京大学
项目负责人：冯启言

农业活动区农药污染地下水风险评估与系统管理技术研究

1　研究背景

中国是一个农业大国，每年生产和使用大量的农药。2007 年，我国首次超越美国成为世界第一农药生产大国，2011 年，我国农药年产量达到 264.9 万 t。伴随着农药生产的增加，农药使用量也在不断增长。所施用农药中，除 30%～40%被农作物吸收外，大部分多余农药残留在土壤中，经降雨和灌溉进入地表水和地下水中，引起地下水农药污染，导致近些年来地下水中时常检出农药。

项目针对我国农业活动区农药对地下水污染加剧、污染详细状况不清、缺乏控制及管理对策的现状，通过典型农业活动区农药地下水现状调查，筛选出地下水水中特征农药并进行污染现状评估，明确了我国农业活动区农药污染地下水现状及趋势；结合农药在土壤和地下水中迁移转化规律研究，确定了典型农业活动区农药污染地下水关键阻控因子，提出了降低农药进入地下水的对策建议；通过农业活动区农药对地下水环境污染风险评价技术研究，建立了农业活动区农药污染地下水风险评估技术体系，形成了农业活动区农药污染管理技术指南，为实施对农业活动区农药对地下水污染的风险管理提供科技支撑。

2　研究内容

1）通过资料收集和现场调查，分析我国典型农业活动区地下水农药污染现状，筛选出我国农业活动区地下水特征农药并进行污染现状评估；

2）基于实验室模拟和现场调查，研究特征农药在包气带和地下水中的迁移转化规律，揭示其关键影响因素；

3）在分析整理国内外风险评估方法的基础上，建立典型农业活动区地下水农药污染风险评价方法；

4）筛选我国典型农业活动区地下水农药污染分类管理指标，建立我国典型农业活动区地下水农药污染分类管理方法，编制我国典型农业活动区地下水农药污染分类管理技术指南。

3 研究成果

（1）通过典型农业活动区农药污染地下水现状的调查，结合资料收集，确定了我国农业活动区地下水农药污染现状

结合南北方典型农业活动区地下水农药污染的现状调查，确定了地下水农药污染来源，筛选了地下水特征农药和潜在特征污染农药。研究发现，我国农业活动区地下水中农药污染成分复杂、种类多样。有机氯类、有机磷类、菊酯类、烟碱类农药，均有不同程度的检出。不同农业活动区地下水农药种类差异较大，同一农业活动区不同季节组成也存在较大差异。在农药污染现状方面，我国农业活动区地下水农药总体污染较轻，但部分农业活动区土壤中农药污染较为严重，导致地下水潜在农药污染风险大。研究还发现，在我国农业活动区，一些违禁农药，目前仍有检出。

（2）发现了南北方典型农业活动区农药迁移转化规律和关键影响因素，为阻止农业活动区农药进入地下水提供了科学依据

南北方由于耕种方式和土壤质地的差异，农药迁移转化进入地下水的影响因素不同。南方稻麦轮作区土壤剖面具有明显的犁底层，稻田的稳定渗透率在一个较小的范围内变动，质地对农药的迁移影响程度较小，各因子对农药迁移影响从大到小依次为地下水埋深、吸附系数、降解系数、剖面质地和施药次数。北方蔬菜种植区不具有明显的犁底层，土壤质地对农药迁移的影响较大，在地下水埋深相对较浅的地区，各因子对农药迁移影响从大到小依次为地下水埋深、剖面质地、灌水方式、吸附系数和降解系数。

（3）基于地下水脆弱性和污染源特性，建立了农业活动区地下水农药污染风险评价方法

在现场调查、室内试验和农药迁移转化过程模拟的基础上，对农业活动区农药污染地下水风险评价模型中的评估指标体系进行了量化，基于DRASTIC模型和污染源特性，建立了地下水中农药污染脆弱性指标体系和污染源特征指标体系，采用叠加指数法，构建并优化我国农业活动区农药污染地下水风险评价模型。编制了《农业活动区农药污染地下水风险评价技术导则（草案）》和《农业活动区农药污染地下水风险评价技术指南（草案）》。

（4）提出了典型农业活动区农药污染分类管理技术，编制了农业活动区农药污染地下水风险分类管理指南

选取农药理化性质、农药环境行为特征、农药施用方法和地下水脆弱性四个方面的17个指标作为风险分级指标（图1）。采用聚类分析方法，将我国农业活动区地下水农药污染风险分为4类，针对每一类给出了相应的分类管理措施。在此基础上，编制了《农业活动区农药污染地下水风险分类管理指南（草案）》，为实现对农业活动区分类管理

提供科技支撑。

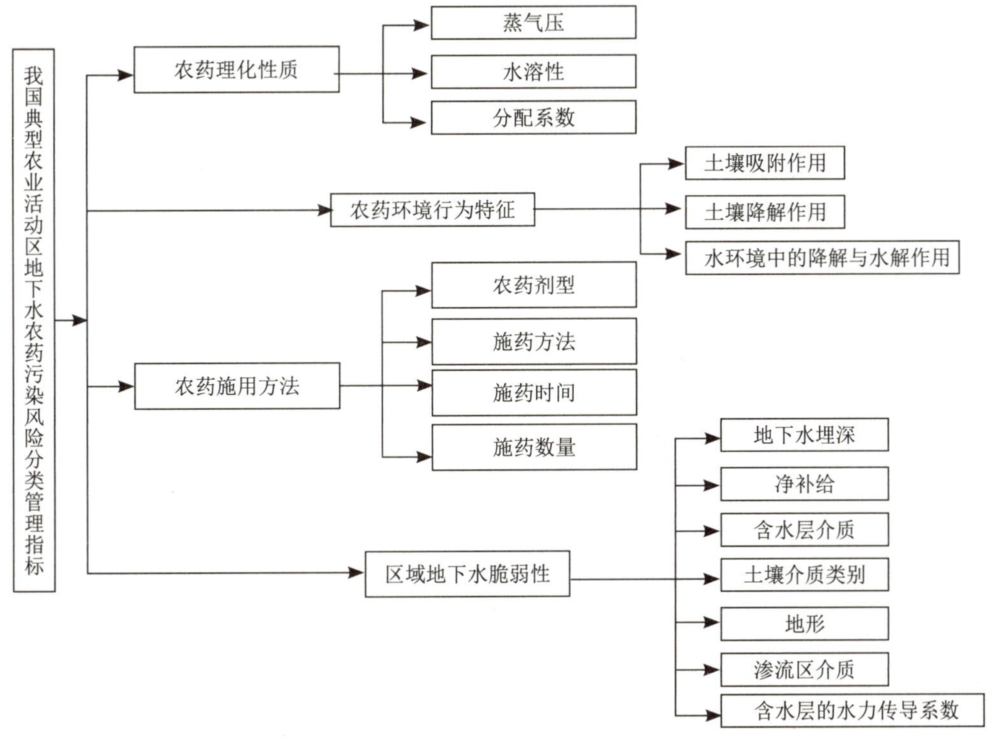

图 1　我国典型农业活动区地下水农药污染分类管理指标

4　成果应用

1）项目阐明了我国典型农业活动区地下水农药污染现状，为开展“全国地下水基础环境调查评估”工作提供了支撑。

2）依托于项目研究成果，编制了《农业活动区农药污染地下水风险评价技术导则》《编制农业活动区农药污染地下水风险评价技术指南》《编制农业活动区农药污染地下水风险分类管理指南》3 个技术文件草案，相关成果被湖北省荆门屈家岭管理区环境保护局和江苏（武进）水稻研究所进行了应用，为降低地下水农药污染风险提供了支撑。

3）在南北方农业活动区，影响地下水中农药污染的因子不同，提出了在土壤中添加有机肥和生物碳等物质的建议，提高土壤中对农药的吸附和降解能力，从而降低农药污染地下水风险，为实施土壤中农药生物修复提供了依据。

5　管理建议

1）加强新型农药检测技术的开发和在环境中残留的检测，制定相关标准和统一检测方法。

2）土壤和地下水中检出率和浓度较高的农药如毒死蜱、七氯等，缺乏相关的质量标准，建议修订土壤环境质量标准，制定地下水环境质量标准，新增相关农药指标。

3）地下水农药污染来源是一个复杂的问题，除经土壤包气带进入地下水外，经过土壤地表大孔隙渗入、地表水交换等都是其可能的途径。在东部一些地下水埋深浅的地区，经常有地表河水切断地下水的情况，致使地下水农药污染主要来自地表水，因此，建议加强地表地下联合防控，预防地下水农药污染。

4）对农业活动区，根据其造成的地下水污染风险进行分类管理，根据分类结果确定相应的管理措施，实现对农业活动区地下水农药污染的最优化管理。

6 专家点评

该项目基于对典型农业活动区地下水农药污染的调研，分析了地下水中农药的来源，并筛选了对地下水具有潜在风险的特征农药类型；研究了毒死蜱在地下水中的赋存与迁移规律。建立了典型农业活动区地下水农药污染的风险评价指标，形成了典型农业活动区农药污染地下水风险评价的方法。编制了《农业活动区农药污染地下水风险评价技术导则》《农业活动区农药污染地下水风险评价技术指南》和《农业活动区农药污染地下水风险分类管理指南》3个技术文件建议稿。研究成果已在全国地下水基础环境状况调查等工作中得到应用，可为我国农业活动区地下水农药污染风险管理提供科技支撑。

项目承担单位：中国环境科学研究院、中国农业大学、北京师范大学、常州大学、武汉大学

项目负责人：许其功

简易垃圾填埋场对地下水污染的风险评估与管理技术研究

1　研究背景

垃圾填埋是我国目前大多数城市解决生活垃圾出路的最主要方法。由于经济投入不足和管理不善，我国2000年以前的城市垃圾相当部分以简易填埋为主，无害化处理水平极低。2008年国务院环保督察报告显示调查的935家垃圾填埋场中，没有采取防渗措施简易填埋场占34%。以北京为例，2006年北京共有垃圾场490处，其中正规垃圾场仅有22处，其他大都是简易垃圾填埋场。北京市城八区的垃圾处理设施基本上是1997年以后陆续建设投入使用的，郊区县是从2003年才开始建设正规的垃圾处理设施。

我国的简易填埋场在建场之初很少考虑地下水污染的问题，因此普遍缺乏系统的水文地质调查，对大量简易填埋场造成的地下水污染情况非常不清楚，对填埋场对地下水的污染特性、环境影响与风险评估缺少系统的研究。垃圾填埋场一般要存在数十年或者上百年的时间，在如此长的时间范围内，填埋场中发生系列物理、化学和生物反应，其不同阶段污染物渗漏对地下水的污染风险受到了全世界的广泛关注。对这些简易填埋场开展系统调查，掌握污染的现状和污染途径，开展地下水污染风险评估方法的研究，分析预测填埋场污染风险水平，建立简易填埋场对地下水污染风险评估技术导则和风险管理技术指南，指导管理部门有效的应对填埋场带来的地下水污染环境风险，已经成为当务之急。因此此项研究将为政府管理部门对简易填埋场的有效管理提供理论和技术支持。

2　研究内容

1）简易垃圾填埋场地下水污染的特征辨识与现状评估；

2）特征污染物在地下水中的环境行为和污染阻断策略研究；

3）简易垃圾填埋场地下水污染风险评估技术方法研究；

4）简易垃圾填埋场地下水污染风险管理框架体系研究。

3 研究成果

（1）识别了我国简易垃圾填埋场污染地下水的现状和污染特征

经过调查与分析，发现我国简易填埋场总体监管水平较低，填埋场信息和水文地质信息普遍缺乏；填埋场多数没有封场尚在使用中，渗滤液产量还在不断增加，污染地下水的风险已经逐步显现，部分场地地下水污染严重。

填埋场根据地下水赋存条件可以划分为孔隙主导型潜水、裂隙主导型潜水、岩溶主导型潜水3种类型。调查的简易填埋场所在区域的地下水类型普遍是孔隙或裂隙主导潜水型，岩溶水和承压水类型较少。此类填埋场主要污染的是潜水，对承压水污染的风险不大。

我国简易垃圾填埋场主要填埋的是生活垃圾、建筑垃圾还有部分工业垃圾。垃圾渗滤液的化学成分极为复杂，有机污染成分、无机污染成分、微量重金属污染成分并存，表现出很强的综合污染特征。非金属污染物浓度极高，其成分和浓度受垃圾种类的影响。主要的超标因子是COD、BOD_5、氨氮、硝酸盐、亚硝酸盐、Cl^-、SO_4^{2-}、酚、大肠杆菌数，次主要的超标因子是重金属如As、Cu、Pb、Zn、Se，其他金属离子如Hg、Cr^{6+}、Cd、Mn浓度相对不高。

（2）构建了用于简易垃圾填埋场地下水污染风险评估的调查技术方法

参考岩土勘察和简易填埋场特性，将简易垃圾填埋场现状调查分为水文地质调查和水文地球化学调查。其中，水文地质调查分为初步场地勘察及初始评估、初步野外调查、详细现场调查。水文地球化学调查主要包括填埋场调查、水文地球化学监测网的设计、地下水样品的采集与保存、现场分析与监测。将这类调查规范化和程序化，编制了《简易垃圾填埋场污染地下水风险评估调查技术指南》，可为简易填埋场调查提供技术支持。

开发了一种快速识别地下水受填埋场渗滤液污染的预警指标。垃圾浸提液和受污染地下水水溶性有机物主要为类富里酸物质、异质性有机物及色氨酸类物质，异质性有机物在填埋垃圾浸提液中荧光强度最强，而在地下水样品中最低。因为异质性有机物是人类生产和生活造成的，未受污染的地下水没有。地下水水中异质性有机物可通过三维荧光图谱测定，比COD检测灵敏度高，且与渗滤液的同源性更突出，其含量可作为填埋场渗滤液污染地下水的预警指标，通过地下水中异质性有机物的含量测定可以快速预报填埋场地下水污染与否。

（3）揭示了渗滤液特征污染物在地下环境中的环境行为，为风险评估和风险防控奠定基础

针对填埋场稳定化过程中渗滤液的产生、性质变化复杂、在地下环境中污染物的迁移转化受影响因素及程度不一等问题，以填埋场调查和室内模拟实验为手段，应用聚类

分析、对比分析等统计方法对以大量的监测数据分析，识别渗滤液有机污染物、重金属等组分浓度随垃圾降解过程的变化趋势和排放潜力；识别不同填埋时期渗滤液在含水层中衰减影响因素和效果及重金属成分赋存形态变化。

相对于填埋垃圾渗滤液，地下水氧化还原电位和有机物低，氨氮含量低而硝氮、亚硝氮含量高，有机物以外源输入为主，用可溶性有机物（DOM）的三维荧光光谱分析和监测数据的聚类分析可以作为地下水污染的源解析方法。地下水中除 Cr、Zn 及 As 外，地下水中 Ba、Cd、Cu、Fe、Mn、Ni 显著性相关，具有相似的来源，分布与溶解有机碳（DOC）有关，主要结合在荧光有机物（类富里酸、类胡敏酸及类蛋白物质）上。

渗滤液的性质对含水层中污染物的衰减有重要影响。新垃圾渗滤液中生物活性的变化与 COD 变化同步，而老垃圾渗滤液生物活性的变化则具有明显的滞后性；新垃圾渗滤液 NH_4^+-N 的衰减与生物活性的变化无明显相关性，老垃圾渗滤液污染体系更有利于含氮有机物的生物转化。

渗滤液中常规污染物总有机碳（TOC）和氨氮的衰减和迁移方式和速率存在差异。TOC 在地下环境中以“梭形”向前迁移，其衰减随微生物量的增加而增加；NH_4^+-N 在地下环境中的迁移以“活塞式”推进，其衰减和微生物量的增长在短期内无明显的关系，NH_4^+-N 的衰减主要以非生物作用为主。TOC 在地下环境中的迁移速度比 NH_4^+-N 的迁移速度快，TOC 的迁移速度为约为 3.0 cm/d，NH_4^+-N 的迁移速度约为 2.4cm/d。渗滤液氮的存在形式受包气带物理和生物地球化学性质影响。在包气带通气性良好的环境中，硝酸盐氮是氮的主要存在形态，水文地球化学场及岩层岩性对氮的存在形态有重要影响，铁锰浓度场也极大地影响了地下水中氮的主要存在形态。COD 衰减随着空隙率增加而减少。包气带岩性对 COD 衰减效果的影响顺序为：粉土＞粉砂＞中砂。

垃圾填埋年限的不同，所产生的渗滤液 DOM 中的组分会随着系列生物、生化反应产生明显的差异。填埋年限长的渗滤液 DOM 中具有较大比例的高分子疏水组分，土壤更易将其吸附。而低分子亲水组分，土壤则很难将其吸附且具有较强络合重金属的能力。DOM 中低分子量组分的比例会随着填埋年限的延长而降低是因为 DOM 中含有的大量腐殖质会随着垃圾填埋年限的增加而增加，但类富里酸物质的含量随之减少，与重金属络合的能力随之降低。垃圾淋洗液 DOM 对重金属铅的平均迁移量随淋洗时间的延长而降低。

垃圾渗滤液污染物在地下环境中的迁移转化存在分带现象，污染晕中污染物的衰减遵循不同的规律，可用不同的曲线和直线型反应方程式刻画衰减速度。污染晕分为硫酸盐还原带、铁还原、硝酸盐还原带和氧还原带，各顺序氧化还原带之间并不截然分开，而是存在一定程度的重合或过渡。推演出了污染晕中氧化还原带随时间发展演化的理论概念模型，揭示了有机物和重金属在污染晕中的衰减规律及影响因素。氧化还原带的识别和刻画为地下水污染晕控制和强化修复提供参考依据。

（4）构建了简易垃圾填埋场地下水污染风险评估指标体系和评估方法

剖析填埋场污染地下水的过程，构建概念模型，定义地下水风险的概念，针对性的筛选简易垃圾填埋场的风险指标，比选不同的风险评估方法的适宜性和可操作性，建立了风险评估的模型和参数确定方法。构建了由填埋场、包气带、饱和带和风险受体组成的简易垃圾填埋场风险评价框架。简易垃圾填埋场作为污染源，以填埋场附近的地下水源地、泉水、抽水井、监测井等作为风险受体，评价范围为填埋场—包气带—含水层—风险受体的整个系统，基于垃圾渗滤液对风险受体的污染过程分析，建立了简易垃圾填埋场地下水污染风险分析概念模型。

形成了基于迭置指数法的地下水污染风险评价方法，建立了涵盖填埋场危险性、包气带抗污性、含水层脆弱性、风险受体暴露性、地下水危害性5大类、17个参数的指标体系。对各评价指标进行分级与评分，评分范围为1～10分，利用层次分析法确定各评价指标的权重，建立了简易垃圾填埋场地下水污染风险评价综合指数模型，采用等间距法进行风险等级划分。

形成了基于过程模拟法的地下水污染风险评价方法，选择垃圾渗滤液中的COD和氯离子作为风险评价因子，这两种物质迁移范围既能够反映渗滤液污染物的最大迁移转化范围，又能够客观反映渗滤液污染对风险受体的最大污染风险，通过建立的过程模型分别计算填埋场源头、地下水面处、风险受体处的风险因子浓度值，根据风险受体处风险因子浓度值与《地下水质量标准》（GB/T 14848—1993）的质量标准进行风险等级划分。

简易垃圾填埋场的地质条件、水文地质条件等资料相对较少，基于迭置指数法的评价方法具有简单易用、评价参数容易获取等优点，适用于资料较少的简易垃圾填埋场地下水污染风险评价；基于过程模拟法的评价方法具有模拟结果可以量化、评价结果比较准确等优点，缺点是评价指标较多、指标参数较难获取等，该方法适用于场地资料和水文地质资料比较齐全的简易垃圾填埋场地下水污染风险评价。

（5）建立了简易垃圾填埋场污染地下水风险分级管理技术指南

针对简易垃圾填埋场地下水污染的特点，在风险评估方法确定的基础上，按照一定的标准进行等级划分；以地下水污染风险防控为目的，对不同风险水平对应的不同的规模和不同年限的填埋场进行管理和治理修复。比选不同的管理和治理修复措施，制定分级管理办法。以风险源识别、风险评估、分级管理措施为核心内容，构建了简易垃圾填埋场污染地下水风险分级管理技术指南，规定了简易垃圾填埋场地下水污染风险分级管理的基本内容、程序、方法和要求。在对填埋场污染地下水风险源识别和风险评估的基础上，对风险进行级别划分。

比选了包括封场覆盖、污染晕控制、灌浆帷幕、异位修复、充氧抽气强化降解等在内的多种主动和被动修复技术的适用性，针对不同级别风险的填埋场提出防范风险的技术和管理措施，为简易垃圾填埋场污染防治和管理提供支持。

（6）**开发了简易垃圾填埋地下水污染的风险管理决策支持系统**

利用 GIS 组件开发技术，用 ArcGIS Engine 和 Visual Studio .Net 作为开发平台，以 C# 为开发语言，将风险评估模型和水文模型、专家判断等与 GIS 技术相结合，研制了简易垃圾填埋场地下水污染风险决策支持系统。可对渗滤液产生量和污染过程进行模拟，对风险评估进行参数灵敏性分析，对风险防范情景方案进行模拟和评估，应用证明其可有效地支持简易垃圾填埋场污染地下水的风险管理。

4 成果应用

研究成果基本解决了简易填埋场风险源识别与分级、风险管理与防控对策等关键环境管理技术，并在北京和贵州的垃圾填埋场调查评估中进行了验证，表明所构建的调查技术、风险评估方法和参数指标的合理性和科学性，为制定有效的地下水污染防控措施和举措提供了支持。

项目研究成果：①简易垃圾填埋场地下水污染的风险调查技术指南；②简易垃圾填埋场地下水污染风险源识别技术导则；③简易垃圾填埋场地下水环境风险监测方法；④简易垃圾填埋场地下水污染风险评估技术导则；⑤简易垃圾填埋场地下水污染的风险分级管理技术指南等，在国务院批复实施的《全国地下水污染防治规划（2011—2020 年）》“全国地下水环境基础性调查”项目得到了应用，为全国的填埋场污染地下水调查提供了重要的技术指导。

5 管理建议

1）共享场地基础资料，加快简易垃圾填埋场的调查，构建基础数据库。简易垃圾填埋场地下水污染风险评估无论现状评价还是风险评估，需要大量的垃圾填埋场及所在区域地下水的水文地质条件、污染物分布等资料，以及典型污染物在包气带和含水层中的迁移转化过程参数。目前遇到的主要问题是基础资料不全，资料收集工作难度大，构建的评价方法有待进一步通过案例场地分析验证。建议与地质调查部门加强合作交流，实现资源共享。对位于地下水水源保护区内和地下水防污性能差的区域内（包括岩溶区）的简易垃圾填埋场尽快进行水文地质勘察和详细调查。建议有关部门收集整理简易垃圾填埋场的数据资料，并建立相应的简易填埋场数据库，为简易垃圾填埋场地下水污染风险评估和治理做好准备工作。

2）加强垃圾填埋场污染特性及控制方法研究。各地填埋场垃圾种类不一、水文地质条件不同，渗滤液组分复杂多变，其中致癌、致畸等的污染物种类较多。其在地下环境中的迁移、转化与归趋规律尚不完全明确，需要进一步加强研究。了解简易垃圾填埋场各种污染物产生到归宿全过程，找出相应的解决对策是个亟须研究的内容。

3）加快全国范围内简易垃圾填埋场污染地下水风险等级划分。简易垃圾填埋场风险和危害等级划分是治理工作的重要内容，对简易垃圾填埋场进行科学的划分，为其治理工作明确目标、使治理工作有的放矢，在短期和适度的投资范围内使全国简易垃圾填埋场对环境的污染得到有效控制。

4）加强简易垃圾填埋场治理技术研发及技术的选择。进一步了解简易垃圾填埋场治理技术的适用性及适用条件，为治理工作选择科学有效的技术方案。特别是大多数填埋场治理技术在国内还少有应用先例，因此治理技术应用的可能性、经济性将是技术选择和开发工作的研究要点。可以选择一些基础信息较充分、风险大的填埋场进行多种技术的组合应用，形成各种控制或修复技术规范，指导全国的填埋场治理工作。

5）加强对已治理填埋场的地下水监测工作。对位于水源保护地区的简易垃圾填埋场治理工作完成后，还应加强长期地下水监测工作，建立地下水监测预警系统，以观察治理效果和地下水受填埋场影响变化情况，对风险大的垃圾场应定期检测和编制评价报告，定期对垃圾场污染情况进行评价，以便管理部门及时调整治理对策，消除污染隐患。根据监测和评价报告，界定垃圾场污染范围和限制用水区域。

6 专家点评

简易填埋场疏于管理，管理档案不全，水文地质条件复杂，监测方法不足，污染过程认识不清，防控技术与措施针对性不强，成为该类型场地长久得不到有效治理的原因。该项目研究成果包括简易垃圾填埋场地下水污染风险源识别技术导则、风险评估监测方法、风险评估技术导则、风险分级管理技术指南，以及简易垃圾填埋场污染地下水污染风险管理系统等初步解决了简易填埋场风险源识别与分级、风险管理与防控对策等关键环境管理技术，并在调查评估中进行了验证。所构建的调查技术、风险评估方法和参数指标较为合理和科学，为全国的填埋场污染地下水调查提供了重要的技术方法，可为环保部门进行填埋场风险管理和治理以及类似场地的调查、评估和治理提供技术支撑。

项目承担单位：中国环境科学研究院、吉林大学、清华大学、东北农业大学、华北水利水电学院

项目负责人：何连生

我国地下水氯代烃污染现状与监管技术研究

1　研究背景

近年来，挥发性有机物，特别是氯代烃有机溶剂引发的土壤和地下水污染问题在土地二次开发利用过程中逐渐凸显出来，已引起全社会的广泛关注。氯代烃有机溶剂在工业上常用于金属脱脂、电子元件清洗、有机溶剂、萃取剂、织物干洗、化工原料及中间体等。大多数氯代烃污染地下水后难以生物降解，且具有潜在的致癌性，会对环境生物及人体健康产生长远的不利影响。我国 58 种“水中优先控制污染物”中前 9 种均为氯代烃污染物，美国优先控制的 129 种水环境污染物中也包括 20 种氯代烃污染物。由于在过去的几十年里人们对氯代烃有机溶剂造成的环境污染问题认识不清，对氯代烃的生产、使用及处理处置监管力度不足等原因，造成了严重的土壤和地下水污染。随着工厂搬迁及土地的二次开发，不断有受氯代烃污染地下水的污染场地显现出来。当前，氯代烃污染地下水现象也极其普遍，特别是化工厂比较集中的工业园区，并已引起各省、部委的高度重视。其中环境保护部、国土资源部与水利部发布的《全国地下水防治规划（2011—2020 年）》提出的主要任务中就包括：开展地下水污染状况调查、强化重点工业地下水污染防治、有计划开展地下水污染修复、建立健全地下水环境监管体系等。

该项目通过研究我国重点行业地下水氯代烃污染典型区域及其排放特征，强化环境保护管理部门对氯代烃使用的监管力度，为各级政府制定产业规划、政策法规和环境卫生准则等提供科学依据，最终保障生态安全和人类健康。

2　研究内容

本项目主要研究重点行业氯代烃的使用与排放特征，摸清我国氯代烃排放造成地下水污染的程度及分布情况，结合典型氯代烃污染场地，分析地下水中氯代烃污染的时空分布规律与其产业结构之间的关系，开展氯代烃污染源解析研究，阐明氯代烃污染溯源关系，提出我国氯代烃使用与污染防治监管技术指南，并建立我国氯代烃污染场地原位化学氧化等快速修复技术，最终为我国地下水氯代烃污染监测及治理提供科学依据。

3 研究成果

（1）建立了氯代烃重点使用行业和典型污染行业名录清单

完成了氯代烃污染物的分类筛选，建立了氯代烃污染化合物清单。汇总了具有代表性的氯代烃污染场地与典型污染行业，确定了典型氯代烃污染行业风险因子，建立了氯代烃污染行业风险排序，由此得到氯代烃重点使用行业和典型污染行业名录清单。图1显示了氯代烃在清洗行业的风险排序。

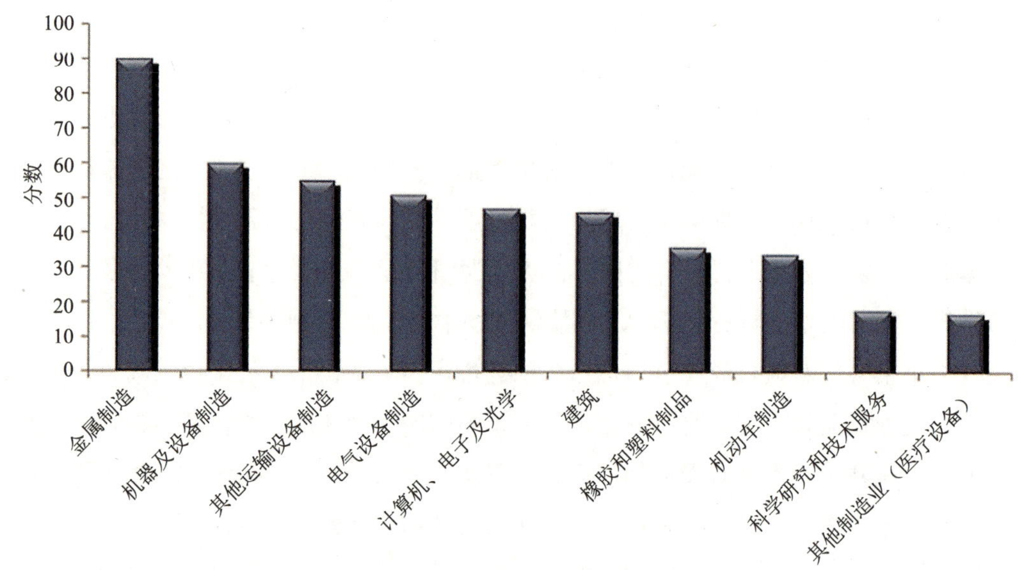

图1 氯代清洗溶剂行业风险排序

（2）摸清了我国重点行业地下水氯代烃污染典型区域状况

完成了地下水氯代烃采样方法和质量保证体系，建立了污染场地氯代烃样品采集技术规范（草稿），为全国各省、市监测中心开展地下水氯代烃监测与环境污染调查提供了方法。针对北京、上海、浙江、江苏、重庆等地典型氯代烃污染场地及区域，开展了详细的地下水氯代烃污染调查和溯源关系解析，摸清了我国重点行业地下水氯代烃污染典型区域污染情况。

（3）完成了氯代烃在地下环境中迁移转化规律的研究

完成了氯代烃在地下环境中迁移转化规律研究，探究了氯代烃在土壤介质中吸附与解吸规律，完成了氯代烃在地下环境中好氧和厌氧生物衰减规律研究，提出了地下水氯代烃迁移转化模型；同时，阐明了氯代烃污染源迁移转化规律，为氯代烃污染调查及污染水平预测提供了科学依据。

（4）开展了氯代烃污染地下水修复技术的研究

开展了氯代烃污染地下水修复技术研究，重点研究了物理吹脱、化学氧化还原、光催化等技术的处理效果，分析了地下水水质等参数条件的影响，探索了污染物降解途径。研究主要取得了以下成果：①完成了物理吹脱技术为基础的氯代烃污染地下水处理工艺，利用自主设计的筛板塔对四氯乙烯污染地下水进行吹脱，考察了影响处理效果的主要因素；②完成了高锰酸钾氧化技术处理典型氯代烯烃污染物的研究；③开展了过硫酸盐活化技术处理氯代烃污染地下水的研究；④完成了新型氧化剂过碳酸钠降解氯代烃污染物的研究，考察了液相中二价铁活化过碳酸盐降解三氯乙烯和四氯乙烯的影响因素及主要机理；⑤完成了零价铁还原技术治理氯代烃污染地下水及土壤的研究，开展了纳米零价铁 / 镍双金属体系以及负载纳米铁 / 耙双金属的颗粒活性炭对氯代烃污染物的还原脱氯作用。

（5）提出了一套适合我国国情的修复技术筛选方法

完成了氯代烃污染场地地下水修复技术分类和评价分析，在此基础上介绍了欧盟及美国超级基金对挥发性有机污染物污染场地修复技术的筛选方法，提出了一套适合我国国情的修复技术筛选方法，取得了以下成果：①撰写了污染场地地下水修复可行性研究报告大纲，制定了氯代烃污染场地地下水修复技术导则草案；②提出了《氯代烃污染场地地下水修复技术筛选和实施方法》（草稿），为有计划地开展氯代烃污染场地地下水修复实施提供了科学依据。

（6）建立了氯代烃生产和使用监管技术指南

建立了《氯代烃产品安全监管技术指南》（草稿）和《氯代烃使用行业污染控制监管技术指南》（草稿），以强化环境保护管理部门对氯代烃使用单位的监管力度，为构建工业企业健全的氯代烃污染场地监管体系提供了科学依据，为各级政府制定产业规划、政策法规和环境卫生准则等提供了技术支撑。

（7）提出了关于加强地下水氯代烃污染环境管理相关工作的建议

针对我国典型区域地下水氯代烃污染现状和管理中存在的问题，通过研究提出了《我国典型地下水氯代烃污染监控环境管理对策建议》，为我国地下水氯代烃污染环境管理提供了支持。

4　成果应用

1）建立了国家环保行业标准《污染场地氯代烃样品采集技术规范》（草稿），为地方环保监测部门提供技术方法，为重点污染区域监控提供了监测方法。

2）提出了《氯代烃污染场地地下水修复技术筛选和实施方法》（草稿），为建立我国氯代烃污染场地修复技术提供了支持。

3）提出了《我国典型地下水氯代烃污染监控环境管理对策建议》，为我国氯代烃污染地下水环境管理提供了支持。

4）该项目研究成果为中国环境科学研究院开展《场地土壤环境基准预研究》提供了重要技术支撑。

5）该项目试制的“含有挥发性有机物的地下水采样装置”在上海市环境科学研究院开展《上海市工业场地中挥发及半挥发性有机污染物的风险控制及规范》的研究中得到应用。

5 管理建议

（1）建立和完善我国氯代烃生产和使用行业管理制度

完善管理及监管制度是防治氯代烃污染地下水的首要问题，建议制定挥发性有机物，特别是氯代烃有机溶剂生产及使用的行业安全监督管理法规，建立针对化工园区的废液收集、运输及处置的规范处理制度。此外，开展氯代烃重点污染行业地下水环境监管，定期评估和检查重点污染行业地下水区域氯代烃污染状况和水平。

（2）制定地下水氯代烃监测技术，建立地下水氯代烃污染区域优先控制名录

建议尽快制定出针对挥发性有机物，特别是氯代烃有机溶剂的地下水监测技术规范，为氯代烃污染物的环境监测和管理提供技术支撑。建议在重点区域建立针对氯代烃等挥发性有机物的监测点，形成区域地下水氯代烃污染监测系统，实现对化工企业集中的工业园区地下水中氯代烃的有效监测。

在制定地下水氯代烃监测技术并形成统一监测系统的基础上，构建基于风险管理模式的地下水氯代烃污染场地分类管理和优先治理名录框架，确定我国地下水氯代烃污染区域优先控制名录，使管理者能够根据优先控制名录制定不同的风险管控措施和修复计划。

（3）制定我国氯代烃污染场地地下水修复技术导则并开展试点工作

建议制定污染场地地下水修复技术导则，建立修复技术筛选和实施方法指南。研发适合我国国情的氯代烃污染地下水治理技术，大力发展节能环保和绿色修复方法。建议筛选典型氯代烃污染地下水场地，开展地下水修复试点工作，通过实践发现问题并进一步完善氯代烃污染地下水修复技术体系。

6 专家点评

该项目通过对氯代烃重点生产和使用行业典型污染区域的调查，初步构建了《氯代烃重点使用行业和典型污染行业名录清单》，开展了典型场地地下水氯代烃污染的调查与溯源解析，研究建立了《典型场地地下水氯代烃污染修复技术的筛选方法》，编制了《氯代烃污染物化合物清单》《污染场地氯代烃样品采集技术规范》《氯代烃产品安全监管技术指南》等 5 项技术文件建议稿。项目成果可为我国氯代烃污染地下水环境监管提供科技支撑。

项目承担单位：华东理工大学、江苏省环境监测中心、温州医科大学
项 目 负 责 人 ：吕树光

加油站渗漏污染地下水的监测技术及管理对策研究

1 研究背景

我国自20世纪50年代开始广泛建设加油站，1990年以来加油站建设速度加快。根据发达国家的经验，地下储罐、输油管线一般在20年左右因锈蚀和腐蚀而开始渗漏。截至2014财年，美国发现渗漏的储罐共计52.1万个。壳牌石油公司对其设在英国的1 100个加油站进行调查，发现这些加油站中的1/3已经对当地土壤和地下水造成了污染，类似情形在捷克、匈牙利、苏联以及南美洲的一些国家都有发生。目前，我国还没有这方面的系统调查，但北京、沈阳、西安、成都、温州、长沙、延安等地的储罐渗、泄漏事故频现于各大媒体和报端，地下水样品中的总石油烃、多环芳烃、苯系物也被广泛检出，加油站渗漏问题已成为影响我国地下水安全的重大隐患。

目前，国内尚没有专门的法律法规来规范加油站渗漏污染的管理、监测、调查与修复问题。加油站相关的环境标准、建设规范无法完全满足加油站渗漏污染管理的需要，环境管理体制和运行机制不顺，缺乏统一协调的加油站渗漏污染防治政策和对策，难以形成地下水污染防治合力。本项目以上海、北京作为重点调查对象，探索采用地质雷达和化学分析相结合的手段，制定一套完整的加油站地下储罐渗漏的调查、监测和评估方法，建立加油站地下储罐渗漏的现场调查、监测标准和操作规范。结合典型加油站研究，应用场地概念模型，在开展污染模拟和健康风险评估的基础上，提出加油站渗漏污染地下水的管理办法建议，为加油站规划、建设、运行和报废全生命周期地下水污染监管提供科学依据。

2 研究内容

（1）加油站现状调查与地下水污染特征辨识

开展典型地区（如北京、上海、广州等）加油站现状调查，识别加油站渗漏污染环节和特征，开展重点地区加油站地下水污染潜势分析，筛选出典型加油站。

（2）加油站污染地下水的调查与监测技术研究

通过系统分析美国、欧盟国家、澳大利亚、日本等发达国家以及我国在场地调查与监测方面的相关规范标准的演进情况，并结合北京、上海、广州、银川等地开展的加油站场地实地调查与监测的实践工作，构建适合我国加油站场地特征的调查、监测方法体系。

（3）加油站污染地下水的管理机制与对策研究

根据油品渗漏产生的典型污染物在土壤和地下水中的迁移转化规律，采用 FEFLOW 软件，进行加油站渗漏污染地下水的过程模拟，构建加油站渗漏污染地下水的人体健康风险评估方法和体系。本着全过程控制原则，预防为主、防控结合的原则，突出重点、分类分级管理的原则，针对加油站规划、建设、运行和报废全生命周期制定加油站渗漏污染地下水的管理对策。

3　研究成果

（1）加油站现状调查与地下水污染潜势分析

以上海和北京为例，开展加油站渗漏污染潜势分析研究。分别采用层次分析法和本质脆弱性评估 DRASTIC 法，结合加油站服务年限、地下储罐罐容、外部环境土壤电阻率、土壤 pH 值、潜水埋深等可能造成渗漏的因素，通过数学分析方法对加油站的渗漏污染潜势开展普查分析。

根据上海 119 家加油站污染潜势的分析结果（图 1），位于崇明生态岛、准水源保护区和二级水源保护区污染潜势高的加油站分别占各区域加油站总数的 26%、23% 和 14%。北京市某水源地污染潜势（图 2）高的加油站占 11.6 %，其中的 80% 位于该研究区东北部。筛选出污染潜势高的加油站，优先对其进行监管，提高对加油站渗漏污染的发现效率，及时做出有效应对。

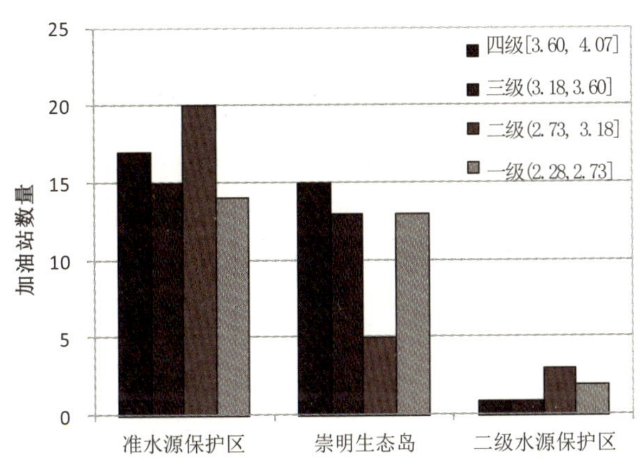

图 1　上海重点区域加油站污染潜势分析

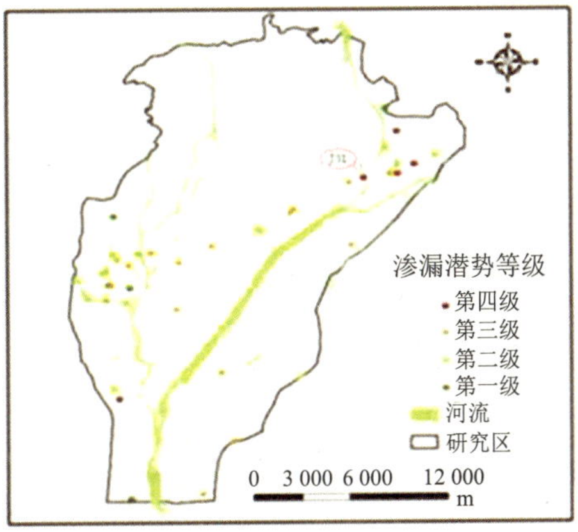

图 2　北京某水源地加油站污染潜势分析

（2）加油站渗漏污染地下水的调查与监测技术方法研究

通过系统分析国内外场地调查监测方面的相关规范标准的演进情况，并结合北京、上海、广州、银川等地区开展的一些加油站场地实地调查与监测工作，将加油站渗漏污染地下水调查工作分成三个阶段——快速调查、详细调查和补充调查（图3）。在发现疑似油品渗漏后，采用物探初勘、薄膜界面侦探器（MIP）、现场试采样分析等技术方法来完成快速（或应急）调查，初步判断加油站土壤和地下水污染程度、分布范围（水平分布为主）以及存在环境风险。要全面掌握加油站渗漏污染情况，则需开展详细调查，制定详细全面的调查实施方案，严格按照监测规范布置监测点位，应用水文地质勘测、建临时井、建标准井、地球物理方法等，收集土壤气体、土样和地下水样品，以实验室分析为主，现场分析为辅，全面掌握加油站地下水和土壤的污染类型、范围与程度。若要进行加油站渗漏污染的风险评估和修复工程方案制定，则需开展补充调查，针对一些特征参数进行测定和样品的补充采集与分析。

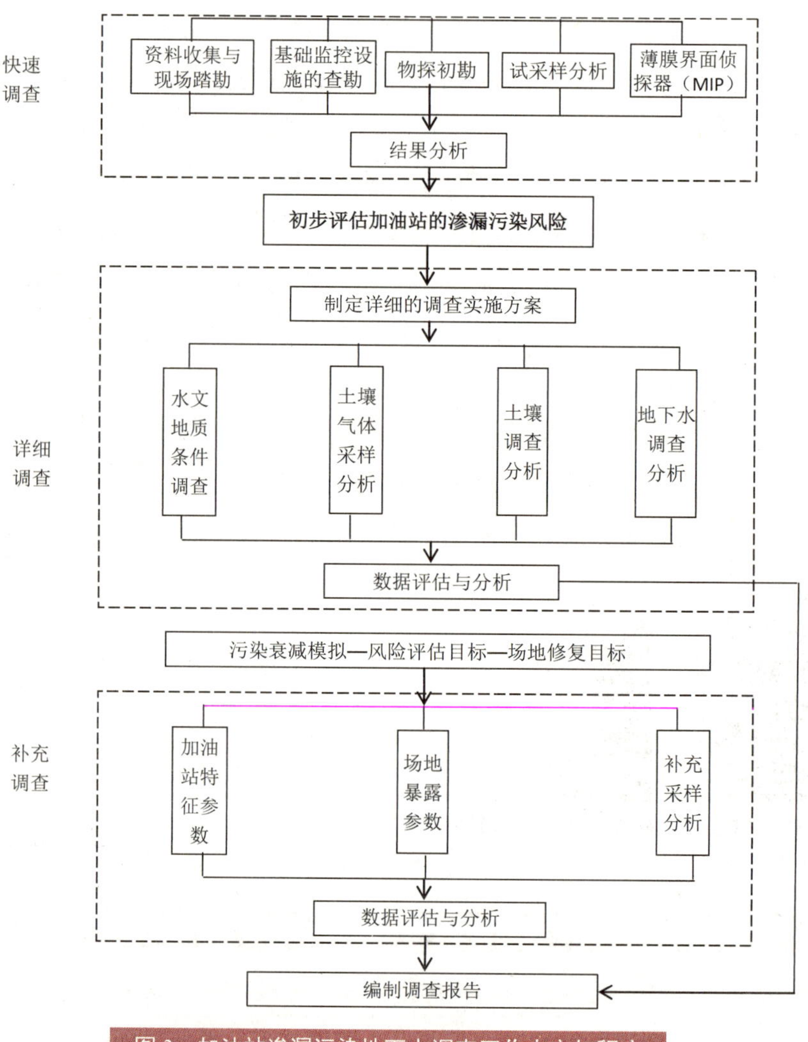

图3 加油站渗漏污染地下水调查工作内容与程序

建立了加油站渗漏污染监测的技术方法体系，该技术方法关注的目标为浅层地下水，针对石油烃、苯系物（BTEX）、萘、甲基叔丁基醚（MTBE）等渗漏污染物，重点在加油站的储罐区、加油岛区、管线区等高污染潜势区布设监测点位，基于泄漏油品的挥发性，以土壤气体采样为先导，指导土壤样品和地下水样品的取样工作，并对样品采集与分析、质量保证、安全防护及数据处理等进行了规定。

（3）加油站渗漏污染地下水的地质雷达调查技术研究

加油站渗漏的石油烃类污染物在地下介质中以液相、气相的形态赋存于土壤和地下水中，相对于完全含水的地下介质表现为低值异常，使得在浅层地下介质中使用地质雷达探测石油烃污染成为可能（图 4）。

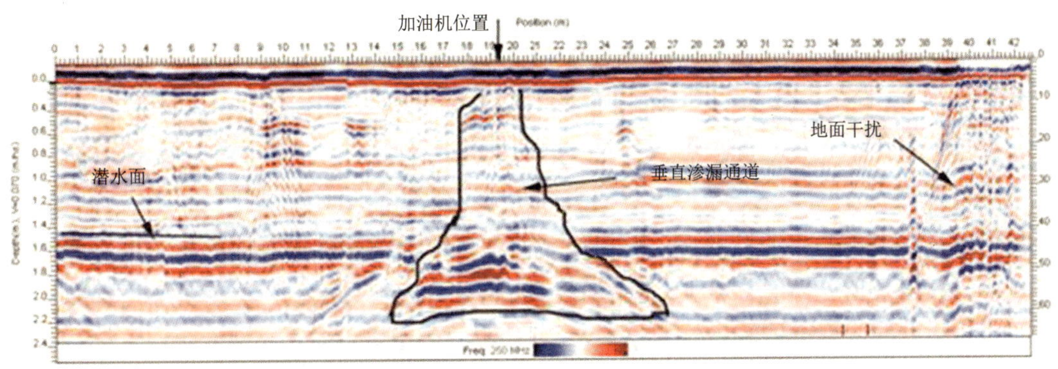

图 4　某加油站渗漏污染地质雷达测线剖面图

从上海、北京、广州、南京、银川等地使用地质雷达探测加油站渗漏污染的结果来看，在地下水埋深小于 4m 的加油站场地，适合使用 250MHz 以上的较高频天线。在地下水位特别高的地区（部分地区的潜水埋深只有 1m 左右，如上海）可选择 500MHz 天线进行探测，其高分辨率的优势，能够有效探测到浅部土层中的污染物的分布情况；而在地下水深埋区，如北京的部分区域，使用 100MHz 以下的较低频天线能够满足垂直方向上探测深度的要求，建议同时配合使用较高频的天线探测，借由其高分辨率的优势以达到了解浅部土壤污染分布状况的目的。

（4）开展加油站渗漏污染地下水的过程模拟和人体健康风险评估

选用基于有限元的 FEFLOW® 软件，进行了某加油站 MTBE 和 BTEX 的运移模拟，污染物渗漏运移 10 年后的预测结果见图 5。从污染晕迁移扩散距离来看，20 年后 MTBE、苯系物的污染晕范围分别扩大了 1.38 ～ 1.6 倍，污染物浓度下降了 25% ～ 48%，超标污染团仍在加油站范围内，未对周边的敏感目标产生影响。

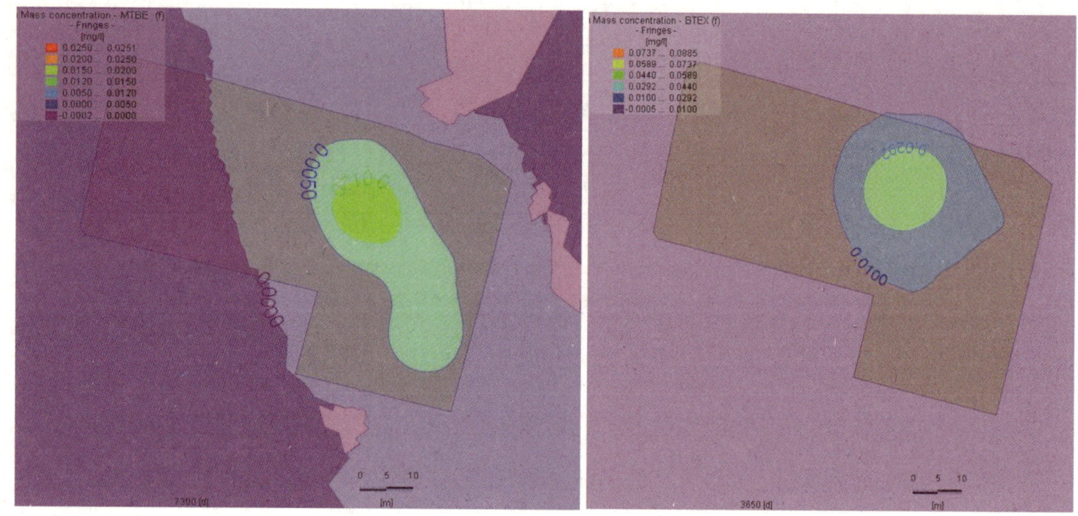

图 5 MTBE 和 BTEX 运移分布特征图

加油站渗漏产生的受关注污染物苯、甲苯、乙苯、萘、MTBE 和总石油烃（TPH）等会通过口、鼻和皮肤等的接触、摄入、吸入等多种方式进入人体，造成健康风险。本研究引入美国总石油烃标准工作组（TPHCWG）对 TPH 分类方法，通过危害识别、暴露评估、毒性评估、风险表征过程，进行加油站渗漏污染地下水的人体健康风险评估。某加油站场地的风险评估结果显示，苯、乙苯、萘和 TPH 的致癌风险值超过可接受水平（10^{-6}），对人体健康存在风险；TPH 的非致癌危害商高达 36.3，对人体健康存在较大的潜在风险。

4 成果应用

加油站渗漏污染潜势计算方法，为正在开展的全国地下水污染普查工作提供了典型加油站筛选的方法。使用地质雷达针对不同水文地质条件下加油站场地进行无损探查，可节约大量人力、物力，高效低廉获取污染数据。《加油站渗漏污染地下水的调查技术规范》《加油站渗漏污染地下水的监测技术规范》（建议稿），可规范加油站场地环境调查和监测过程，加强加油站等污染场地环境保护的监督管理。《加油站渗漏污染地下水的管理办法》（建议稿），指导加油站规划、建设、运行和报废等全生命周期的过程管理，建立和完善了加油站渗、泄漏防控的长效监管机制，为环境管理部门及加油站主管部门对地下水污染监管提供了有力的技术支撑，并为场地污染调查和修复工作开辟了广阔的前景。

本研究建立的加油站渗漏污染潜势分析方法，污染场地调查、监测的技术手段和方法，已在上海市环境保护局、上海市监测中心制定《地下水基础环境状况调查评估工作方案》过程中应用；在上海市地质调查研究院开展的《上海地区地下水污染调查评价》《上海市地下水基础环境状况调查评估（2013—2018年）》等项目的立项、调查、实施与评价工作中应用；在北京市地质调查大队开展的《北京市地下水环境监测运行》等项目和环境水文地质调查中应用，起到了重要的技术支撑作用。

5 管理建议

（1）加快制定地下储罐选型、建设、施工及监控的环保技术规范和标准

强化预防机制，从地下水污染防控的角度，明确储罐材质、防腐等本质要求，对新建或敏感区内改造的加油站，要求使用双层储罐；制定施工、运营技术规范，强化资质监管和责任追究，避免不符合规范的施工缺陷或运营失误引起人为泄漏。尽快出台加油站渗、泄漏污染控制强制性国家标准，使加油站设计、施工在防渗漏方面更加具有可操作性、强制性。与此同时，应完善和落实加油站建设环境影响评价“三同时”，特别是加油站储油罐防渗漏设施设计、施工和竣工验收环节。

（2）尽快开展全国加油站渗漏污染现状普查

加油站渗漏问题已成为影响我国地下水安全的重大隐患，但至今我国仍未开展这方面的系统调查，家底不清，无法进行有效监管。由于加油站分布广，数量庞大，必须分期开展污染现状调查工作。首先根据污染潜势的计算结果，对设置时间长、水文地质条件脆弱的高污染潜势加油站优先调查。其次，以环境效益为原则，以“大城市、大企业、大江大河沿线”为重点，以地市级行政区划为单位，加快开展全国现有储罐摸底调查，开展渗漏普查，制定分类处置方案，消除现有污染隐患。

（3）尽快制定发布加油站地下水调查监测技术规范

《加油站渗漏污染地下水的调查技术规范》（建议稿）提出加油站渗漏污染调查分成三个阶段——快速调查、详细调查和补充调查，体现了加油站场地调查的阶段性特征，由简到繁，由快到全的过程，规定了各阶段调查的基本流程、工作内容、技术方法等内容。建议稿规定了加油站场地调查、监测的原则、程序、工作内容和技术要求，明确了不同水文地质条件下的监测布点要求。建议尽快完善和发布上述规范，以规范加油站场地环境调查和监测过程，加强加油站等污染场地环境保护的监督管理。

（4）加强加油站渗漏污染的全过程管理

在加油站建设阶段，体现预防和分类管理的思想。对于新建加油站，以规避风险为主要手段，选址阶段需与环评制度充分衔接，确保设置的储罐、管道防渗漏阻隔设施和监测设施能够有效防范渗漏污染地下水。对于在用加油站的监管，以增加监测、控制措施为主要手段；而对于原加油站场址变更使用用途及废弃的加油站，则着重于场地环境评估和修复。

加油站运营管理方面，采用以加油站自查、自检、自报为主，政府监督为辅的环境管理方式。将不同级别的加油站划分为重点监管对象和一般监管对象，重点监管对象定期督察，一般监管对象在加油站业主自查、自检、自报的基础上不定期抽查。

加油站关闭时，要对加油站场地土壤和地下水进行调查、监测与评估。当土壤、地下水受到污染时，加油站业主应对土壤和地下水进行治理，经环保部门组织验收合格后才能关闭。

（5）**建立健全加油站渗漏污染治理的保障机制**

在筹资机制方面，建议政府层面建立土壤及地下水污染修复基金，针对石油、石化工业及制造业等工业征收特别税。企业方面需要对污染场地的修复承担经济责任。建议建立和完善环境污染责任保险制度，保证环境应急、修复资金的给付，污染受害者及时得到赔偿。

在法规建设方面，结合我国行政管理特点，需要各相关管理部门积极配合，由环保部门负责统一制定一系列相关法规和管理办法，包括颁布加油站渗漏污染管理办法、修订现行的《地下水环境质量标准》（GB/T14848—1993）、颁布加油站渗漏控制标准、调查与监测技术规范、制定管理手册等。

在能力建设方面，环境管理人员、加油站操作人员、调查评估人员具备相应的技术储备和执法监管能力，建立加油站地下水污染监测网和数据库，为管理实施提供有效保障。

6 专家点评

项目通过对重点地区加油站现状调查与典型加油站的筛选，开展了地质雷达等技术在加油站渗漏污染地下水调查与监测中的应用研究，初步建立了针对加油站油品渗漏污染地下水的监测与调查方法，编写了《加油站渗漏污染地下水的调查技术规范》《加油站渗漏污染地下水的监测技术规范》2项技术规范建议稿和《加油站渗漏污染地下水的管理办法》建议稿。研究成果已在北京、上海等地的地下水基础环境调查中得到应用，可为我国加油站地下水污染防控提供科技支撑。

项目承担单位：上海市环境科学研究院、北京市环境保护科学研究院
项 目 负 责 人 ：杨青

饮用水源地外源污染风险识别与控制管理技术研究

1　研究背景

党中央、国务院对饮用水安全保障工作高度重视，饮用水水源管理体系不断完善，持续开展了全国饮用水水源地基础环境调查及评估工作，掌握了水源地环境状况，极大地推动了我国饮用水水源地环境管理工作。

但是，随着仪器分析方法不断提高，微量有毒有害污染物，如抗生素等药品与个人护理品等在水环境中不断被检出。微量有毒有害污染物，特别是持久性污染物（POPs）、内分泌干扰物（EDCs）和药品与个人护理品（PPCPs）等新兴污染物引起的水源地水质风险管理亟须关注。微量有毒有害污染物的外源污染特征分析与评价方法、水源地水体风险与污染源识别方法有待进一步建立与提升。外源污染微量有毒有害污染物风险控制与管理体系有待进一步完善。

针对这种情况，该项目以建立水源地外源污染综合管理方法为目标，以集中式湖库型水源地为对象，以微量有毒有害污染物为重点，建立水源地外源污染调查与特征分析方法，研究水源地水体风险识别与溯源方法；提出水源地外源风险识别与评价方法、水质安全控制指标体系与风险削减技术方法；提出区域发展对饮用水水源地水质影响分析与预测方法，为地表饮用水水源地水质安全保障与管理提供技术支撑。

2　研究内容

针对外源污染的潜在风险，开展饮用水源地外源污染风险识别与控制管理技术研究，形成了水源地外源污染综合管理方法。

1）建立水源地外源污染调查与特征分析方法，并在典型水源地开展方法应用研究；

2）解析典型水源地有毒有害污染物分布特征，建立水源地水体风险识别与评价方法，识别优先关注污染物，并开展污染物的溯源方法研究；

3）研究水源地外源的污染风险的构成要素、风险源分级模型，形成外源风险识别与评价方法；

4）开展区域发展对饮用水水源地水质影响研究，通过案例研究分析区域未来发展对饮用水水源地水质的环境风险水平；

5）提出外源污染水质安全评价指标，筛选外源污染风险控制技术，提出外源污染风险综合控制技术途径。

3 研究成果

（1）提出了1套饮用水水源地外源污染调查与特征分析方法，并在典型水源地得到应用

建立了饮用水水源地外源污染调查与特征分析方法，包括地表饮用水水源地污染源调查范围的确定方法、外部污染源调查技术方法、外部污染源空间特征分析方法。其中，污染源调查范围的确定方法，在一级保护区、二级保护区和准保护区划分的基础上，针对新兴污染物控制需求，根据风险源的影响距离，扩大外部污染源调查范围，以使将对水源地有潜在影响的风险源均包括在调查范围之内。外部污染源空间特征分析方法，包括流域单元划分、外部污染源专题数据库构建、外源污染源特征主导因素筛选、外源污染源空间特征分析。该方法在于桥水库、同沙水库等水源地实现了应用。

（2）提出了1套饮用水水源地水体风险识别方法，并在典型水源地得到了应用

该方法以评价水源地水体健康风险为目标，总结了国内典型人群的暴露参数特征、有毒有害污染物剂量效应参数和国内外水质标准，将饮用水处理工艺对新兴污染物的去除特性纳入水源地水体健康风险评价中，计算微量有毒有害污染物经饮用水处理工艺—饮水 / 皮肤接触途径后对公众的致癌风险和非致癌风险。

该方法在部分典型水源地实现了应用，筛选出了优先控制有毒有害污染物，包括乙炔基雌二醇、酞酸二（2- 乙基己）酯、雌酮、酞酸二丁酯、苯并 [*a*] 芘、药品与个人护理品等。

（3）提出了1套饮用水水源地外源风险识别与评价方法

基于对饮用水水源地外源污染调查与特征分析，利用空间结构与层次分析方法，对饮用水水源地外源的污染风险的构成要素进行研究，构建了涵盖6项指标的污染源潜在危害性评价和迁移过程评价两个方面的风险源分级模型，并采用乘积模型计算风险源综合指数，基于GIS平台，划分为低、中、高3个等级。

（4）建立了1套区域发展对饮用水水源地水质影响分析与预测方法，并在典型水源地开展案例研究

从水源地所在流域污染系统控制角度，开展了人口增长、经济发展、土地利用变化、水资源开发利用等对饮用水水源地水质影响的评价与预测，建立了集水区域发展对水源地水质影响分析预测方法与影响评价指标体系，共计20项指标。并在典型饮用水水源地开展了案例研究，分析区域未来发展对饮用水水源地水质的环境风险水平，以及降低风

险的区域发展优化方式。

（5）**提出了饮用水水源地外源污染风险控制技术途径**

根据外源污染和饮用水源的新兴污染物调查与风险评价结果，提出了包括雌激素等新兴有毒有害污染污染物、综合生物毒性的外源污染水质安全评价指标。

通过案例调查和现场实验监测评估，根据外源类型及其污染物类型，提出了外源污染控制途径。对于城镇污水厂尾水，提出了臭氧氧化、反渗透、人工湿地、消毒等控制技术途径。农村生活污水、畜牧业废水，宜采用生物处理—人工湿地方法进行处理。以控制新兴有毒有害污染物、病原微生物等为目标，提出了《臭氧氧化技术规范》（建议稿）；以控制病原微生物为目标，提出了《消毒技术规范》（建议稿）。

综合以上研究，提出了地表饮用水水源地外源污染综合管理方法，包括风险源的识别和管理、区域经济发展模式和产业结构的优化、外源污染治理与控制等方面，为地表饮用水水源地水质保障与管理提供技术支撑。

4　成果应用

1）阶段性成果《地表水源地有毒有害污染物分布特征》提交给了环境保护部科技标准司，为管理部门筛选优控污染物提供了支持。

2）项目成果对于天津市开展于桥水库水源污染综合整治提供了重要依据，在天津市环境科学研究院得到很好应用。

3）同沙水库饮用水风险研究成果在东莞市开展同沙水库外源污染综合整治工作中得到应用，支撑了同沙水库水源的保护与环境管理工作。

4）项目所提出的《污水臭氧深度处理技术规范》（建议稿）、《污水消毒处理技术规范》（建议稿），对于优化外源污染控制工艺，保障水源地水质安全具有重要意义。

5　管理建议

1）建议对重点地表饮用水源地的外源污染进行综合管理，包括水源地外源污染调查、水源地水体健康风险评价与优先控制污染物识别、基于水源地风险控制的区域发展规划管理、水源地外源风险源识别与分级分区管理和控制。

2）应围绕重点地表饮用水源地，开展药品与个人护理品（含抗生素）、雌激素等新兴污染物的监测与风险分析。对于新兴污染物的污染来源分析，应扩大外部污染源调查范围，以保证对水源地有潜在影响的风险源均包括在调查范围之内。

3）针对污水处理厂尾水等重点污染源，在满足污水厂出水一级 A 标准的基础上，应重点关注有毒有害污染物的深度去除，可采用臭氧氧化、反渗透、人工湿地、消毒等控制技术途径。

6 专家点评

该项目针对饮用水源地外源污染潜在风险，在实地调查和分析检测的基础上，建立了水源地外源污染调查与特征分析方法，识别了典型饮用水源地外源污染的优先控制污染物，开展了污染物健康风险评估，构建了水源水质风险识别与评价方法，编制了《饮用水源地污染调查方法》《饮用水源地外源污染水质安全评价指标》《饮用水源地水体健康风险识别技术》《饮用水源地外源风险识别与评价方法研究》等技术文件建议稿。项目研究成果在天津市于桥水库和东莞市同沙水库水源地外源污染综合整治工作中得到了应用，为饮用水源地外源污染风险识别与控制管理提供技术支持。

项目承担单位：清华大学、中国环境科学研究院、中国科学院生态环境研究中心、环境保护部华南环境科学研究所

项目负责人：胡洪营

第三篇
生态环境领域

2011 NIANDU HUANBAO
GONGYIXING HANGYE
KEYAN ZHUANXIANG
XIANGMU CHENGGUO HUIBIAN

北方重要生态功能区生态限值与安全性评价技术研究

1 研究背景

北方重要生态功能区是指位于我国北方地区的防风固沙重要区、水源涵养重要区、土壤保持重要区和生物多样性维护区。根据2007年环境保护部门颁布的《全国生态功能区规划》划定的50个重点生态功能区，有17个集中分布于我国的东北、华北和西北地区，占全国重点生态功能区总数的34.0%。其中，水源涵养重要区6个，防风固沙重要区5个，生物多样性维护区3个，水土保持重要区2个，洪水调蓄重要区1个。这些区域既是国家主体功能区划中的禁止或限制开发区，也是我国北方重要的生态屏障区，对维护国家生态安全具有十分重要的战略意义。然而，在过去数十年间，随着经济社会的蓬勃发展，森林过度砍伐、草原超载放牧、湿地无序垦殖等强烈的人为活动干扰，区域水土流失、风沙肆虐、旱灾洪灾频繁发生，不仅造成巨大的经济损失，而且生态系统功能的持续下降，已成为影响区域生态安全构成重要威胁因素。为此，党中央、国务院高度重视全国生态环境保护工作，先后颁布了《全国生态环境保护纲要》《国务院关于落实科学发展观 加强环境保护的决定》和《全国主体功能区划》等多项重要文件，为区域生态保护提供了政策保障。《国家环境保护“十二五”规划》又将重要生态功能区列为生态保护与建设领域的优先主题，提出要“合理保护重要生态功能区的生态环境质量，实现区域协调、可持续发展，确保国家生态安全”。在此背景下，确立本项目总体目标和研究任务，旨在缓减“保护与发展”的矛盾，为稳定维持区域生态系统服务功能，实现生态保护优化经济发展提供技术保障。

2 研究内容

以我国北方防风固沙区、水源涵养区为主要研究对象，研究防风固沙功能基线评估关键技术方法，确立基于防风固沙功能保护的经济利用限值核算技术，确立北方防风固沙区的经济利用限值。以大兴安岭、辽河上游和京津水源涵养区为对象，研究典型植被水源涵养基本参数，确定区域水源涵养功能的基本限值，提出典型区稳定维持水源涵养功能的合适的植被格局与技术途径。阐明区域生态系统碳固定以及碳增汇潜力时空分布规律，制订区域碳增汇功能区划方法，编制区域生态碳增汇功能区划图，提出区域碳增汇途径及其生态调控模式。研究构建区域生态安全评价指标，确立其生态安全水平的空间差异和关键影响因素，提出维持区域主导生态服务功能的综合管理对策。

3　研究成果

（1）北方防风固沙重要区经济利用限值研究

研究不同草地类型土壤风蚀关键因素，筛选出地面 2 m/s 风速、植被覆盖度、地表粗糙度、土壤含水量和地表起伏度为监测指标，采用遥感判别、梯度样地实测与风洞验证相结合的方法，构建了地表风蚀量（y）与地面 2 m/s 风速（x1）、植被覆盖度（x2）、地表起伏度（x3）的多元线性回归模型，依此求得不同草地类型维持基本防风固沙功能的“基线覆盖度”，并阐明其空间分布格局。在此基础上，核算出可利用植被盖度、生物量和载畜量及其空间格局。

以呼伦贝尔草原为例，根据 2014 年植被覆盖度，单位面积净第一性生产力、牧草利用系数和草地放牧家畜每个饲养周期的饲草需要量，确立了基于草原防风固沙功能维护的经济利用限值图。如图 1 所示。

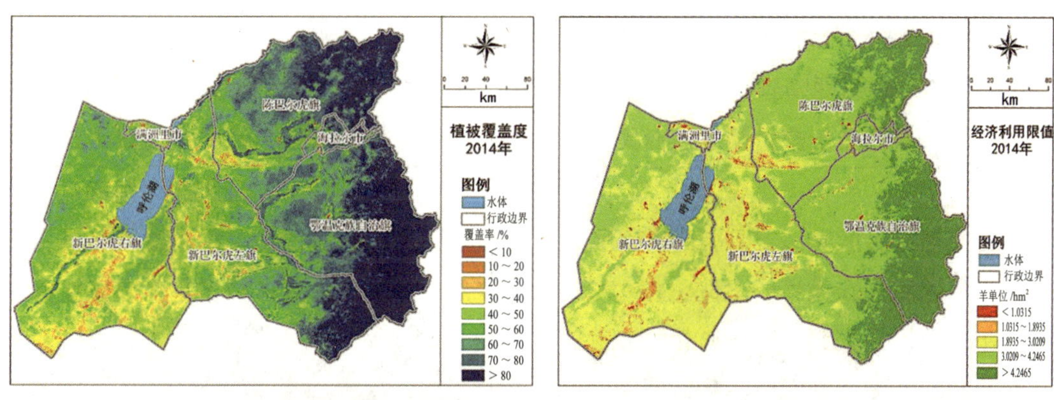

图 1　2014 年呼伦贝尔草原不同草地类型经济利用限值图

（2）北方水源涵养重要区生态功能维持与合理植被格局研究

研究北方重要区生态功能林草植被与土壤的双重水源涵养能力，筛选出了土壤最大持水量、植被截留量（包括冠层截留量和树干截留量）、凋落物持水量 3 项主要指标，以及地表起伏度、地表径流量和土壤类型 3 项辅助指标，采用高空遥感判别、植被和土壤持水力地面实测以及人工模拟相结合的方法，分别核算出不同土壤基质主要植被类型最大水源涵养能力，依此推算出维护区域基本水源涵养功能的合理植被格局（图 2、图 3）。

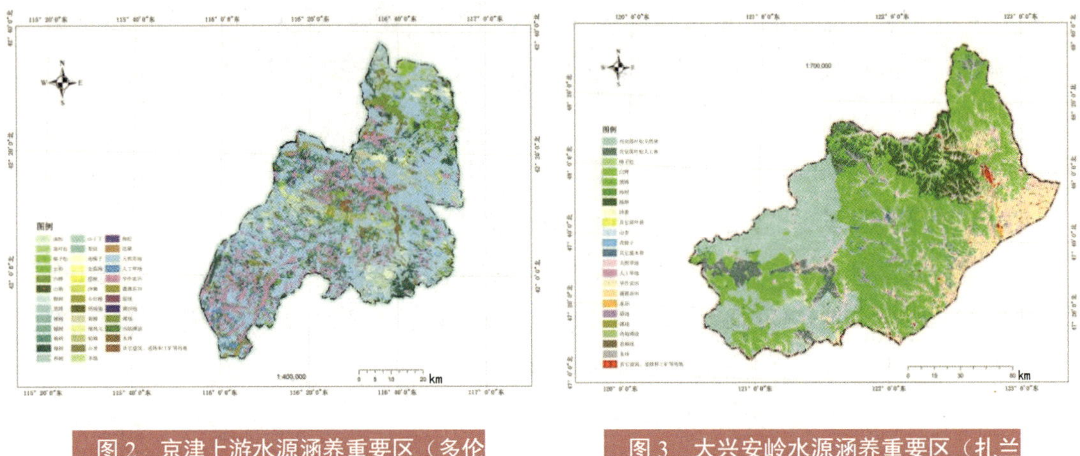

图2 京津上游水源涵养重要区（多伦县）植被优化格局图

图3 大兴安岭水源涵养重要区（扎兰屯）植被优化格局图

（3）北方重要生态功能区基于碳增汇的生态调控途径研究

根据自然条件下有机碳增汇途径，筛选出地上植被有机碳、地下根系有机碳和土壤有机碳3项检测指标，采用资料收集、野外调查、遥感分析、室内测定和情景分析相结合的方法，建立植被估产模型、植被地上部和地下部回归模型，分别核算出植被地下碳库、土壤有机碳库和植被地上碳库特征及其空间格局。针对不同植被利用（碳释放）特点，制定区域碳增汇功能区划方法，确立区域碳增汇途径与生态调控模式（图4、图5）。

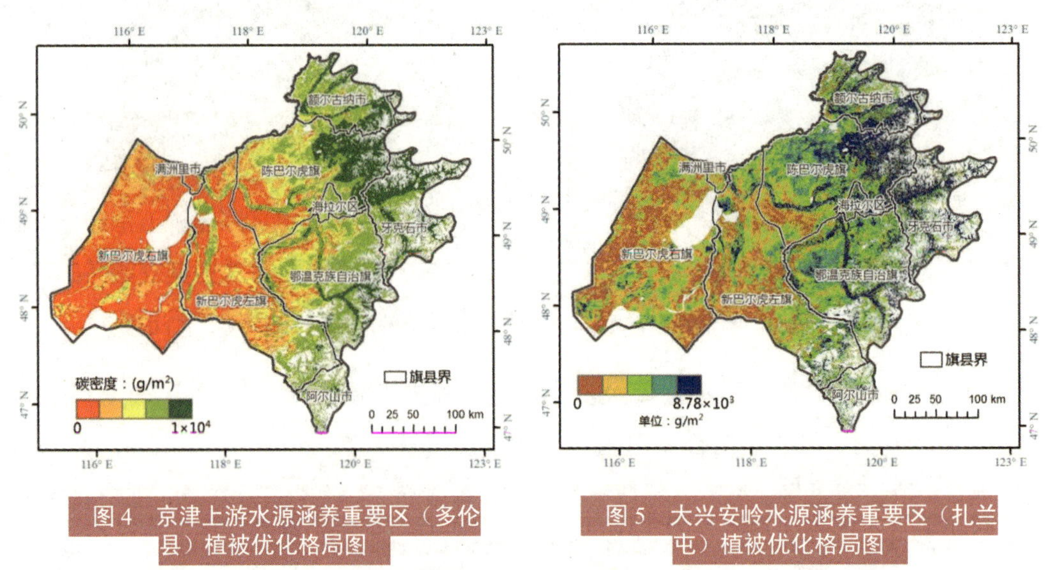

图4 京津上游水源涵养重要区（多伦县）植被优化格局图

图5 大兴安岭水源涵养重要区（扎兰屯）植被优化格局图

（4）北方重要生态功能区生态安全评价与综合管理技术

以呼伦贝尔草原为典型研究区，本着科学、实用的原则，筛选出景观组分、生态功能、景观格局3类6项评价指标，建立综合评价模型，并运用层次分析法进行指标权重赋值，完成了生态用地重要性评价（图 6）。

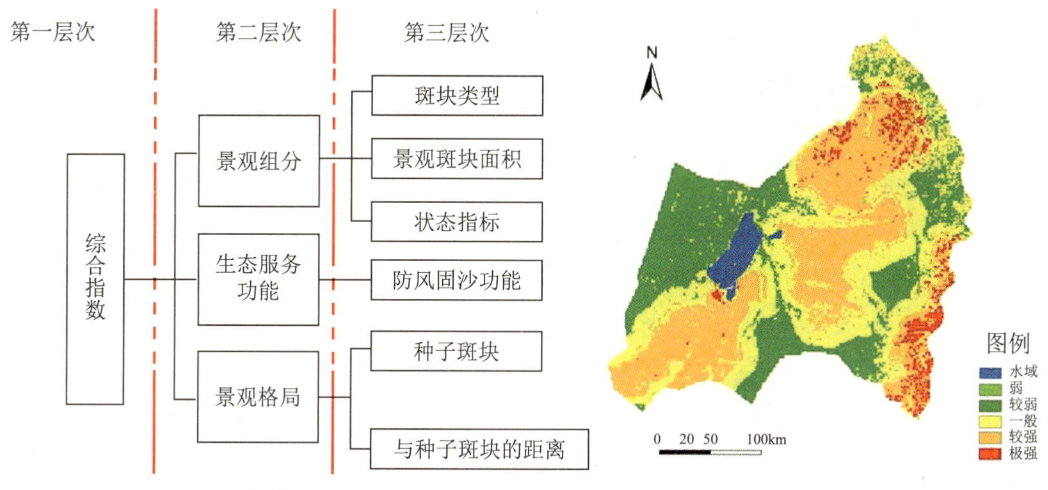

图 6　呼伦贝尔草原生态用地重要性评价指标（左）和评价结果（右）

对 2000 年、2005 年、2010 年和 2013 年呼伦贝尔草原生态安全性实施综合评价，结果表明：呼伦贝尔草原防风固沙功能区生态安全状况总体处于安全水平。其中，安全区所占比例为 34.57% ～ 39.70%，较安全区所占比例为 22.90% ～ 30.35%，不安全区所占比例为 20.66% ～ 27.31%，且具有随时间推移，极不安全区所占比例为 7.77% ～ 15.35%。在空间分布格局上，东部草原区生态环境状态明显好于西部地区，其中，鄂温克旗在参评的 7 个旗（市、区）中，整体生态安全状况最好，新巴尔虎右旗、新巴尔虎左旗、满洲里市 3 个旗市生态安全性整体较差（图 7）。

根据评价指标分析，危及呼伦贝尔草原生态安全的关键因素为：首先是土壤风蚀强度、土地利用格局、草地放牧压力、草原退化程度和净第一性生产力；其次是植被覆盖度、人口密度、环保资金投入比例、草原旅游压力和草地垦殖指数。因此，实施优化土地利用格局，适当缓减放牧和人口对草原压力，增大草原生态建设投入，防治草原退化，增加地表覆盖度和第一性生产力，可稳定维护草原生态系统安全。

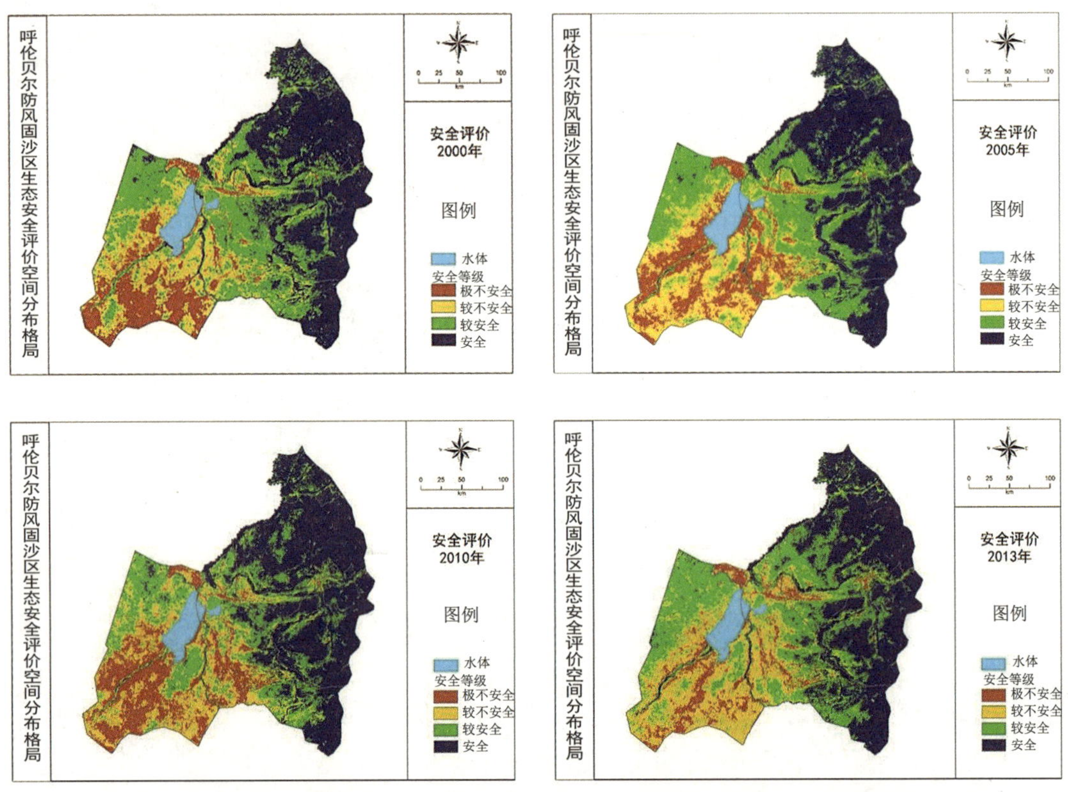

图 7 2000—2013 年呼伦贝尔草原防风固沙功能区生态安全格局分布图

4 成果应用

1）呼伦贝尔市环保局借鉴本项目研发的“草原经济利用限值参数”“水源涵养功能维护技术参数”“草原碳汇功能区划及调控模式”及“呼伦贝尔生态安全分布格局图”等成果，在全市范围内开展“草原载畜量限定”和“岭东水土流失区植被格局构建”，指导呼伦贝尔市“生态红线划定方案”和“‘十三五’国民经济与社会发展规划”编制。

2）呼伦贝尔市林业局应用项目研发的“水源涵养功能稳定维持技术参数”及“水源涵养林草植被格局构建技术”等成果，从 2012 年开始，先后在鄂温克族自治旗、扎兰屯市、阿荣旗等地，开展了生态涵养林营林试点示范。

3）青海省生态环境遥感中心应用项目确立的“草原防风固沙功能经济利用限值核算方法”，2013 年对青海湖周边 8.2 万 hm^2 沙化草原进行草地载畜量重新核定示范，2014 年现场实测，示范区植被覆盖度平均提高 5 ～ 8 个百分点。

4）鄂温克旗作为项目示范区之一，在项目边研发边应用基础上，到 2014 年年底，项目成果推广面已覆盖全旗 90 万 hm^2 草原和 20 万 hm^2 人工林地，分别占全旗草原和林地面积的 69.8% 和 17.9%。2014 年全旗草原植被覆盖度较 2010 年平均提高 4 ～ 5 个百分点，牧草产量平均增加 10% 以上；2011—2014 年，全旗畜牧年度牲畜总头数基本控制在 85 万～ 90 万头（只），年打贮草 2.5 亿～ 2.7 亿 kg，牧业产值平均增长 4.9%。

5 管理建议

1）项目研发的“草原防风固沙生态限值及其核算方法”，对我国北方草原防风固沙功能维护，载畜量重新核定，草原持续利用与退（沙）化草原修复管理意义重大，建议推广到黑龙江、吉林、辽宁、内蒙古、河北、山西、陕西、宁夏、甘肃、新疆、青海、西藏 12 省（区），并进行应用。

2）项目研发的“北方水源涵养区生态功能稳定维持技术”，在北方灰色森林土、棕壤土、栗钙土、草甸土和草原风沙土区水源涵养林营建具有重要参考价值，建议在北方地区同类土壤上推广应用。

3）项目核算出的不同草地植被、土壤碳密度值及其区划方法，可直接应用于北方地区碳增汇功能空间格局图的编绘，建议在北方地区产业发展、碳减排调控、生态修复及环境履约服务等政策制定等工作中进行应用。

4）项目研发的“基于草原生态功能维护的草畜平衡软件”“灌草截留降雨人工模拟装置（专利号：ZL201420104835.7）”“枯落物层取样自制切刀（专利号：ZL201420040164.2）”等工具，建议试制成实用产品，在生态、环境、水土保持等专业野外取样和教学中应用。

6 专家点评

该项目通过对我国北方防风固沙和水源涵养区的研究，建立了北方防风固沙重要区基线评估技术体系并初步确定了经济利用限值及其核算方法；构建了北方水源涵养重要区生态功能稳定维持的合理植被格局；提出了北方重要生态功能区生态碳增汇功能区划及减排的生态调控模式，以及关键保护地划分技术与优化方案；编写了《北方防风固沙功能区经济利用限值评价技术导则》《北方水源涵养重要区水源涵养功能综合评价与区域限值计算技术导则》等 4 个技术文件建议稿。完成了任务书规定的研究任务，达到了考核指标的要求。项目研究成果在北方重要生态功能区环境保护工作中得到初步应用，可为北方地区生态保护红线划定和生态安全管理提供技术支持。

项目承担单位：中国环境科学研究院、中国农业科学院草原研究所、内蒙古林业科学研究院、内蒙古大学、内蒙古农业大学、大连民族学院

项目负责人：吕世海

中国重要生态碳汇功能保护区识别及监管机制研究

1 研究背景

生态碳汇是除工业碳减排外的应对气候变化的重要措施。1981—2000年，我国工业碳排放总量达到132亿t，而森林生态系统碳汇抵销了同期工业总排放的22.6%。在未来50年里，如果面积不变，仅仅改善林分结构，增加密度，我国森林还可以增加22亿t碳汇；如果按照林业规划到2050年我国森林覆盖率达到28.4%，我国的森林碳库可以再增加30亿t碳汇。因此，增强陆地生态系统碳吸收与碳汇管理可在一定程度上减轻我国所面临的温室气体减排压力，为加快我国的工业化进程争取空间和时间。重要生态功能保护区是我国生态系统管理方法的重要实践，环境保护部发布的50个重要生态功能保护区，主要保护的生态功能包括水源涵养、水土保持、防风固沙、洪水调蓄、生物多样性维护和海洋生态功能。但生态系统碳汇功能并没有作为重要生态功能区的划定依据，有可能造成生态碳汇功能保护的缺失。

本项目针对我国重要生态碳汇功能区识别及监管机制缺乏的科学问题，通过评估中国陆地生态系统的碳储量、碳汇和固碳潜力，提出生态碳汇功能区划技术，识别出我国重要生态碳汇功能区，提出重要生态功能区的调整方案和碳增汇管理对策，可为我国制定温室气体减排政策的科学依据和参与联合国气候变化谈判的重要数据提供支撑资料，可为全国重点生态功能区及重要生态功能保护区的管理提供了重要的基础支撑。

2 研究内容

1）收集长时间序列的卫星遥感影像、气象数据和地面生态观测数据，构建光能利用率模型、生态过程模型等陆地生态系统碳循环相关模型，利用生态模型模拟和典型区研究相结合的方法，开展中国陆地生态系统的碳储量、碳汇和固碳潜力的时空演变评估分析。

2）开展生态碳汇功能区划技术方法研究，定量评估我国生态系统固碳功能重要性，识别出我国重要生态碳汇功能区。

3）以井冈山中亚热带常绿阔叶林区、呼伦贝尔林草交错带、青海三江源高寒草甸区、长白山森林区等作为典型区，开展生态碳汇功能监测与评估研究，建立基于 HJ-1 卫星的碳汇评估模型。

4）研究提出国家重点生态功能区的调整方案以及碳增汇管理对策。

3　研究成果

（1）研究构建了中国主要陆地生态系统碳汇估算的关键参数数据集

研究依托卫星遥感影像数据、气象数据及地面实测生态数据资料，通过开展生态环境数据资料空间化研究及相关数据搜集、预处理及整理工作，基于可获取的数据资料建立了我国陆地生态系统碳储量及碳汇功能评估的背景数据库。主要包括气温、光合有效辐射、土壤温度、增强型植被指数、陆地表面水分指数、土地覆被数据集及土壤数据集等关键参数数据集。

（2）在全国尺度上系统估算了碳储量、碳汇功能、固碳潜力，定量评价了我国陆地生态系统碳汇功能

综合评估了中国陆地生态系统土壤碳储量、森林和草地植被碳储量、碳汇和固碳气候潜力，修正现有估算生态系统总初级生产力的光能利用率模型，确定了 11 种典型植被光能利用率参数和生态系统呼吸参数，构建了陆地生态系统碳汇功能综合模拟模型（InMCarbS），可为我国制定温室气体减排政策的科学依据和参与联合国气候变化谈判提供重要数据支撑资料，也可进一步减少北半球碳平衡所存在的不确定性。

（3）构建基于 HJ-1 卫星区域陆地生态系统碳汇评估模型

以典型地区开展地面调查获取实际参数，建立了基于 HJ-1 卫星遥感的生态碳汇监测与评估方法，探讨检验了 HJ-1 卫星对陆地生态系统碳汇状况评估与监测能力，为准确估算较小区域森林、草地生态系统的生态系统功能和碳汇能力提供了适用的模型、方法和技术路线。

（4）提出全国生态碳汇功能区区划技术，识别出我国重要生态碳汇功能区域

综合碳储量、碳汇量及固碳潜力特征，制定碳汇功能综合区划的方法与技术导则，提出中国区域的“自然区”—“主导生态系统”—“碳汇功能大小及管理模式”三级区划体系，开展生态碳汇功能重要性综合评估，识别出我国生态固碳重要功能区域的空间分布，形成《国家重要生态固碳功能保护区识别技术指南》（草案），为国家重要生态功能区保护提供有力支撑。

（5）提出重点生态功能区和重要生态功能保护区调整建议

综合考虑与已有重点生态功能区范围的连接性、县域经济发展落后程度、高固碳功能区域占县域的面积比例、生态状况良好为原则，优先调整 18 个县（区）扩充至现有的重要生态功能保护区与重点生态功能区范围内，按照相同原则继续增补 59 个县（区），

可为国土生态安全格局构建提供重要的科学依据。

4 成果应用

我国生态系统碳储量、碳汇量及固碳潜力评估成果应用于环境保护部《全国生态环境十年变化（2000—2010年）遥感调查与评估》项目，为国家重点生态功能区生态环境十年变化遥感调查与评估专题提供了生态碳汇功能评估结果，为中国工程院三江源生态资产核算项目中碳汇资产核算提供了支撑。

以科技专报形式提出《关于建设环境保护野外观测研究站体系建设的建议》和《生态移民后续产业发展消除三江源区社会稳定隐患》的重要建议，为重点生态功能区建立长效的生态监管体系和生态补偿政策提供科学依据。

形成了《国家重要生态碳汇功能保护区识别技术指南》草案，提出了对重要生态功能保护区及重点生态功能区的调整建议，为重点生态功能区和重要生态功能区的管理提供了支撑作用。

构建的基于HJ-1卫星的陆地生态系统碳汇模型能以较高的分辨率描述碳汇空间格局，为准确估算较小区域的生态系统功能和碳汇能力提供模型、方法和技术路线，也为分析较小区域的生态系统碳汇格局提供了支持。

5 管理建议

根据项目研究，提出了重点生态功能区空间调整方案，优先调整增补18个县扩充到已有的重点生态功能区和重要生态功能保护区范围，后续再增补59个县（表1）。建议环境保护部对国家重点生态功能区生态固碳保护空间范围予以调整，加快已有生态功能区范围的补充扩增，进一步加强对生态碳汇功能的保护，为推动我国增汇减排及相关政策落实提供助力。

表1 重点生态功能区与重要生态功能保护区调整扩充建议

优先增补18个县						
省份	区县	潜力占全国的比例	碳储占全国的比例	碳汇占全国的比例	生态固碳占全国的比例	备注
云南	14	0.806%	1.060%	4.384%	2.083%	景谷傣族彝族自治县、腾冲县、盈江县、镇沅彝族哈尼族拉祜族自治县、墨江哈尼族自治县、耿马傣族佤族自治县、新平彝族傣族自治县、宁洱哈尼族彝族自治县、大姚县、江城哈尼族彝族自治县、隆阳区、思茅区、芒市、龙陵县
西藏自治区	3	1.957%	0.611%	-1.051%	0.505%	谢通门县、昂仁县、南木林县
安徽	1	0.053%	0.051%	0.219%	0.108%	东至县

后续增补 59 个县						
省份	区县	潜力占全国的比例	碳储占全国的比例	碳汇占全国的比例	生态固碳占全国的比例	备注
云南	13	0.469%	0.496%	1.594%	0.853%	陇川县、临翔区、永平县、云龙县、绿春县、元江哈尼族彝族傣族自治县、元阳县、双江拉祜族佤族布朗族傣族自治县、永胜县、梁河县、红河县、瑞丽市、河口瑶族自治县
西藏自治区	12	1.738%	0.467%	-0.725%	0.493%	拉孜县、堆龙德庆县、日喀则市、尼木县、仁布县、江孜县、曲水县、扎囊县、萨迦县、贡嘎县、达孜县、白朗县
四川	8	0.366%	0.345%	0.853%	0.521%	盐边县、冕宁县、宁南县、西昌市、米易县、会理县、石棉县、普格县
福建	16	0.509%	0.634%	2.734%	1.292%	建阳市、永安市、延平区、建瓯市、漳平市、将乐县、尤溪县、大田县、新罗区、闽清县、政和县、顺昌县、屏南县、沙县、周宁县、寿宁县
陕西	2	0.139%	0.062%	0.295%	0.165%	山阳县、商南县
安徽	8	0.211%	0.269%	0.700%	0.394%	宁国市、泾县、祁门县、黄山区、青阳县、歙县、绩溪县、黟县

6　专家点评

该项目综合运用长时间系列的卫星遥感影像、气象数据和地面生态观测数据为关键数据源，利用生态模型模拟和典型区研究相结合的方法，首次系统评估了中国陆地生态系统的碳储量、碳汇和固碳潜力，研制了生态碳汇功能区划技术，识别出了我国重要生态碳汇功能区，开拓了 HJ-1 小卫星在碳汇功能评估中的应用，提出了重要生态功能区的调整方案和碳增汇管理对策。项目研究成果在国家重点生态功能区生态环境调查评估、生态资产核算中得到应用，为重点生态功能区和重要生态功能区保护区的长效监管和生态补偿提供了科学依据，对重点生态功能区空间调整具有重要参考价值，也对重要生态功能区相关技术规划研究提出了有效补充，具有十分重要的意义。

项目承担单位：中国环境科学研究院、中国科学院地理科学与资源研究所、环境保护部卫星环境应用中心

项目负责人：张林波

农村人居环境综合整治关键技术集成与配套政策研究

1 研究背景

目前，我国农村环境形势非常严峻，表现为点源污染与面源污染共存，生活污染和工业污染叠加，各种新旧污染相互交织；工业及城市污染向农村转移，危及农村饮水安全和农产品安全；农村环境保护的政策、法规、标准体系不健全；一些问题已经成为危害农民生存的重要因素，制约了农村经济社会的可持续发展。我国各地自然生态环境复杂多样，农村社会发展水平极不平衡，加之农村人口众多、居住相对分散，不同区域农村的产业结构、生活方式、文化素养、农村环境基础设施条件、环境容量、政府投入和管理水平等方面都有明显的不同，致使我国目前农村环境污染问题异常复杂。农村环境问题的特征、重点和解决途径存在很大的差异，在农村人居环境综合整治过程中坚持分类指导、区别对待的原则十分重要。

2 研究内容

本项目系统调研我国不同区域农村环境现状，筛选平原地区集约化、丘陵地区分散型和城乡接合部地区农村人居环境特征；针对不同区域存在的突出性和典型性生态环境问题，从推广应用角度开展不同地区农村人居环境综合整治相关关键技术的技术经济评估；结合社会主义新农村建设的任务要求进行农村生活污水、生活垃圾及农业固体废弃物处理的技术筛选和技术集成模式研究，并对集成的关键技术进行典型示范；针对不同地区农村环境管理政策方面的不足，开展相关配套政策和管理对策研究；通过项目的实施，形成可在各类型农村地区复制推广的农村人居环境综合整治技术集成模式和政策管理对策以及典型示范实体。

3 研究成果

（1）农村人居环境综合整治关键技术与集成

1）典型农村人居环境问题特征

根据我国农村社会经济条件和环境整治需求，从城乡关系、地貌和集聚程度进行分类。根据与城市建成区的距离及其带来的城乡一体化条件，以及相对高差带来的地貌特点及环境集中与分散整治的需求，将农村划分为平原地区集约化、丘陵地区分散型、城乡接合部地区农村等三类，并筛选了三类典型区的人居环境特征。

2）平原地区集约化农村人居环境综合整治关键技术与集成模式

农村废弃物多元化高效堆肥技术模式研究。集成了 4 种农村垃圾处理技术，分别是低温型集中无害化处理模式；集约化新农村集中处理模式；种植 / 养殖“多元化”物料循环处理模式；生态化—观光农业型处理模式。

生活污水处理适用技术模式。集成了三种北方平原地区污水处理技术，即化粪池、沼气和农业回用集成处理技术、组合生态集成处理技术以及生物与生态组合脱氮除磷技术。集成了两种南方平原地区污水处理技术，即厌氧与生态处理集成技术和厌氧好氧生物处理与生态处理组合技术。

秸秆循环利用技术集成。集成了秸秆养殖与能源循环型技术集成、秸秆制炭循环型技术集成、秸秆沼气型循环型技术集成及秸秆食用菌循环型技术集成 4 种循环利用技术。

平原地区集约化农村人居环境综合整治关键技术集成示范区。选择无锡市锡北镇斗山村、银川市永宁县进行平原地区及上海东滩低碳农业园区集约化农村人居环境综合整治技术模式综合示范。

3）丘陵地区分散型农村人居环境综合整治关键技术与集成模式

生活垃圾处置技术模式研究。集成了卫生填埋、堆肥和厌氧发酵沼气资源化等 3 种垃圾处理技术。

生活污水处理适用技术模式。集成了 3 种处理模式，即预处理 + 生物处理 + 生态处理（人工湿地、稳定塘等），预处理 + 生态处理（人工湿地、稳定塘等），化粪池和沼气池等处理技术。

农业固体废弃物处理技术集成。秸秆处理：推荐秸秆养殖与能源循环型技术集成、秸秆沼气型循环型技术集成、秸秆食用菌循环型技术集成等适合丘陵地区的技术模式。畜禽粪便：优先推荐采用厌氧消化处理技术，沼气回收可用于日常生活。对于资金比较充裕的养殖户也可采用生物发酵床技术。

分散型农村人居环境综合整治关键技术集成示范区。分别在长沙县金井镇惠农村、汕尾市陆河县水唇镇万山村开展了生活污水、畜禽污染处理技术典型示范工程。

4）城乡接合部农村人居环境综合整治关键技术与集成模式

生活垃圾处理模式。城乡接合部地区农村生活垃圾纳入城乡一体化生活垃圾收集处理系统，处理模式主要有：混合收集 + 分拣 + 卫生填埋模式、混合收集 + 分拣 + 焚烧 + 卫生填埋模式、混合收集 + 分拣 + 堆肥 + 焚烧 + 卫生填埋模式。

生活污水处理模式。城乡接合部地区农村生活污水收集处理，优先推荐采用纳入市政管网统一处理模式。无法接管的农村生活污水，选择MBR、生物滤池工艺，复合强化人工湿地技术。

农业固体废弃物处理模式。尾菜和畜禽养殖粪便处理最优处理方案分别是堆沤肥处理、堆肥处理。种养殖做好产业规划，实现种养结合，污染物本地消纳处理。短期内难以取缔的养殖场，采用厌氧消化以及生物发酵床技术进行粪便处理。

应用示范。在锡山区锡北镇八士村开展了农村生活垃圾、生活污水及畜禽粪便与尾菜处理的工程示范。

（2）农村人居环境综合整治配套政策研究

1）农村人居环境综合整治配套政策框架

从经济政策（主要是补贴机制）、长效机制、技术政策、公众参与等方面构建配套环境政策体系，形成整治工作的制度保障（图1）。

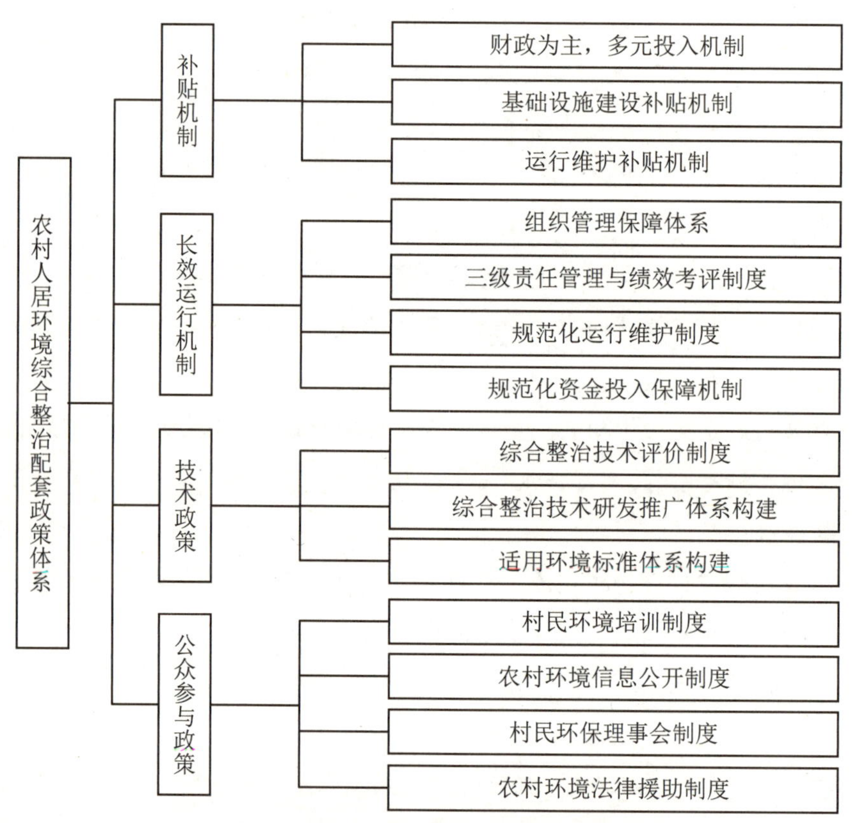

图1 农村人居环境综合整治配套政策框架图

2）农村人居环境综合整治补贴机制

针对农村人居环境的特点，重点针对农村生活垃圾处理、生活污水处理和规模以下畜禽粪便处理补贴机制进行了研究，包括设施建设、运转和维护补助等。

3）农村人居环境综合整治长效运行机制

从农村环境管理机构建设、“村—乡镇—县”三级责任管理体系与绩效考评制度建设、资金投入机制建设、环保监督下的多部门协调共管的工作机制建设等方面保障农村人居环境综合整治的长效运行。

4）农村人居环境综合整治技术政策

建立健全农村环境保护标准体系，完善农村人居环境污染综合整治技术评价制度，健全农村人居环境污染综合整治技术推广体系。

5）农村人居环境综合整治公众参与政策

完善公众参与环境法律法规、管理办法，建立环境村规民约，公开自然环境要素、环境质量及企业污染状况信息，完善环境诉讼支持，引导公众参与农村人居环境治理，确保农村环境保护工作的社会监督。

6）典型地区配套政策示范

在平原地区重点选择以长效运行机制为主的配套政策体系进行示范，在丘陵地区重点选择以补贴机制为主的配套政策体系进行示范，在城乡接合部重点选择城乡一体化环境卫生管理、公众参与为主的配套政策体系进行示范。

4　成果应用

生活污水处理方面：研究制定《平原地区人居环境综合整治技术指南》，并发布实施的宁夏地方标准《农村生活污水处理设施运行操作规范》（DB64/T 869—2013），有助于实现平原地区农村生活污水处理运行维护的规范化。城乡接合部地区农村生活污水的处理方案，对城乡接合部地区的管理决策有一定的指导意义。

生活垃圾处理方面：提出了平原集约化、丘陵分散型农村的生活垃圾处理模式，有利于在环境整治中技术的选择应用。项目对城乡接合部地区农村生活垃圾的处理如何纳入城乡一体化处理模式进行了总结及示范研究，为处理模式的选择提供技术支持。

配套管理政策方面：项目构建了一套农村人居环境综合整治配套政策体系。构建了“政府、村民、社会”共同承担的资金投入机制，同时制定了全过程环保项目补贴机制，为农村人居环境管理中的财政支持和建设运行补贴提供了支持。从管理机构、资金保障、运行制度等方面构建了农村人居环境整治长效机制，为农村人居环境管理提供支持。

5　管理建议

（1）技术标准与技术规范建议

1）出台农村环境整治项目基本建设程序实施办法。

2）健全农村地区环境整治项目技术标准和规范。

（2）支持政策建议

1）整治政策建议：完善农村环保机构建设；发布适用技术手册，建立技术项目库，依据技术选择相应给予补贴；出台环境整治项目施工、验收等技术规范；落实农村环保绩效考评制度。

2）总量政策建议：适当放宽农村污染治理项目的总量认定标准，提高地方政府工作积极性。

6 专家点评

项目在对平原区集约化、丘陵地区分散型和城乡接合部地区农村环境特征和综合整治现状调研的基础上，提出了农村生活污水、生活垃圾、农业固体废弃物处理关键技术筛选方法；研发了北方平原及丘陵地区堆肥技术，集成了平原、丘陵和城乡接合部地区农业废弃物循环利用技术；筛选了不同区域农村污水处理适用技术，并在 6 个地区进行了示范研究。项目提出了《平原地区集约化农村人居环境综合整治技术指南》和《农村人居环境综合整治配套相关政策和管理办法》2 项文件建议稿，并编制了宁夏回族自治区《农村生活污水处理设施运行操作规范》（DB64/T 869—2013），可为我国农村人居环境管理和综合整治提供技术支持。

项目承担单位：环境保护部南京环境科学研究所、中国环境科学研究院、环境保护部华南环境科学研究所

项 目 负 责 人：孙勤芳

典型荒漠区露天煤矿环境监管关键技术研究

1 研究背景

全球煤炭资源90%以上分布在北半球中高纬度(北纬30°～70°)的温带森林、草原、荒漠和亚寒温针叶林带，我国93.6%的煤炭资源分布温带荒漠带、温带草原带、温带落叶阔叶林带和温带针阔混交林带4个植被气候带。在全球煤炭资源空间分布中以森林和草原生态系统为主的分布区，水分条件较好，有利于矿区的生态修复。而以荒漠生态系统为主的如我国西北地区矿区，水分条件较差，生态系统脆弱，不利于矿区生态修复，特别是荒漠区大型露天煤矿的开采，其对环境的影响特征、影响途径、环境监管的重点等均有别于森林、草原带的露天煤矿开采。

本项目拟针对特殊干旱环境条件下荒漠区露天煤矿开发全过程环境保护存在的问题，通过大量监测和分析工作，提出荒漠区露天煤矿开采过程环境监督管理行动指南，对煤炭开采活动的环境响应实施全过程监测；从技术支撑和政策支持两方面构建荒漠区露天煤矿环境监管理模式，将以往单纯的后期治理扩大到系统的全过程环境监管；从根本上预防或减轻荒漠区露天煤矿开发生态环境问题，摒弃以牺牲环境换取经济增长的做法，为干旱区实施优势资源转换战略，提供有效的环境管理技术保障和支持。

2 研究内容

（1）荒漠区露天煤矿开采环境监测与评估技术研究

识别与筛选露天煤炭开采过程环境响应关键指标，构建环境监管监测指标体系，建立基于3S的关键表征因子监测与评价模型，提出荒漠区露天煤炭开采环境监测与评估技术指南。

（2）荒漠区露天煤矿开采的生态资产受损评估及方法体系构建

明晰荒漠生态系统主要服务功能的具体表现形式、途径和关键作用因素，研建荒漠区露天煤炭开发区生态资产评估指标体系和评估模型，研究荒漠区露天煤炭开发对荒漠生态环境损害及临界线，为煤炭开发合理规划、环境监管及生态补偿提供借鉴依据。

（3）荒漠区露天煤矿开采的环境监管技术规范研究

识别荒漠区露天煤矿开采过程中不同区段活动生态保护与污染控制要点，制定干旱区露天煤炭开采的环境监管行动指南、环境监管绩效评估指南、企业环境保护行动计划技术指南。

3 研究成果

（1）建立了“天—地一体化”的干旱区荒漠露天煤矿开采环境监测与评估体系

基于对准东五彩湾露天煤矿开采过程中的生态破坏与污染特征的监测与分析评价，构建了荒漠露天煤矿开发不同阶段关键环境监测指标体系，建立起了以 GPS、RS、GIS 的 3S 监测网络为主要手段，同时开展地面、航空、航天 3 个尺度的多尺度监测方法体系，构建形成了荒漠露天煤矿开采过程的环境变化的 3S 多尺度监测体系（图 1），提出了监测指标体系和评估方法，完成了《荒漠区露天煤矿开采环境监测与评估技术指南》（建议稿）。

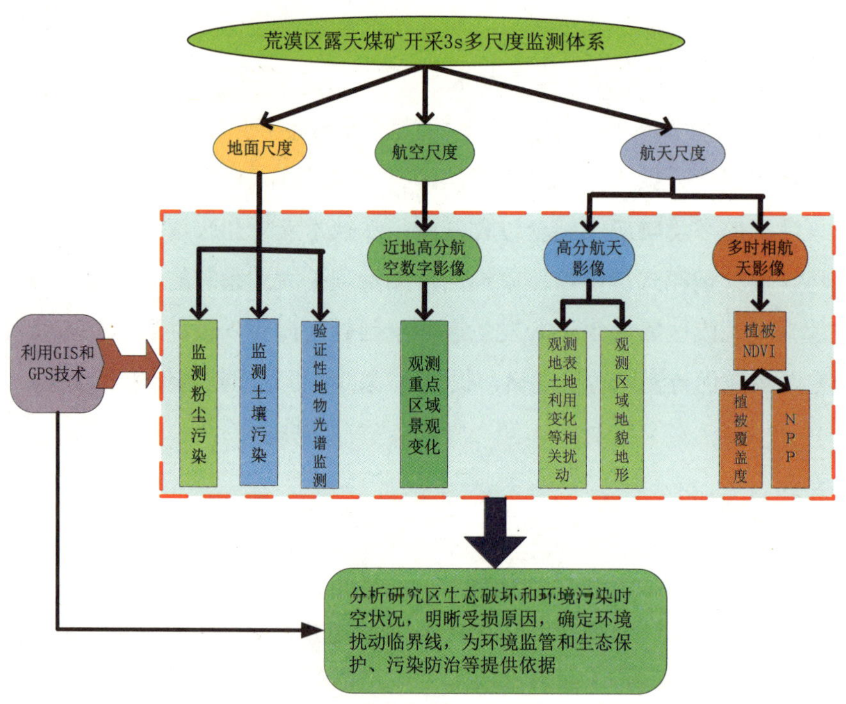

图 1 荒漠露天煤矿开采 3S 多尺度监测体系框架

（2）建立了 1 套荒漠露天煤矿开采生态资产受损价值评估方法体系

项目基于对典型荒漠露天煤矿五彩湾矿区建设和生产过程中主要生态破坏、污染特征调查分析，构建了基于 GIS/RS 的荒漠区低覆盖度植被 NDVI 及 NPP 的估算方法，从土地扰动、植被释氧量损失、生态价值等方面提出损失估算方法，开发完成了露天煤矿开采过程的荒漠生态系统受损价值评估系统 1.0（图 2），本系统实现了对干旱区露天煤矿开采过程的生态系统破坏的监管和受损价值的评估，通过研究计算得到 2012 年研究区煤矿实际的生态受损价值为 7.66 亿元，可作为研究区生态受损补偿的依据。

图 2　露天煤矿开发区生态资产受损评估系统平台

（3）构建了 1 套荒漠露天煤矿开采的环境绩效评估技术方法体系

采用压力—状态—响应（PSR）模型的概念和方法，从压力—状态—响应三个方面构建荒漠区露天煤矿开采的环境监管绩效评估指标体系。提出采用环境绩效指数法对荒漠区露天煤矿开采的环境绩效进行综合评估，制定了荒漠区露天煤矿开采环境监管绩效评估指标体系及等级标准，完成了《荒漠区露天煤炭开发环境绩效评估指南》（建议稿）。计算出研究区域 5 个露天煤矿的各指标环境绩效指数，总体上各煤矿各指标环境绩效指数存在一定差异，5 个矿区的环境绩效均处于中、差水平。

（4）提出了荒漠区露天煤矿开采过程中的环境管理需求，构建了环境管理指标体系

项目进一步基于荒漠露天煤矿环境监测和评估指标，结合国内外露天煤矿开采工艺水平及生态保护污染控制技术、开采全过程环境保护需求及开采过程的环境监管需求等方面的分析，从源头预防、过程监控、损失评估等方面构建了环境监管指标体系，编制完成了《干旱区荒漠露天煤矿开采环境监管行动指南》《干旱区荒漠露天煤矿开采企业环境保护行动计划技术指南》（建议稿）。

（5）采用多种先进技术手段对荒漠露天煤矿开发过程中的相关问题开展了精确调查和深入分析

1）项目首次利用无人机低空数字摄影测量技术精确量测了主要采掘区和排土场变化，可为及时、快速、准确掌握采掘进度、估算填挖方量，以及后期矿坑回填等提供依据。

2）确定了荒漠典型植物色素和水分监测的遥感定量评估最佳指标，为进一步有效监测和评估含煤粉尘对荒漠植被受损程度提供理论基础。

3）基于高光谱模型开展了土壤重金属含量空间预测，为进一步研建采用遥感高光谱数据监测和评估荒漠区土壤重金属污染状况的技术方法奠定了基础。

4）项目提出了修正的三波段最大梯度差模型获取的荒漠区植被覆盖度，改进的CASA模型估算区域NPP的有效方法，为荒漠露天煤矿开发过程中的植被破坏和生态受损评估提供了基础技术保障。

4 成果应用

1）项目为昌吉州环境监测部门提供了五彩湾矿区现状开采规模、矿区植被受损程度现状、矿区煤炭开发污染主要类型和监测重点建议；并为环境保护部课题“新疆煤炭开发环境保护对策研究”工作提供了重要的研究资料和分析成果。

2）提出《新疆煤炭资源开发过程的环境监管对策与建议》和《关于加强我区荒漠露天煤矿开采的环境保护建议》2份政策建议，分别被新疆维吾尔自治区政协十届四次会议（027号提案）和政协十一届一次会议（1103号提案）立案。

3）对神华、湖北宜化、神东天隆、天池能源5个重点企业提出了减低开采过程的环境危害和矿山生态恢复建议，使得生产企业环境保护能力得到提升。

4）编制了《荒漠区露天煤矿开采环境监测与评估技术指南》《荒漠区露天煤矿开采环境绩效评估技术指南》《荒漠区露天煤矿开采企业环境保护行动指南》《荒漠区露天煤矿开采环境监管行动指南》等建议稿，可作为环境监管部门对荒漠露天煤矿开发过程中的环境监管提的重要依据。

5 管理建议

（1）制定严格的荒漠区煤炭露天开采产业环保技术准入政策

鉴于荒漠区生态系统脆弱一旦受到破坏就难以恢复，露天开采的生态破坏力较大，应严格制定荒漠区露天煤矿开采的环保准入政策，进一步提高环保准入的门槛，实施一个矿区一个开发主体，大力推进荒漠区露天煤矿开采清洁生产和循环经济，加大对传统开采技术的绿色化、生态化改造，防止技术落后、管理粗放的煤炭企业落户。

（2）完善环境露天煤矿环境监管的制度体系，实施全过程的环境管理

建立荒漠区露天煤矿分区管理制度，根据生态环境差异性建立分区域的环境管理指标，开展环境管理，建议从露天煤矿勘探—规划—建设—生产—闭矿全过程，建立一套生态环境监测、环境监理、企业环境行动、环境信息公开等环境监管行动指南。尽快建立荒漠区煤炭露天开采生态补偿机制，涵盖环境污染、生态破坏及资源浪费，地质环境破坏等方面的生态环境补偿内容，有利于煤炭开采环境保护监管的开展。

（3）建立荒漠区露天煤矿生态环境监测评价系统平台，开展环境绩效评估

建立基于空、天、地一体的荒漠区露天煤矿区大尺度生态环境监测评价系统平台，全面及时掌握煤炭开采生态环境质量现状及动态变化情况，为开展矿区环境监管提供最真实有效的生态环境数据。开展环境绩效评估，定量评价荒漠区露天煤矿开采过程中企业与环境管理部门实施环境管理的成效，规范和改进露天煤矿开采管理部门的环境管理工作和操作状况，有效推动矿区环境管理绩效水平的改善和提升，引导荒漠区露天煤矿开采环境政策的良性发展，实现矿区可持续发展的战略目标。

（4）加大荒漠区露天矿开采环保科技开发力度，积极开展荒漠区露天煤矿开采环境治理及生态恢复技术研究

建议加大干旱荒漠区煤炭矿区环境治理、土地复垦和生态重建技术的研究，以及煤炭绿色开采技术和绿色加工技术研究开发力度，为荒漠区环境保护与治理提供技术支撑，不断持续改进生态保护与污染控制措施。

6 专家点评

该项目通过对我国典型干旱荒漠区露天煤矿环境特征和煤矿开采主要环境问题及监测关键因素的研究，构建了荒漠区露天煤矿开采的受损生态价值评估体系、环境监管指标体系、区域环境监测指标体系，开发了荒漠区露天煤矿开发生态损失评估系统平台、环境绩效评估技术方法及模型；编写了《荒漠区露天煤矿开采环境监测评估技术指南》《荒漠区露天煤矿开采环境监管行动指南》等4项技术文件建议稿。部分研究成果已在五彩湾矿区生态环境监管工作中得到应用，依托项目成果编写了《新疆煤炭资源开发利用过程的环境监管对策与建议》和《关于加强我区荒漠露天煤矿开采的环境保护建议》，上报了新疆维吾尔自治区政协，为我国荒漠区露天煤矿生态环境管理提供了技术支持。

项目承担单位：新疆环境保护科学研究院、中国环境科学研究院、中国科学院新疆生态与地理研究所

项目负责人：阴俊齐

东北地区土地利用变化对沼泽湿地影响及其生态功能维护技术研究

1 研究背景

湿地是水陆相互作用形成的特殊自然综合体，与森林、海洋一起并列为全球三大生态系统，在蓄洪防旱、调节气候、涵养水源、净化水体、控制土壤侵蚀等方面具有极其重要的作用，拥有巨大的环境调节功能。沼泽是湿地的组成部分，是过湿或浅积水环境下发育的水域土壤及生物群所构成的地理综合体。我国东北地区沼泽类型多样，发育典型，约占全国沼泽面积的1/4。该类沼泽在涵养水源、调节气候、调蓄洪水、保护生物多样性、改善区域生态环境方面发挥着重要作用。但近十几年来，由于人类土地利用方式不当，导致东北地区天然沼泽湿地资源遭到严重破坏，生态环境问题也日益突出。截至2007年，东北地区沼泽总面积约为18 830.828 km^2，与1975年相比，约减少56.8 %。土地利用方式的改变会对沼泽湿地生态过程和生态服务功能产生深远影响，可能减少湿地生物多样性、增加温室气体排放、改变湿地水文迁移规律，甚至会对区域乃至全球气候产生深刻影响，加快气候变化的速度，成为区域生态环境恶化的重要驱动因素。2009年，国务院批复了吉林省和黑龙江省增产商品粮的规划，这将加快东北地区土地利用格局的改变，也将会影响东北地区沼泽湿地的数量以及湿地生态系统服务功能。

因此，研究该地区的土地利用格局变化及其对湿地的影响，确定湿地生态服务功能维持技术体系，恢复退化沼泽湿地成为该地区湿地保护与管理迫在眉睫的重要任务。

2 研究内容

1）开展东北地区典型流域土地利用格局动态变化及其驱动力分析，分析流域土地利用变化的生态水文效应；

2）分析土地利用变化对湿地结构、生态退化过程及生物多样性的影响；

3）分析土地利用变化对湿地群落植物功能多样性及土壤碳汇功能的影响；

4）研究沼泽湿地的生态需水量，提出基于关键保护物种生境恢复的生态补水技术方案；

5）开展土地利用对沼泽湿地服务功能影响研究，建立湿地服务功能维持技术体系；

6）针对土地利用导致的退化沼泽湿地生态系统，建立两种类型退化沼泽湿地恢复示范区各 1 处，构建退化沼泽湿地恢复技术体系；

7）提出湿地自然保护区管理政策生态效应评价指标体系，针对典型保护区开展管理政策生态效应评价。

3　研究成果

（1）洮儿河流域土地利用变化及其驱动因素分析

按照土地利用优化方案优化后，流域任意位置到保护区的生态流服务功能阻力减小、连通性增加。因此，进行流域土地利用优化能有效提高流域与湿地保护区的连通性，减小水生态流的阻碍，提高沼泽湿地的保护与恢复效果。

（2）洮儿河流域土地利用类型变化的水文效应

洮儿河流域径流量的突变点发生在 1995 年，此后洮儿河流域下垫面因素对径流量的影响逐渐增大，1996—2000 年径流量的减少主要是由降雨量减少造成的，而 2000 年以后，除水利工程建设的影响因素外，土地利用变化因素是导致洮儿河流域径流量减少的主要因素，而降雨量减少退居其次。

（3）后河流域土地利用变化及其驱动力分析

后河流域由于管理逐步科学化、规范化，1980—2011 年，流域的整体破碎化和空间异质性程度明显降低，人类活动对景观格局的影响趋于向有目的、有规划的方向发展，且总体上变化不大。流域内变化剧烈的土地类型分别为水田、旱田和居民地。湿地和水体虽受到一定程度的人类活动的影响，但基本上仍属于自然状态。

（4）后河流域土地格局变化的生态水文效应

当土地利用由湿地向农田（水稻田）转变后，土壤的各种水力属性及涵养水源的功能均发生了恶化的趋势，导致湿地的水资源安全受到威胁。湿地旱化后，湿地地表微地形及土壤结构影响水分在地表滞留，地表水与地下水之间的交换明显改变，导致系统地表、地下蓄水能力明显下降。在强降雨期，水田比湿地更容易产生大量的地表流向外迅速排水，导致系统对入流水量在时间和空间上的分配能力变差，系统对汇入水量的调节功能降低。

（5）土地利用方式对湿地群落植物多样性的影响

当土地利用方式改变沼泽植被的生境后，虽然在某阶段局域物种多样性不降反增，但从大区域尺度上看，会导致区域多样性因沼泽特有物种的消失而降低。

（6）土地利用方式对湿地群落碳汇功能的影响

退化泥炭沼泽因碳输入量与正常沼泽相似，其碳汇能力更多依赖于枯落物分解等碳输出过程。本研究中受干扰较大的芦苇—薹草和薹草—沼泽蕨群落的碳释放能力比薹草群落有了大幅提高，这将削弱该系统的固碳能力。维持薹草群落原有特征或引导其向高位沼泽演替，将会使系统保持较强的碳固存能力。

（7）土地利用格局变化对沼泽湿地服务功能的影响

洮儿河流域湿地生态系统的单位水源涵养量较少，在该流域水源涵养服务功能仍然脆弱。后河流域不同发展情景的预测表明，到2043年各发展情景下的产水量在整体上是比较稳定的，这主要得益于保护区内森林是产水量的主要贡献者，各预测情景下的森林面积都相对稳定，产水量没有受到大的影响。

（8）基于关键保护物种的湿地生态需水量

为了维持沼泽湿地关键保护物种白鹤正常生活生境的最佳需水量，通过模拟计算出每年停歇区适宜白鹤停歇水位所需总水量约为 $1.65\times10^7 m^3$，能够保持白鹤适宜水位，维持东部种群的发展，为白鹤提供适宜湿地停歇环境的水资源保证。

（9）退化沼泽湿地生态恢复研究

于莫莫格自然保护区在保护区中部鹅头泡处建成总面积3 870 hm^2 的白鹤退化生境生态修复示范区1处，提出的生态补水技术方案为生境恢复提供了重要技术支持。示范区恢复后，迁徙期白鹤种群数量增加明显。在吉林龙湾自然保护区开展退耕还湿示范工程，示范区总面积约为4 000 m^2，人工移植薹草和引水恢复两种方式可利于原始泥炭地植被的恢复。

（10）东北地区湿地自然保护区管理政策效应评价及保护方案

以莫莫格湿地保护区为例，就自然保护区管理效应开展了定性与定量评估。在相关法规政策颁布后，莫莫格自然保护区主要的管理工作包括水资源的保障及有效利用、加强对周边环境的整治、珍稀物种保护等。提出了管理政策生态效应评估的指标体系及其关键生态学指标，并从区域生态安全的角度提出了湿地保护管理建议方案。

4 成果应用

1）依托于项目研究成果，编制了《沼泽湿地碳汇功能保持技术方案》《长白山泥炭沼泽湿地植物群落建群种的恢复与维护技术规程》《基于关键物种白鹤及其生境保护与恢复的生态补水技术规程》和《东北地区典型沼泽湿地服务功能评价指标体系》等技术方案与规程，为我国湿地保护及恢复提供理论支撑。

2）研发一套能够用于森林沼泽湿地监测的技术方法。弥补遥感影像中森林沼泽湿地划分困难的问题，为土地类型划分提供技术支撑。

3）依据《自然保护区地理信息系统和生物多样性数据库建设技术规范》的要求，为吉林省龙湾国家级自然保护区构建了GIS空间数据库和属性数据库，实现了自然保护区数据库资源共享，为地方环境管理提供了技术支撑。

4）提出的吉林省湿地保护与管理问题建议方案得到了省政府的高度重视，省长及主管副省长批示按建议方案执行，为吉林省的湿地保护与管理工作提供了重要支持。

5 管理建议

（1）管理目标的确定应体现社会的选择，管理政策应以流域尺度为视野

湿地保护区管理的实践证明，管理目标的选择对保护区周围经济社会的影响极大。现在的许多保护区保护目标的确定要么是围绕保护某一珍稀物种，要么是围绕某类资源（生态资源、地质资源、景观资源等），而决定的主体是各级政府，所确定的保护目标与社区民众的利益耦合度不高。而且，许多管理政策对“管”和“罚”规定的详细明确，但对于“融”和“输”研究不够。因此需汲取世界各国的经验，保护区管理政策的完善要尽量体现“管理目标是社会的选择”的原则，在管理政策、发展规划中充分考虑各有关利益方需求的平衡，以消除不必要甚至有意的人为干扰对自然保护区的各种压力，并实现由利益相争的离心力转变为合作共赢的保护合力。

生态系统的保护只有在适当的空间尺度范围内才能得到成功。就湿地而言，流域尺度上考虑管理政策的制定应是最适宜的景观单元。许多管理条例都包含了“勘界确权”的内容，这在管理上是必要的，但湿地保护更需要从流域尺度上规划，在该尺度上考虑保护区管理政策的完善，既能反映出保护区的“汇”的功能，又能体现其各类生态系统“源”的作用，统筹考虑流域内土地利用格局、水资源配置、相关生物学过程的生态连通性变化及其相互作用的关系，可使保护区的发展更具有可持续性。就目前的管理政策和管理体制而言，流域尺度视野的缺乏降低了管理政策的效益，同时也降低了应急管理的能力。

（2）重视和全面认识土地利用格局变化的生态效应

区域土地利用格局变化对区域生态环境的影响是多方面的。根据1985—2010年对吉林西部人工湿地总面积增加趋势明显区域的对比分析，自然湿地丧失较大的区域主要集中分布在嫩江、第二松花江沿岸，以及查干湖、月亮泡等湖泊附近，水田面积增加的区域主要位于“引嫩入白”工程、哈达山水利枢纽工程、大安灌区工程三大水利工程惠及区。这些区域内局地气候变化与林地、草地和湿地变化的关系较密切，三者相比，湿地变化在调节区域气候中发挥着更主要的作用；湿地面积和格局变化对区域内气候产生的影响，主要体现在最高气温和降水量的变化上，最高气温倾向率与湿地变化率呈负相关关系，降水量倾向率与湿地变化率呈正相关关系；研究区最高气温倾向率和降水量倾向率与湿地空间格局均呈现较好的空间对应关系，区域内人工湿地增长明显的中东部，最高气温上升幅度较小，降水量减少幅度也较小，而湿地面积丧失较多的西部和中南部，最高气温上升幅度较大，降水量减少幅度也较大。在对1985—2010年洮儿河流域径流量动态变化的分析中发现，除水利工程的影响外，流域径流量与各类土地利用方式的相关关系中，沼泽湿地变化与流域径流量变化关系最为密切；洮儿河流域年均径流量呈持续减少趋势，就其人为原因而言，土地利用格局变化引起的流域沿岸沼泽湿地面积的减少是不容忽视的，成为2000年后导致洮儿河流域径流量减少的主要原因之一。

具体到某一保护区而言，管理政策需要决策者从全球变化考虑问题，但必须明晰局部行动的科学依据，在适当层次上维持或加强保护区的生态特性和功能。因此，科学认识和利用土地变化对局地生态环境的利弊，是正确评价湿地管理效应的重要内容。

（3）实施基于物种和生物多样性保护的水资源调控

除大、小兴安岭和长白山区源头外，平原沼泽湿地的生态安全取决于流域水资源及其配置。随着这些区域积极推进的“河湖连通”工程的实施，湿地保护的关键保障能力得到加强，但如何提高水资源的利用效益则显得十分重要。就湿地而言，目标物种的保护和生物多样性维持是其重要功能，而目标物种的生命周期中，食物供给和生殖生境始终是两个主要环节。因此，并非是水越多效益越好。例如，对于东北地区而言，主要应将保障充足食物的水面深度作为水资源调控的主要依据。适宜的水深成为提高水资源利用率和生态效率的重要因素。

（4）规范并加强保护区生态监测的内容和力度

目前保护区的管理中，较为普遍的问题之一是生态监测环节都普遍比较薄弱。客观原因是人才的匮乏，但在某种程度上也是对科研重视不够的体现。长时间、连续而稳定的生态监测资料是评价保护区管理效应的重要依据，也是生态环境质量变化趋势的真实反映。因此，强化并细化生态监测成果在管理效应评价中的权重应予以重视。

（5）生态补偿制度的有效实施

无论是流域尺度还是区域尺度，自然保护区内都存在多种利益相关方，各方之间的利益关系的平衡对于保护区管理效应具有举足轻重的作用，而生态补偿制度恰是解决这一难题的重要路径，清晰明确、合理合法、各方遵守、有序运行的生态补偿制度就是保护区保护目标社会选择的一种体现。因此，评价管理效应就应该细化这类指标的内容。

6　专家点评

该项目通过对东北典型沼泽湿地的研究，分析了土地利用变化对湿地结构、生态要素、碳汇、水源涵养功能等方面的影响，确定了土地利用变化与生态功能的耦合关系，初步建立了生态服务功能评价指标体系和模型，形成了退化湿地恢复、功能维持和关键物种保护的技术方法，并开展了修复示范。依托项目研究成果，编制了与沼泽湿地保护和生态功能维护有关的技术方案、技术规程、指标体系和监测方法，研究成果可为我国东北地区湿地保护和区域生态安全保障提供科技支持。

项目承担单位：东北师范大学

项目负责人：盛连喜

震灾后受损生态环境跟踪监测、预警技术与规范研究

1　研究背景

我国是自然灾害多发国家。重大自然灾害不仅带来生命财产损失，也给生态环境产生巨大破坏。自然灾害发生后，无论是国家还是地方各级政府都投入巨资开展灾后恢复重建工作，开展灾后自然、经济、社会环境跟踪调查对于进一步制定灾后中长期发展规划具有重要意义。随着防灾减灾意识不断提高，灾后的恢复重建工作已经从关注经济社会变化向关注经济社会和生态环境一体化变化转变。“5·12”汶川地震是我国影响范围最广、受损程度最严重的自然灾害之一，生态环境在地震破坏与干扰后的调整与恢复状况是决策者和研究者迫切需要掌握的重要信息。开展地震灾后生态恢复跟踪监测、效应评估研究，一方面可以总结生态修复专项规划实施效果，提出存在问题，筛选修复技术；另一方面可以为中长期生态恢复规划以及监测预警提供参考依据，也为灾后生态环境跟踪监测与评估提供可借鉴的规范化操作程序，具有极其重要的现实意义和科学价值。本研究拟通过研究汶川地震灾后生态恢复状况，建立灾后生态环境跟踪监测与评估技术体系，形成规范性技术文件，为环境管理服务。

2　研究内容

1）收集、调研国内外灾后生态监测与评估指标、技术方法以及存在的主要问题，建立汶川地震灾后受损生态环境跟踪监测与评估技术体系。

2）基于受损生态环境跟踪监测网络布点优化，编制地面监测实施方案，开展植被样方调查、土壤分析化验、遥感参数测量。

3）开展受损生态系统结构恢复研究，包括：基于震前、震后、恢复期三期遥感数据，开展受损生态系统类型、植被覆盖度动态监测；基于植被样方调查数据，开展受损体生态系统演替研究，分析判断受损体未来演化趋势；基于土壤监测数据，开展受损体与未受损体对比研究，分析受损体土壤成分变化以及对生态恢复的影响。

4）开展受损生态系统功能恢复研究，对比震前、震后和恢复期生态功能的变化。基于生境适宜性评价开展生物多样性维持功能恢复研究；基于土壤侵蚀方程开展水土保

持功能恢复研究；基于林冠截流法开展水源涵养功能恢复研究。

5）开发地震灾区生态环境跟踪监测、评估集成系统，构建3个子系统，即生态环境数据及成果管理子系统、受损生态环境识别与动态监测子系统、生态环境恢复效应评估子系统。

6）形成《震后受损生态环境跟踪监测、评估技术规范》，规定地震灾后受损生态系统跟踪监测、评估的一般性原则、工作程序、内容、方法和要求。

3 研究成果

（1）建立了汶川地震灾后生态环境跟踪监测与评估技术体系

从生态系统结构和功能的变化两个方面建立了跟踪监测指标体系，系统结构包括系统类型、系统植被组成、系统土壤成分三个方面，系统功能包括生物多样性维持、土壤保持、水源涵养三个方面（表1）。同时明确了3个参考标准：震前参照系、未受损参照系、演替规律参照系确定了个指标的监测方法以及相关的监测要求。

表1 汶川地震灾区生态恢复跟踪监测与评估指标体系

<table>
<tr><th>评估内容</th><th>评估</th><th>参考标准</th><th>监测指标</th></tr>
<tr><td rowspan="7">生态系统结构恢复</td><td rowspan="2">总体恢复评价</td><td rowspan="2">基于震前状态</td><td>生态系统类型及面积</td></tr>
<tr><td>植被覆盖度</td></tr>
<tr><td rowspan="3">植被恢复评价</td><td rowspan="3">基于未受损状态 / 演替规律</td><td>物种类型</td></tr>
<tr><td>物种生活型</td></tr>
<tr><td>物种多样性</td></tr>
<tr><td rowspan="2">土壤恢复评价</td><td rowspan="2">基于未受损状态</td><td>土壤含水量</td></tr>
<tr><td>土壤营养物质</td></tr>
<tr><td rowspan="9">生态系统功能恢复</td><td rowspan="3">生物多样性维持功能恢复评价</td><td rowspan="3">基于震前状态</td><td>总体适宜生境面积</td></tr>
<tr><td>总体适宜生境连通性指数</td></tr>
<tr><td>受损体适宜生境面积</td></tr>
<tr><td rowspan="4">水土保持功能恢复评价</td><td rowspan="4">基于震前状态</td><td>总体土壤侵蚀模数</td></tr>
<tr><td>总体水土流失面积</td></tr>
<tr><td>受损体土壤侵蚀模数</td></tr>
<tr><td>受损体水土流失面积</td></tr>
<tr><td rowspan="2">水源涵养功能评价</td><td rowspan="2">基于震前状态</td><td>总体林冠截流量</td></tr>
<tr><td>受损体林冠截流量</td></tr>
</table>

（2）掌握了汶川地震灾后生态系统结构恢复的状况

利用2006年、2008年、2011年3期共24景LandsatTM和OLI影像，采用决策树分类法分析了地震前后生态系统类型变化。研究表明地震使极重灾区破坏的总面积达到738.8 km^2，其中森林498.4 km^2，草地168.5 km^2，农田66.9 km^2。到2011年，灾区生态环境状况好转，受破坏生态系统向草地的转化率较大；草地超过震前面积，森林、农田有所增加，但未达到震前水平。地震产生的破坏区仍有 386.8 km^2 为裸地。

以 2003—2013 年 MOD13Q1 数据，每年数据 8 期，共 90 景影像，采用最大合成法和均值法评估了灾区植被覆盖度总体变化。研究表明地震导致区域内 NDVI 降低，平均 NDVI 由震前的 0.753 3 降低为 0.705 9，2011—2013 年，地震影响显著区域的植被得到部分恢复，但是没有完全恢复；区域内总体 NDVI 由地震之后的 0.705 9 增加为 0.744 6。海拔 1 000 m 以上区域的植被恢复效果随着海拔的上升而下降，坡度在 10° 以上区域的植被恢复效果随着坡度的上升而下降。

采用实地踏勘、样方调查等方法详细分析了震后地质灾害区植被恢复的演替特征。研究表明受损基质大部分已恢复成草本或灌丛群落，先锋植物通常是菊科、禾本科、蔷薇科的植物，有些在原有的基础上恢复为疏林群落。同一受损体震后 3 ～ 5 年草本生活型百分比呈不同程度下降趋势，α 多样性指数呈现上升或稳定。总体而言，灾区属于气候湿润、温和，降水丰沛地带（干旱河谷除外），比较适宜于植物的生长与繁衍，一旦具有可供植物固着、萌发的土壤基质，很易于先锋植物侵入、生长，自然迅速恢复为一定类型的植被。

采用取样测试、受损与未受损对比等方法，分析了震后地质灾害区土壤水分及营养物质变化。研究表明从 2011—2013 年，地处龙门山南坡的彭州、什邡、都江堰、绵竹、安县、北川受损体土壤营养物质均有所恢复，而地处干旱河谷地带的汶川、茂县滑坡地带，土壤营养物质没有恢复，甚至土壤肥力有所下降，这不利于植被的有效恢复，从而使干旱河谷受损区陷入恶性循环，因此应加强干旱河谷地带生态恢复的人工干预。

（3）掌握了汶川地震灾后生态功能恢复状况

采用生境适宜法分析了灾区生物多样性维持功能的恢复状况；采用通用土壤侵蚀模型分析了灾区水土保持功能变化；采用林冠截流法分析了灾区水源涵养功能变化。研究结果表明，地震对三个生态功能都有影响，震后水土保持功能恢复较好，生物多样性维持功能次之，水源涵养功能恢复较差。汶川地震前中度及以上侵蚀面积总和为 12 785.98 km^2，地震后较震前增加了 632.0 km^2，到 2013 年又较震后减少了 616.2 km^2，但仍大于震前面积。汶川地震前中度以上生境适宜性面积总和为 19 915.78 km^2，震后较震前减少了 196.99 km^2，2013 年较震后增加了 88.58 km^2，但仍小于震前面积。地震前平均水源涵养能力为 83 694.89 t/hm^2，震后水源涵养能力下降为 80 465.38 t/hm^2。2013 年，水源涵养能力平均为 81 687.20 t/hm^2，较震后有所提高，但仍低于震前水平。

（4）掌握了汶川地震灾后整体和地质灾害区生态恢复效率

从整体上讲，灾后植被覆盖度能快速增加控制土壤侵蚀，但水源涵养功能和生物多样性维持功能的恢复速度和效果不容乐观，特别是水源涵养功能，按中度以上涵养区面积计算恢复率仅为14.24%。水源涵养功能的降低可以增加洪水发生概率，使得灾区在暴雨过程中更容易发生泥石流。以最低生态功能恢复效率为判定条件，汶川地震灾区整体生态恢复效率为14.24%。地质灾害区生态恢复效率0.14%，要特别关注和监测暴雨对地质灾害区的影响，防止发生更大程度次生灾害。

（5）编制了《震后受损生态环境跟踪监测、评估技术规范》（建议稿）

该规范规定了地震灾后受损生态系统跟踪监测、评估的一般性原则、工作程序、内容、方法和要求。具体包括以下内容：①适用范围；②规范性引用文件；③术语和定义，涉及地震灾后跟踪监测评估一系列用语；④总则，涉及评估的目标、原则、分类、技术路线；⑤遥感监测，涉及遥感监测指标、空间尺度、数据预处理、受损生态环境识别、植被监测方法等；⑥地面监测，涉及监测指标、频次、采样布点和操作流程；⑦生态系统功能评估，涉及不用功能的评价方法；⑧环境质量评价，涉及不用环境要素监测方法；⑨生态恢复评估，涉及生态系统结构、功能和差异性评估的主要内容；⑩结论和建议；⑪ 附件。

（6）开发了地震灾区生态环境监测、评估集成系统

系统主要分为3个子系统，即生态环境数据及成果管理子系统、受损生态环境识别与动态监测子系统、生态环境恢复效应评估子系统。地震灾区生态环境数据及成果管理子系统主要实现地震灾区生态环境数据及成果数据的管理及数据的导入导出。地震灾区生态环境识别与动态监测子系统主要功能包括：遥感定量反演、崩塌滑坡泥石流识别和生态系统动态变化监测。地震灾区生态环境恢复效应评估子系统主要功能包括：受损生态环境整体土壤侵蚀模数的评估、土壤侵蚀模数计算、基于遥感的生态恢复评估、基于样方调查数据的植被恢复评估、不同期遥感评估结果对比分析。

4 成果应用

1）科技专报：《汶川地震极重灾区生态恢复情况及对策建议》（张高丽批示）。2014年5月汶川地震6周年之际，向环境保护部提交了《汶川地震极重灾区生态恢复情况及对策建议》的报告，从地震灾后受损情况、极重灾区恢复情况、促进灾区中长期全面恢复对策建议三个方面进行了详细说明。环境保护部以专报形式上报至中办和国办，获得了张高丽副总理的批示，引起了发改委、国土资源部等部门的重视。

2）参与编制《环境灾害生态环境影响评价技术导则》。本研究全面总结了地震灾后生态影响评价方法、灾后生态恢复评价流程和技术，相关成果已经被应用于编制《环境灾害生态环境影响评价技术导则》。该导则规定了人为或自然灾害等原因所造成的重大环境灾害及相关应急处置活动所产生的生态环境影响的评估技术。

3）应用于多个灾害生态影响评估项目。课题组成员结合自身的专业特长和灾害特征，

应用本项目的技术流程和方法，开展了多个自然灾害生态影响评价工作，如四川省环科院开展了芦山地震生态影响评估，汶川地震灾区典型区生态功能恢复效应评估，后者获得了四川省环保厅科技进步二等奖，北京师范大学开展了鲁甸地震和玉树地震生态影响对比评估，为指导灾后生态恢复工作提供了建议。

5　管理建议

1）坚持自然修复为主、人工修复为辅的方针。地震灾区总体上气候温和适宜，原有生物多样性丰富，生态恢复力强，受损体也逐渐进入多样性持续上升、覆盖度和群落结构变化减缓的相对稳定时期；同时，乔木、灌木类型植物也逐渐增加其在多样性和生物量中的比例。因此在远离人居环境、远离交通干线的区域应坚持自然修复的方式，在重点地段加强人工干预。

2）加强干旱河谷区的人工干预。研究表明干旱河谷区土壤植被的恢复状况较其他区域差，加之干旱河谷区域本身的气候特点，使其自然恢复力更低。因此干旱河谷区单纯依靠自然的力量难以恢复，必须加强人工干预，采用科学的手段促进恢复。

3）加强重点地段的生态修复。都江堰市龙池镇、汶川县草坡乡、北川县唐家河、绵竹市清平乡、什邡市红白镇、映秀镇至卧龙镇公路沿线、茂县至北川县公路沿线等地质灾害频发，生态恢复缓慢，威胁人民生命财产安全。针对这些局部恶化区域，重点开展生态建设与管理，预防和减少地质灾害。

4）加强极重灾区中长期生态恢复监测、生态修复专项规划后评估及生态风险预警。加强极重灾区生态系统遥感监测及地面调查，评估灾区生态环境状况与规划目标完成情况，筛选灾区适用的植被恢复模式及技术，综合论证规划实施后所取得的环境、社会和经济效益。开展流域生态风险评估，为灾区地质灾害预警提供支撑。

5）编制极重灾区中长期生态修复专项规划，指导灾区生态系统有序有效恢复。现阶段，《汶川地震灾后恢复重建生态修复专项规划》已实施完毕，震后 3 ～ 5 年的生态修复任务基本完成。但受损生态系统从数量到质量、从结构到功能的恢复仍需较长时间，部分地区甚至达数十年。为科学指导灾区后续生态修复工作，建议编制灾区中长期生态修复专项规划，部署灾区中长期生态修复重点任务。

6　专家点评

该项目在系统分析国内外地震灾后生态监测和恢复技术的基础上，通过对汶川地震重灾区震前、震后和恢复期 3 个阶段遥感和地面监测数据的分析，构建了汶川地震灾区生态系统跟踪监测与评估技术体系，开展了汶川地震灾区跟踪监测网络布点优化，监测和评估了汶川地震灾区生态系统的恢复效应，建立了地震灾区生态环境监测、评估集成系统；编制了《地震灾区受损生态环境跟踪监测与恢复效应评估技术报告》等2项技术文件，起草了《地震灾后受损生态环境跟踪监测、评估技术规范》（建议稿）。研究成果已被北京师范大学减灾与应急管理研究院在芦山、玉树、鲁甸地震灾区生态影响评估中得到应用，凝练形成的《汶川地震极重灾区生态恢复情况及对策建议》被党中央和国务院办公厅采用，为国家宏观管理提供决策参考。该项目提出的生态恢复评价技术流程与方法，对提高我国灾后生态环境跟踪监测与评估科学化、业务化水平具有重要的参考和支撑作用。

项目承担单位：中国环境科学研究院、环境保护部卫星环境应用中心、四川省环境保护科学研究院、兰州大学

项 目 负 责 人：高振记

宁夏黄灌区农业面源污染阻控技术研究与示范研究

1　研究背景

2010年发布的《第一次全国污染源普查公报》结果显示，我国农业面源（不包括典型地区农村生活源）污染物排放量已经超过了工业污染物排放量，其中总氮和总磷排放量分别为270.5万t和28.5万t，分别占各自排放总量的57.2%和67.4%。我国种植业每年总氮流失159.8万t、总磷流失10.87万t，农业面源污染已经成为影响生态环境安全的主要污染源。黄河是中华民族的母亲河，宁夏引黄灌区是位于西北内陆的大型自流灌区，自古以来就是重要的粮食基地。灌区引水主要用于农业灌溉，农业用水占到全部引水量的95%，排水引水比例在54%左右，通过排水沟和渗漏退回到黄河中的退水量约为40亿m^3，退水中携带的营养元素对黄河水质带来了巨大的风险。近年来，由于社会经济的快速发展，农业生产水平的日益提高，化肥污染、规模化养殖粪便及农村生活垃圾等造成的农村面源污染物正在变成影响黄河水质污染的重要原因，不合理灌溉不仅造成水资源的浪费，而且使肥料流失严重。因此，控制黄河宁夏段污染对保障黄河水质安全与整个黄河流域社会经济的可持续发展，具有现实迫切性与长远性的战略意义。

2　研究内容

针对宁夏引黄灌区化肥施用量高、施用方法不合理、养殖和农业废弃物无序排放，已经对环境和黄河水质构成严重威胁的实际，按照源头减量的研究思路，开展以下研究：

1）研究水稻、小麦套玉米和设施菜田氮肥减量化，磷肥控量化及水肥耦合，氮肥后移优质高产施肥技术；

2）研究环保型控/缓释肥料施用技术；

3）研究适合宁夏灌区实际的规模化养殖粪便综合利用技术，大力发展农业和养殖清洁化生产技术；

4）灌区农田清洁化生产技术集成与综合示范。

3 研究成果

项目研究以源头控制为重点，开展技术攻关，削减农业面源污染中的氮、磷、COD污染负荷对灌区生态环境的影响，取得了预期的削减效果。同时探索灌区主要作物农田氮磷合理减量与清洁生产关键技术，开展规模化养殖产生的畜禽粪便资源化循环利用技术，建立农业面源污染综合防控示范区，形成比较完善的黄河上游灌溉农业区农业面源生态防治综合技术。项目相关关键技术和成果主要体现在以下几个方面。

（1）提出农田减氮控磷清洁化生产集成技术体系

针对宁夏引黄灌区水稻、小麦套种玉米、设施蔬菜种植中大量施用氮肥，造成肥料利用率降低，氮素损失是农田退水污染的主要因素，总结提出农田减氮控磷清洁化生产集成技术体系4套，分别是缓释肥研制及侧条施肥技术、水稻控释肥育秧箱全量施肥技术、水稻冬小麦氮肥后移施用技术和设施蔬菜节水减氮和生态种植技术。

1）缓释肥研制及侧条施肥技术

水稻侧条施肥技术是将肥料一次集中施于秧苗一侧5～8 cm深处的施肥方法，这种施肥方法的优点是可将肥料呈条状集中而不分散，形成一个贮肥库逐渐释放供给水稻生育的需求，从而减少了肥料养分的固定和流失，使得水稻根际形成一个良好的供肥库，适应水稻自身代谢的需要，提高了肥料利用率。与农民常规施肥比较，采用缓释肥侧条施肥技术高肥处理，水稻氮素投入降低约40%，水稻子粒产量增加了248 kg/hm^2，氮肥回收率提高了26.6%，TN流失量减少了8.57 kg/hm^2，相应的退水污染负荷降低了26.3%。水稻缓释肥侧条施肥技术能较大幅度降低氮素施用量，因较显著地提高了氮肥利用率，不但节省了肥料资源，还有效地减少氮素养分其他途径的损失。

2）水稻控释肥育秧箱全量施肥技术

水稻育秧箱全量技术，将控释氮肥在水稻育秧时一次集中施于水稻种子附近，插秧时肥料附着在水稻根系上带进水田，这种施肥方法的优点是可将肥料集中在水稻根系附近，使水稻根际形成一个良好的供肥库，贮肥库逐渐释放供给水稻生育的需求，从而减少了肥料养分的固定和流失，适应水稻自身代谢的需要，提高了肥料利用率。与农民常规施肥处理比较，采用育秧箱全量施肥技术，N-90处理在氮素投入降低70%的基础上，水稻子粒产量下降了352 kg/hm^2，但方差分析结果差异不显著，可见N-90处理并没有导致水稻减产。氮肥利用率平均达到了53.9%，比对照处理提高了20.7%。N-90处理TN流失量比常规处理减少了15.22 kg/hm^2，相应的退水污染负荷降低了47.3%。采用控释肥育秧箱全量施肥技术，氮素施用量降低了70%，显著地提高了氮肥利用率，有效地减少氮素养分其他途径的损失。作为一种环境友好和资源节约型的施肥技术，在灌区有着较好的推广前景。

3）水稻、冬小麦氮肥后移施用技术

研究在优化施肥条件下采取氮肥后移技术，与农民常规施肥技术比较，氮素投入降低 20%，施肥量减少 60 kg/hm^2。在水稻作物上，氮素平均分为 3 次做基肥，后两次分别在分蘖期和孕穗期做追肥施入为合理的氮肥运筹模式。两年产量结果平均，N240/3 处理水稻子粒产量比 FP 处理增加了 397 kg/hm^2。N240/3 的平均氮肥利用率为 40.0%，比 FP 处理提高了 8%。2011 年，N300 处理、N240/3 处理的氮素净流失量分别为 30.91 kg/hm^2、16.18 kg/hm^2，2012 年各处理的净流失量分别为 30.61 kg/hm^2、16.16 kg/hm^2，两年平均淋洗量分别占氮素投入的比例为 10.3%、6.74%， N240/3 处理的 TN 淋洗量比 FP 处理减少了 14.64 kg/hm^2，降低幅度为 47.5%。在小麦作物上，研究结果表明：与农民常规施肥模式比较，N240/3 处理小麦子粒产量增加了 278 kg/hm^2，氮肥利用率提高了 8.2 个百分点。

4）设施蔬菜节水减氮和生态种植技术

研究了不同填闲作物种植及其绿肥还田对日光温室土壤养分的影响，探索了新建日光温室土壤耕层恢复利用的途径。禾本科以苏丹草生物量和吸氮量最高，而豆科植物以黄豆的生物量和吸氮量最高。两种作物收获后可以携带走的土壤氮量分别为 7.19kg/ 亩和 19.77 kg/ 亩。引黄灌区所有温室在夏季休闲期，均可以进行填闲作物的种植，既能获得已经的经济效益，又能减少夏季休闲降雨造成的氮素径流损失，吸附多余的土壤表层中的氮素，降低淋洗损失的风险。

（2）提出规模化养殖废弃物安全利用集成技术体系

为避免沼气工程附属产品沼渣、沼液二次对农田退水和农村环境的二次污染，将沼渣、沼液进行科学调配，研制开发以沼渣、沼液为主不同作物配方肥 7 个，开展田间试验，提出规模化养殖废弃物处理安全利用技术体系，它包括以沼渣为主的水稻配方肥施用技术、以沼渣为主的西瓜配方肥施用技术，形成成熟的配方肥产品 2 个。研究结果表明，水稻从经济效益和环境效益综合评价水稻沼渣配方肥 2 表现最好，亩增产率 4.52%，亩节本增效在 103 元；以亩施 50 kg 比较合适。施用沼渣复合肥有防止氮素快速下移的作用，其效果最少可持续 50 天以上。施用沼渣复合肥，可以防止氮素的大量流失，减少农业面源氮素对水体环境的污染。

（3）建立示范区进行技术集成且示范效果明显

大力示范推广与农业面源污染控制技术相关的实用技术，凝练提升“农田减氮控磷”和“养殖固体废弃物安全利用集成技术”两大集成技术，使两项集成技术在示范区全面展开。按照试验—熟化关键技术—示范工作思路，农田减氮控磷、养殖废弃物农田安全利用两大关键集成技术在示范区全面展开，通过在示范区实行科研成果——行政政策—农户、科研成果——企业（肥料企业、合作社）—农户、科研成果——肥料经销商—农户等措施示范推广两大集成技术；与企业合作开发研制各种缓释肥、配方肥，生产以沼渣为主专用肥，为在示范区示范奠定基础；编制印刷各种实用技术小册子，在示范区举办不同类型培训班，使广大职工（农户）逐步认识和掌握两大集成技术。总示范面积达10.65 km^2，集成技术推广率达到100%。示范区西大沟进出口3年水质监测结果表明，2年主要污染物总氮、氨氮、总磷、COD均有不同程度削减，不同时间来看，夏秋季大于冬春季；农田退水中主要污染物的年削减率超过30%，其中总氮削减30.38%、氨氮削减40.86%，总磷削减48.42%， COD削减30.15%。通过两大集成技术示范推广，示范区农田退水水质明显得到改善，达到了主要污染物削减指标。

通过项目研究形成的成果支撑了灌区环境管理，促进了灌区生产方式转变。稻田侧条施肥技术规程已经列入宁夏青铜峡市、宁夏吴忠市、宁夏灵武农业综合开发办公室和宁夏青铜峡市正鑫源农业龙头企业2014年推广计划。颁布的水稻、小麦等技术规程直接应用于灌区农业面源污染和环境保护，还将对农业面源污染环境管理提供支撑。

4 成果应用

通过项目组后期的多方努力，集成技术成果推广工作目前已经得到自治区环保厅、科技厅、农业综合开发办公室的重视，各厅局领导也多次考察示范基地，对今后更大面积推广示范给予支持。①与各县农业综合开发办公室配合，将项目形成的成熟技术纳入“各县农业新技术推广示范项目”中，利用各县的技术力量，组织当地的“种粮大户”及“现代农业科技示范户”使用该项技术，在他们的带动下直接展示农田效果，验证结果并向周边辐射。②利用当地政府部门和农业技术推广体系，结合相关的农业项目多渠道、全方位地推广该项技术。③结合相关的国家以及地方环境保护专项资金项目、农业环境保护项目、国家小康行动计划、社会主义新农村建设等多渠道推广该项技术。

5 管理建议

1）结合宁夏引黄灌区农田退水污染特点和现状，加快作物清洁生产技术体系推广，加强基于新型缓/控释肥料的施肥技术的应用，推进农机和农艺技术的结合。

2）针对畜禽养殖废弃物安全处理和田间应用，除大力发展沼气工程，利用废弃物研发专用有机复合肥外，还应该开展以下工作：自治区政府和环保厅依据国家相关法律法规，制定《畜禽养殖污染防治办法》，规范畜禽养殖行为；建立畜禽养殖污染防治专项资金，专门用于畜禽养殖污染防治；将畜禽养殖污染防治工作纳入新农村建设中，提高畜禽养殖污染防治的重视程度；有计划、有组织、有目标地培训养殖户掌握畜禽养殖污染防治技术和管理规程，减少畜禽养殖污染的问题发生。

6 专家点评

该项目通过对宁夏引黄灌区农业面源污染综合控制技术的研究，提出了水稻、小麦等作物优质高产环保型施肥集成技术；研发了专用缓释肥配方并形成了缓释肥料施用技术；利用养殖废弃物沼气工程生产的沼渣研制了水稻、小麦和西瓜等作物的专用肥配方，并形成沼渣肥农田安全利用技术；研究成果在宁夏灵武示范区进行了应用。部分研究成果在地方标准编制工作中得到应用，并为《宁夏回族自治区农村环境保护规划》《宁夏回族自治区党委、人民政府关于加强农村环境保护工作的意见》等 4 项政策文件的编制提供了支持。对于宁夏引黄灌区农业面源污染防控，推进农业清洁化生产具有十分重要的意义。

项目承担单位：宁夏农林科学院、宁夏环境科学设计研究院、兰州大学
项 目 负 责 人 ：李友宏

无线传感器网络在转基因油菜生物安全监管中的应用研究

1 研究背景

现代生物技术在造福人类的同时，也可能给生态环境和生物多样性带来潜在风险。全球转基因作物种植面积和转基因农产品的国际贸易日益扩大，使得转基因作物的环境监测技术成为保障生态环境安全的关键技术之一。我国是转基因油菜的进口国，每年的进口量在百万吨以上。我国也是油菜生产大国，是油菜等十字花科植物的多样性起源中心，存在着许多可与转基因油菜交配的近源物种，基因扩散的可能性比其他植物大得多。转基因油菜的频繁进入我国以及国内转基因油菜的研发现状，亟须提高转基因油菜环境监测技术水平，加强环境安全监管能力。为落实《国家中长期科学和技术发展规划纲要（2006—2020年）》的具体要求，解决环境科技创新的重大战略需求，提高我国生物安全管理水平，本项目针对未列入“转基因生物新品种培育专项”的研究内容，选取转基因油菜、传统栽培油菜为研究对象，以实地调查和田间监测为基础，对进口转基因油菜和国内自主研发、具有商业化前景的转基因油菜进行调查、监测，研究不同油菜品种的植物学、生态学、光谱学差异，提取特征参数，建立转基因油菜的光谱识别模型，开发基于光谱检测的无线传感器网络，结合遥感监测数据，构建用于监测转基因油菜的无线传感器网络、节点及数据分析系统，在运行监测网络及相应系统的基础上初步提出转基因油菜的无线传感器网络监测技术规范；结合进口转基因油菜的面上调查，制定转基因油菜的抽查抽验技术规范，开发转基因油菜的定性、定量检测方法，研究转基因生物越境转移过程中可能造成的损害范围以及评估技术，初步构建转基因作物环境监测技术框架体系，为我国转基因作物的环境安全管理提供全面的技术支撑。

2 研究内容

以转基因油菜和传统栽培油菜为研究对象，以实地调查和田间监测为基础，对进口转基因油菜和国内自主研发、具有商业化前景的转基因油菜进行调查，研究不同油菜品种的植物学、生态学、光谱学差异，提取特征参数，建立转基因油菜的光谱识别模型，开发基于光谱检测的无线传感器网络，结合遥感监测数据，构建用于监测转基因油菜的无线传感器网络、节点及数据分析系统，在运行监测网络及相应系统的基础上初步提出转基因油菜的无线传感器网络监测技术规范；研究转基因生物越境转移过程中可能造成的损害范围以及评估技术，结合我国现行法律法规提出可行的损害赔偿机制和补救措施，初步构建转基因作物环境监测技术框架体系。

3　研究成果

（1）选取了 3 种油菜类型、8 个油菜品种及转基因品系，采集光谱特征参数，开发了油菜的光谱识别模型，识别精度达到 75% 以上

开发了基于冠层光谱数据的油菜品种识别算法，构建了油菜的光谱识别模型与光谱特征参数数据库。对于同年度采集的材料数据进行分析，模型对品种、转基因和非转基因的识别精度识别率可达到 77% ～ 100%，误判率为 2% ～ 24%。综合分析结果表明，模型对属于不同物种的油菜品种错误识别率低于 10%；对于转基因材料的识别，与具体的转基因事件有关。

（2）开发无线传感器网络节点与数据传输系统，能够实时传输和处理辐射量、气温、光照强度、RGB 图像等数据

集成了进口光谱原件、自制了适应现场需求的采集设备，并集成了无线传感网核心模块，可以自主完成现场光谱数据的定时采集、汇总、无线传输功能，已全部完成 2 套无线传感器网络节点与数据传输系统的搭建、调试及运行。该系统能够实现实时传输光谱数据、辐射量、气温、光照、RGB 图像等各类数据的传输，同时提供开放式接口可以随时接入温湿度、风向风速、空气、土壤、水质传感器的信息，后台完成基于 Web 的数据处理和显示平台，可以自主对全部数据进行查询、统计、图表化等功能。

（3）制定转基因油菜抽查抽验技术规范，为加强转基因油菜安全监管提供了技术支撑

制定了《转基因油菜抽查抽验技术规范》（征求意见稿），该规范对转基因油菜抽查工作中涉及的抽样、制样、DNA 提取和检测等各个环节提出了具体要求，规定了包括抽样、制样、DNA 提取、PCR 筛查和转化事件特异性检测等所采用的技术方法。

（4）开展了国内主要油菜产区转基因成分抽查，调查结果加强转基因油菜监管提供了第一手资料

构建了油菜转基因检测的矩阵分析图，提出了一种合理而实用的转基因油菜的筛查检测策略，2012 年在我国油菜主产区湖南、重庆的 29 个乡镇，对油菜农田、种子市场、饼粕市场进行了抽样调查，共抽取了 214 份油菜样品（包括种子、饼粕和植株叶片），经外

源基因检测发现18份阳性样品，经事件特异性检测，确认阳性样品为Ms8和Rf3。

（5）编制了转基因油菜造成损害的估值标准与补偿机制研究报告，为我国参与国际公约谈判、维护国家利益提供了理论依据

提出将转基因油菜对生物多样性造成损害的价值评估通过直接利用价值损失评估、开发价值损失评估和保护价值损失评估等方式实现，编制评估转基因油菜对生物多样性造成损害的估值标准（讨论稿）；通过对我国现行法律制度中有关环境损害赔偿规定以及生物安全立法现状的梳理和分析，提出全面制定生物安全立法体系的建议以及转基因生物造成环境损害赔偿的立法建议，并对我国参与相关国际公约后续谈判提出了建议和对策，编制“我国加入《关于赔偿责任与补救的名古屋—吉隆坡补充议定书》的利弊分析报告”（部门征求意见稿）1份，有关转基因生物造成环境损害的赔偿责任与补救机制的政策建议1份。

4 成果应用

1）向环境保护部提交了“我国加入《关于赔偿责任与补救的名古屋—吉隆坡补充议定书》的利弊分析报告”（部门征求意见稿），已征求相关部门意见，为我国履行《议定书》义务以及参与国际谈判提供技术支持。

2）依托项目研究成果，研制出转基因油菜的筛查方法和7个转基因油菜的转化事件特异性的定性、定量检测技术，编制了《转基因油菜抽验技术规范》（建议稿），为今后加强转基因油菜的环境安全监管提供了技术抓手。

3）项目开发的油菜光谱识别模型和无线传感器网络，为转基因油菜的宏观监测与实时监控提供了一条新思路。

4）项目研究成果为《转基因植物及其产品成分检测油菜内标准基因定性PCR方法》（农业部2031号公告-9-2013）和《转基因植物及其产品成分检测Barnase基因定性PCR方法》（农业部2031号公告-12-2013）标准的制定提供了技术支持。

5 管理建议

（1）完善油菜的识别模型，积累转基因油菜的光谱实测数据

通过3年实验的积累发现，长期的观测对于完善光谱识别模型是非常必要的。为完善并推广应用识别模型，建议在被动自然条件下测试的基础上，人工模拟更多的生境状况，如各种水肥胁迫等，充实光谱数据库的基础数据采集，或者尽量采用相同生境的数据对模型进行调整，以完善对油菜冠层光谱数据的采集，从而提高模型的识别精度。

（2）加大转基因油菜的抽查抽验力度，推进转基因生物的安全监管

随着转基因油菜的频繁进入我国，以及我国自主研发的转基因油菜的田间实验增多，全面掌握转基因油菜的扩散情况迫在眉睫。从油菜主产区对油菜农田、种子市场、饼粕

市场抽样调查结果来看，转基因油菜的安全管理仍有漏洞。建议转基因生物安全管理的主管部门及时通报转基因油菜的进口与环境释放信息，有的放矢地开展转基因油菜的抽查抽验工作，了解、掌握转基因油菜在我国的扩散情况，并采取一定措施，推进转基因生物的安全监管工作。

（3）进一步完善无线传感器网络，为环境监测提供新设备

本项目集成开发了具备多个波段、现场可移动的光谱采集设备，并连同其他多种传感器元件搭建了田间无线传感器网络，可以在田间、野外长期部署，稳定工作。上述系统与相应的客户端软件，可完成远程控制及采集数据，便于实验人员直接观察并做统计工作，为转基因生物环境安全主管部门提供了一种新的监管方式和环境监测新设备。建议进一步完善该网络系统，并根据环境监测的不同需要设计不同的搭建方案，为该设备的推广应用奠定更扎实的基础。

（4）加强转基因生物造成环境损害的赔偿与补救问题立法研究，推动生物安全的法制建设

我国生物安全管理对于保障国家安全、经济安全、环境和生态安全有着十分重要的意义，因此，推动生物安全立法、加强生物安全监管力度势在必行。考虑我国不断对外开放的形势，我国面临生物安全风险日益增加的情况，迫切需要推动生物安全相关法律法规建设。在转基因生物造成环境损害的赔偿责任立法方面，建议对惩罚性赔偿机制、责任限制机制以及资金支持机制等进行深入研究，以便及时应对相关谈判的需求。

6　专家点评

该项目在对油菜实地调查和田间监测的基础上，提取了 3 种油菜类型和 8 个油菜品种的植物学、生态学和光谱学特征参数，建立了转基因油菜的光谱识别模型；研制出转基因油菜的筛查方法和 7 个转基因油菜的转化事件特异性的定性、定量检测技术；开发了传感网滤光设备和无线传感网络系统；编制了《转基因油菜抽验技术规范》（建议稿），提交了《转基因油菜对生物多样性造成损害的评估标准研究》和《转基因生物造成环境损害的赔偿责任与补救机制研究》报告。项目研究成果为《转基因植物及其产品成分检测油菜内标准基因定性 PCR 方法》（农业部 2031 号公告 -9-2013）和《转基因植物及其产品成分检测 *Barnase* 基因定性 PCR 方法》（农业部 2031 号公告 -12-2013）标准的制定提供了技术支持。

项目承担单位：环境保护部南京环境科学研究所、南京航空航天大学、中国科学院植物研究所、中国农业科学院油料作物研究所

项 目 负 责 人 ：刘燕

第四篇
固体废物与化学品领域

2011 NIANDU HUANBAO GONGYIXING HANGYE KEYAN ZHUANXIANG XIANGMU CHENGGUO HUIBIAN

生活和消费过程废弃物处理处置环境风险评估及管理研究

1　研究背景

生活和消费过程废弃物具有种类多样、产生量大、增长速度快、影响范围广、公众关注程度高等特点，需要开展相关研究以支持典型废弃物的环境管理。废弃电器电子产品的管理法规《废弃电器电子产品回收处理管理条例》实施需要开展一系列的技术性研究来落实其规定的各项制度，废手机等产生量大、更新速度快、回收率低，需要开展回收处理模式研究，废打印机和复印机大部分未进入正规渠道处于管理盲区，废弃荧光灯管随生活垃圾弃置时可能存在一定的环境隐患且面临环境公约的履约需求，餐厨和厨余垃圾等资源化路线亟须确认和规范化管理。

基于上述问题，项目系统分析和总结发达国家和地区生活和消费过程废弃物的处理处置技术与设备，以及产业发展历程与模式，同时全面调查我国生活和消费过程废弃物处理设施建设、运营、污染控制和环境监管现状，分析和识别我国各类生活和消费过程中废弃物收集和回收处理面临的问题，开展典型生活和消费过程废弃物处理技术评估、环境风险评估方法指标体系、污染控制技术方案与政策以及社会监督研究。

项目主要分为生活和消费过程废弃物回收处理管理对策研究、典型生活和消费过程有机固体废弃物处理过程风险评估及控制技术、废弃电器电子产品处理过程环境风险评估及控制技术研究、废弃荧光灯管回收和处理过程环境风险评估及控制 4 部分，并结合生活和消费过程废弃物可持续管理战略研究，形成了管理政策建议。本项目建立了生活和消费过程废弃物处理过程的风险评估与经济成本核算模型，明确处理全过程的环境风险、污染控制技术与设备水平，提出典型生活和消费过程废弃物处理的最佳可行技术指南，为建立生活和消费过程废弃物的环境监管和社会监督体系提供科学依据。

2　研究内容

1）以废手机、废打印机和复印机、废电池等生活和消费过程废弃物为研究对象，开展产生清单调查和分析、各国废弃物管理经验与趋势比对、回收处理管理对策和环境监管、处理处置布局、生命周期评价、铅酸电池环境风险评估支撑技术及社会监督体系研究。

2）以餐厨和厨余垃圾为研究对象，选择饲料化、肥料化和能源化3种技术，开展处理及利用设施污染状况监测分析与预测、处理设施恶臭污染物监测解析技术、处理与利用污染控制技术评价与标准及处理与利用风险评价技术研究。

3）以废电视机、废计算机、废洗衣机、废电冰箱等废弃电器电子产品为研究对象，开展处理过程污染物识别及释放特征、处理危险源与污染控制技术评估、处理过程污染物监管环节和环境监管指标、处理和污染控制成本评估、拆解处理信息管理机制及信息化监督和管理研究。

4）以废弃荧光灯管为研究对象，开展废弃荧光灯管管理与处理处置技术和政策调查与分析、污染和健康风险源头削减政策及技术、回收与处置体系设计及回收工作试点示范、污染控制成本评估和产业发展模式研究。

5）基于项目中有关生活和消费废弃物研究结果，综合考虑其他类别废弃物特点，构建生活和消费过程废弃物管理体系，开展生活和消费过程废弃物可持续管理战略研究，提出生活和消费过程废弃物可持续管理战略和对策建议。

3 研究成果

（1）生活和消费过程废弃物回收处理管理对策研究

1）开展典型废弃物产生量预测方法学研究，销量—新增用户数方法适用于估算废弃手机的产生量，市场供给A模型适用于估算废弃打印机、复印机和电池的产生量。2013年我国废弃手机、打印机、复印机的产生量分别为2.85亿部、3 641万台与42万台，废弃铅酸蓄电池、锂蓄电池、镍氢电池的产生量分别为1.6亿kVAh、22.8亿只与14.3亿只。

2）以2014年理论废弃量、回收率30%计算，废手机处理企业需求量约12家，废弃打印机和复印机处理企业需求量约12家，废弃铅酸蓄电池处理企业需求量约53家，废弃锂电池和镍氢电池处理企业需求量约30家。

3）废弃手机、打印机、复印机、电池回收处理过程的生命周期环境影响评价结果显示，其正规拆解处理可避免非法处置对环境带来的负面影响，但人体健康、生态系统质量则受到一定影响。

4）铅酸电池的生产和再生过程的风险评价研究结果表明，其生产过程存在非致癌风险（危险指数1 179.5，远大于1），暴露途径为大气，但不存在致癌风险（0.11×10^{-6}，小于10^{-6}）；铅酸蓄电池再生过程的土壤暴露途径未发现非致癌和致癌风险，但再生过程土壤中总的非致癌效应的危险指数为4.92×10^{-4}，高于生产过程危险指数（危险指数2.96×10^{-4}），可推出再生过程中大气的非致癌风险要高于生产过程，企业需重点注意有害物质在气体中的排放。

5）在《废弃电器电子产品处理目录》制定和调整的原则基础上，建立了目录增补的评价指标体系即资源性、环境性、经济性和社会性 4 个指标。纳入目录管理的优先序为：铅酸蓄电池、打印机和复印机、手机。

6）废弃物处理处置社会监督体系应包括回收、处理处置运行、服务期满 3 个阶段，不同阶段的公众参与和社会监督形式应包括信息公开 / 公示、意见采集、座谈听证、举报投诉等。

7）以生活和消费过程废弃物管理战略框架为基础，分析了机制、法制、政策、管理、技术、产业等层面存在的问题，提出生活和消费过程废弃物管理战略原则与目标、战略重点及相应的管理对策和建议。

（2）典型生活和消费过程有机固体废弃物处理过程风险评估及控制技术

1）餐厨和厨余垃圾处理及利用过程（饲料化、肥料化、能源化）的产污环节如下：饲料化过程包括破碎筛分、脱水脱油、干燥、精筛选以及添加剂添加等步骤；肥料化过程包括原料堆存过程的渗滤液泄漏、堆肥升温期的废气排放、堆肥产品中可能的重金属累积风险等；能源化过程包括分选、破碎、固液分离等预处理阶段。

2）形成了针对餐厨和厨余垃圾处理及利用设施的恶臭污染物监测解析技术体系。对于有组织排放源的监测，选择在气流平稳段，避开弯头、气流急剧变化处进行监测；对于无组织排放源，在监测大气污染物污染因子的排放浓度时，可设参照点和监控点。

3）餐厨和厨余垃圾在处理过程中主要臭度贡献物为挥发性有机化合物（VOCs）。饲料化过程中，总臭度由高到低分别为湿热水解处理阶段、好氧发酵处理阶段、分选 / 破碎阶段、混料室，TVOC 致臭贡献在各个监测点均在 80% 以上。堆肥化过程中的恶臭物质主要是 NH_3、VOCs 和 H_2S，并且浓度峰值主要出现在堆肥起始期到高温期。能源化过程中，总臭度由高到低分别为分选口、油水分离、厌氧发酵预调节、烘干系统和进料口，主要是 VOCs 和 H_2S。

4）选择 VOCs 作为典型污染物开展健康风险评价，饲料化和能源化的主要处理单元的潜在致癌和非致癌风险值在 10^{-6} ～ 10^{-4}，引起身体病理反应的可能性较小，健康风险在可接受范围内。

5）厨余垃圾混入生活垃圾处理的环境影响分析结果表明，厨余垃圾分离大大提高了生活垃圾的热值，垃圾焚烧炉的效率提高，CO_2 的减排 42%，SO_2 的减排 29%，烟气总量减少 52%，降低了焚烧烟气的后续处理压力。

（3）废弃电器电子产品处理过程环境风险评估及控制技术研究

1）以 5 类废弃电器电子产品及其关键拆解产物为对象，提出处理过程中污染物释放的关键节点，筛选出典型废弃电器电子产品处理过程污染物排放清单，获得典型废弃电器电子产品最佳可行技术方案。

2）提出了拆解车间的污染控制措施及污染监管重点环节，包括CRT拆解车间粉尘、锥玻璃清洗；LCD拆解车间汞的释放、液晶分离；冰箱和空调器拆解流水线的制冷剂和矿物油回收、聚氨酯泡沫塑料破碎及发泡剂回收；洗衣机平衡盐水收集和矿物油回收等，并结合相关的污染排放标准，提出污染物排放限值。

3）开展废弃电器电子产品处理成本计算方法学研究，建立了处理成本计算公式。以废电视机为对象，选择典型地区2012年第4季度企业计算废电视机的处理成本。结果表明，在现有的基金补贴标准下，废电视机处理处于盈利状态（5.7～43.1元/台）。不同地区企业的回收成本比例较高均在65%以上，赋税、财务成本所占比例分别为10%、7%左右，而动力费用、折旧和摊销费所占比例较低（分别为1%、5%左右），人力成本根据地区不同为3%～10%。

4）废电视机/计算机处理的污染控制成本约为15.27元/台，废弃电器电子产品处理成本介于41.9～79.3元/台，污染控制成本约占总成本的比例为20%～36%。

5）在开展废弃电器电子产品信息管理系统需求分析基础上，组织开发了环境保护部废弃电器电子产品处理数据信息管理系统。该系统跟踪记录废弃电器电子产品在处理企业内部运转的整个流程，实现拆解处理信息获取、传输、处理和共享的功能，满足废弃电器电子产品拆解处理的信息化管理需求。

（4）废弃荧光灯管回收和处理过程环境风险评估及控制

1）2012年，我国废弃荧光灯管产生量约为47.7亿支。以北京为例，除生产企业和少数集中废物产生企业的废弃荧光灯管由资质单位回收处置外，政府机关、学校、写字楼、社区居民均将废弃荧光灯管混在普通垃圾一起处理。苏州市高新区内54%的企事业单位产生的废弃荧光灯管由资质企业集中回收处置，49%的企事业单位执行转移联单制度。兰州市废弃荧光灯管的年产生量为1 154万支，产生量最大的群体为商业群体，其次是居民群体。

2）根据对废弃荧光灯管的收集、运输、贮存和处理4个环节的风险分析，结果表明，在采取适当的保护措施尽量避免废荧光灯的破碎的前提下，风险处于可控状态，汞的排放满足相应标准。

3）依托北京市现有的回收与处置体系，设计了回收箱并改造了专门运输车辆及处理设施，在居民小区、环保机关和事业单位、工业园区等开展了荧光灯管回收示范，建立了回收对象、回收容器、运输记录、处置技术和运行记录等回收试点运行记录制度。

4）基于现有和开展试点的废弃荧光灯管回收处置体系，在设施投资、生产线投入、劳动力成本、时间成本、污染成本、物流成本等方面对废弃荧光灯管的污染控制措施及控制成本进行评估，结果显示，干法回收荧光灯管成本为1.82元/支，湿法回收成本为2.11元/支。

4　成果应用

1）基于项目研究，项目组向环境保护部污染防治司提交了《废弃电器电子产品处理成本研究》《我国废打印机和复印机回收处理管理对策》《我国废电池回收处理管理对策》《我国废弃荧光灯回收处理管理对策与建议》《我国废手机回收处理管理对策》和《我国生活和消费过程废弃物管理战略建议》等文件，并得到了污染防治司出具的应用证明。

2）基于该项目研发的废弃电器电子产品处理信息系统于 2012 年上线运行，该系统满足了废弃电器电子产品处理企业信息报送和管理部门日常管理需求，得到了环境保护部固体废物与化学品管理技术中心的应用证明。

3）基于废弃荧光灯管的研究，项目组开展的荧光灯管回收示范工作得到北京市环境保护局机关服务中心和北京市环境保护宣传教育中心的应用证明，回收箱在北京生态岛科技有限责任公司开展废弃荧光灯管回收中实际应用，并得到该公司出具的应用证明；编制的“废弃荧光灯管污染防治技术政策”，将通过北京市环保局下发到各区县，指导所属辖区范围内废弃荧光灯管的规范化管理。同时，兰州市废弃荧光灯管的研究成果得到甘肃省固体废物管理中心的应用证明。

4）基于废电池的研究，其全生命周期管理对策研究、不同阶段的成本和效益分析等基础数据为企业 ERP 管理构建提供了重要支撑，得到风帆股份有限公司的应用证明；关于废电池回收及再生处理污染释放等基础数据为城市矿产示范基地建设提供了重要支持，得到江苏新春兴再生资源有限责任公司的应用证明。

5）项目形成的《CRT 屏锥玻璃分离不净导致的屏玻璃含铅问题建议》等管理建议以专报的形式报送至环境保护部污染防治司，相关研究成果已经应用于《废弃家用电器与电子产品污染防治技术政策》和《废电池污染防治技术政策》的修订、《废弃电器电子产品规范拆解处理作业及生产管理指南（2015 年版）》制定及废弃电器电子产品规划和处理企业运行评估等相关工作；关于餐厨和厨余垃圾的相关研究，已经应用于《国家循环经济专项规划——“十二五”餐厨废弃物资源化利用规划》《北京市餐厨废弃物中长期规划》等文件的编制工作中。

5　管理建议

本项目以生活和消费过程废弃物可持续管理战略研究为重点，梳理了废弃电器电子产品与餐厨垃圾两大类生活和消费过程废弃物管理的国内现状与国际经验，构建了管理战略体系框架（图 1），结合管理战略框架要点，对废弃物产生、回收、再使用、处理、处置各环节涉及的机制、法制、政策、管理、技术、产业等层面的问题进行识别与分析，提出生活和消费过程废弃物管理战略建议。

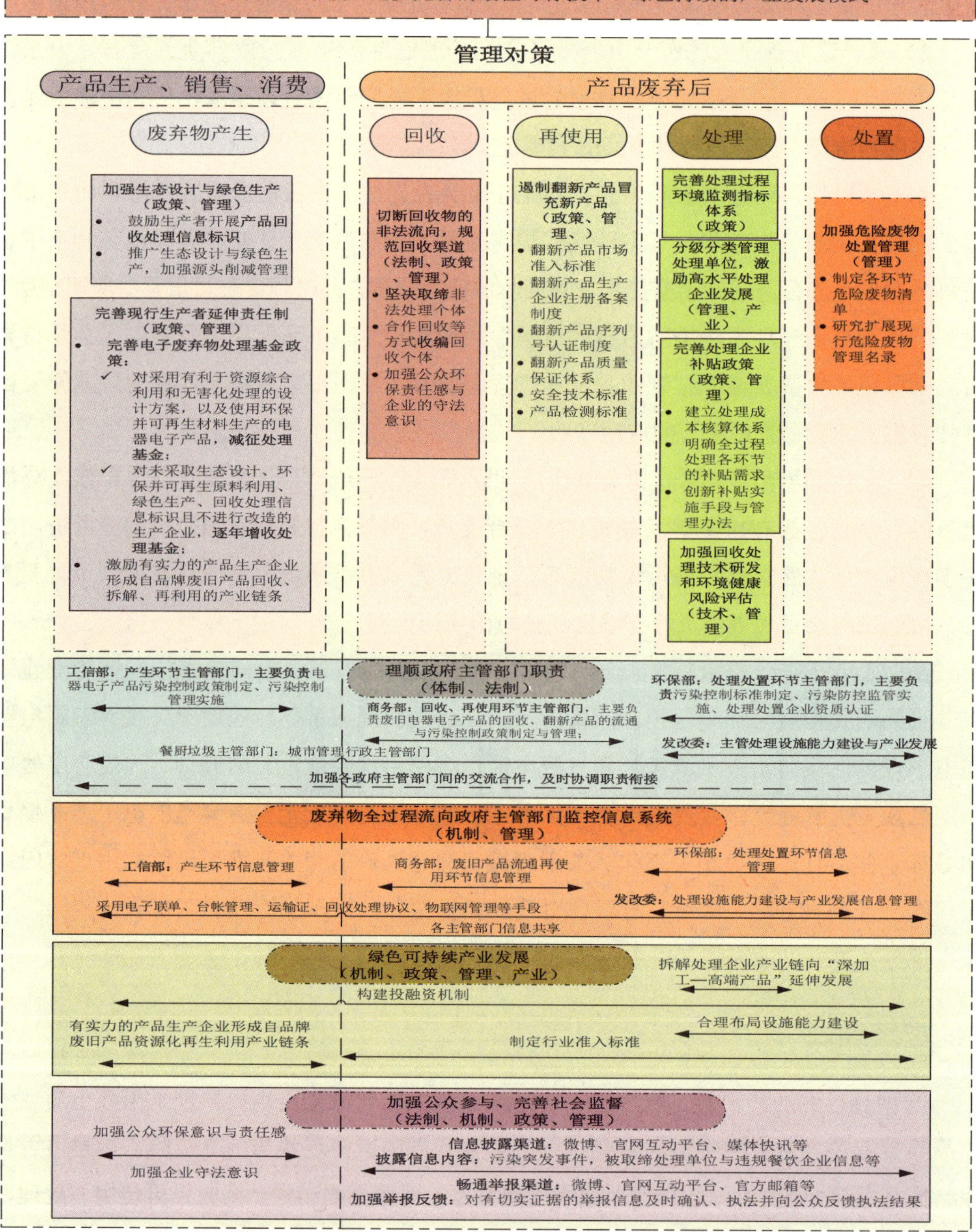

图1 生活和消费过程废弃物全过程管理战略体系框架图

基于上述问题梳理，针对政府部门的管理需求，提出以下生活和消费过程废弃物管理战略建议：

1）建立健全生活和消费过程废弃物管理政策法规体系，加强环境污染全过程控制与环境风险防范。研究制定生活和消费过程废弃物管理的专项性条例或管理办法，完善管理部门监管生活和消费过程废弃物的法律保障及相关部门的执法依据。明确非法处理处置单位的法律责任与惩罚措施，完善生活和消费过程废弃物进入正规处理处置单位的保障措施。

2）理顺生活和消费过程废弃物相关管理部门管理机制，加强部门间交流合作与职责协调。明确生活和消费过程废弃物全过程管理各环节的主管部门及其职责，加强各主管部门的职责衔接。充分发挥行业协会及科研单位的力量，及时就本产业发展现状、面临问题、发展趋势和战略规划建议等报送至行业主管部门，有助于国家职能部门对行业发展具有明确认知，为制定下一步宏观层面的规划和决策提供有效支撑。

3）创新生活和消费过程废弃物管理手段，提高主管部门监管效率。规范生活和消费过程废弃物回收渠道，加大环保执法力度，引导市场良性发展。坚决取缔非正规处理活动，切断回收物的非正规流向，加强公众环保责任感与企业的守法意识。推进物联网建设，开发生活和消费过程废弃物全过程物流信息系统和平台。推进生活和消费过程废弃物处理企业分级分类管理，引入第三方认证机制，鼓励生活和消费过程废弃物处理企业规模化和专业化发展。

4）完善生活和消费过程废弃物处理处置资金配套政策，保证处理处置系统有效运行。完善废弃电器电子产品处理基金征收政策和处理企业补贴政策。建立多元投融资机制，引入民间资本。明确政府财政资金（废弃电器电子产品处理基金、循环经济发展专项资金、餐厨垃圾处理试点补助资金等）、金融机构信贷资金以及其他社会资本的投资方向与投入方式，构建各类生活与消费过程废弃物资源化再生产业项目投融资机制。

5）加强生活和消费过程废弃物资源化技术和设备研发力度，提高行业发展技术支撑。设立专项科研资金，开展生活和消费过程废弃物深度资源化技术、高附加值产品研发技术、污染控制技术、资源化利用和环境健康风险研究。鼓励研发适合我国国情的低成本、清洁化成套设备与集成工艺，加强生活和消费过程废弃物回收处理管理和环境健康风险预防管理技术支撑。

6）推进生活和消费过程废弃物处理处置行业管理，保障行业可持续发展。尽快制定行业准入标准，合理布局设施能力建设，延伸拆解企业的再生业务。鼓励处理企业开发高端产品，形成企业核心竞争力，提高产品的附加值，增强处理企业的创新力与竞争力。

7）建立生活和消费过程废弃物管理公众参与机制，进一步开展信息公开，加强全社会参与与监督。研究生活和消费过程管理的信息公开制度和方式，加强生活和消费过程废弃物产生、回收、翻新、处理处置企业的守法意识与公众环保意识宣传教育，完善生活和消费过程废弃物管理公众监督机制。

6 专家点评

该项目在对我国生活和消费过程废弃物（手机、打印机、复印机、电池、荧光灯管等废弃电器电子产品、餐厨和厨余垃圾）处理处置现状调查的基础上，分析了我国生活和消费过程中废弃物的处理处置所存在的环境问题，开发了废弃电器电子产品处理信息系统，部分研究成果在国家和地方环境管理部门得到应用。项目系统分析了生活和消费过程废弃物的国内现状与国际经验，构建了管理战略体系框架，结合管理战略框架要点，对废弃物产生、回收、再使用、处理、处置各环节涉及的机制、法制、政策、管理、技术、产业等层面的问题进行识别与分析，提出生活和消费过程废弃物管理战略建议。项目研究成果可为建立我国生活和消费过程废弃物管理及环境风险评估提供技术支持。

项目承担单位：清华大学、中国科学院生态环境研究中心、中国环境科学研究院、中国科学院地理科学与资源研究所、北京工商大学、北京化工大学、南京大学、大连理工大学、北京市固体废物和化学品管理中心、兰州大学、中日友好环境保护中心、东江环保股份有限公司、苏州伟翔电子废弃物处理技术有限公司

项 目 负 责 人 ：李金惠

典型大宗工业固体废物环境管理技术体系研究

1　研究背景

随着中国经济的快速发展，工业生产规模的扩大，工业固体废物的产生量逐年递增，给人群健康和生态环境带来了巨大的环境压力。2008 年，我国工业固体废物产生量为 19.01 亿 t，是 2000 年产生量的 2.32 倍，其中尾矿 9.6 亿 t、赤泥 2 亿 t、锰渣 5 000 万 t、磷石膏 1.2 亿 t，即这几种大宗工业固体废物占整个工业固体废物产生量的 70%。工业固体废物大量产生与堆放，造成土地浪费、资源浪费并带来潜在的环境风险。

然而，长期以来大宗工业固体废物环境管理还存在诸多问题：一是家底不清，对于大宗工业固体废物的分类笼统，缺乏科学性；对各类工业固体废物的成分、贮存、利用与处置状况缺乏系统地掌握。二是对大宗工业固体废物的环境管理薄弱，导致地下水污染，特别是土壤重金属污染问题，引起社会各界的广泛关注。三是大宗工业固体废物循环利用产品的标准缺乏。

因此通过开展本项目研究，全面掌握我国铜尾矿、铅锌尾矿、赤泥、锰渣、磷石膏等典型大宗工业固体废物的环境管理现状、分析大宗工业固体废物污染源风险，提出 5 种典型大宗工业固体废物利用与处置的最佳可行技术与最佳环境管理实践，开展堆存场地生态环境安全风险评估与生态恢复管理技术，对于全面提升大宗工业固体废物环境水平，实现资源与环境可持续发展，并为实现我国典型大宗工业固体废物高效安全环境管理提供技术支持和决策依据，具有重要的现实意义。

2　研究内容

1）典型大宗工业固体废物现状调查。通过调研典型大宗工业固体废物的环境管理现状，建立典型大宗工业固体废物贮存（堆放）数据库框架。

2）典型大宗工业固体废物污染源风险技术评价体系研究。对典型大宗工业固体废物污染源潜在环境风险进行评价，建立典型大宗工业固体废物污染源的风险技术评价体系。

3）典型大宗工业固体废物污染防治技术体系研究。建立典型大宗工业固体废物污染防控技术清单和评估技术体系，建立《典型大宗工业固体废物污染预防与控制最佳可行技术导则》（建议稿）。

4）典型大宗工业固体废物环境监督与管理对策研究。通过构建我国大宗固体废物污染预防和控制综合管理评价体系，提出最佳环境管理实践。

5）典型大宗有色矿物废弃物堆存场地生态环境安全风险评估与生态恢复管理技术研究。研究典型有色矿物废弃物堆存区域生态环境影响及其潜在生态环境风险效应，对其生态恢复技术应用效能进行综合评估与优化筛选并构建评价指标体系。

3 研究成果

（1）完成典型大宗工业固体废物现状调查调查

通过对37家典型企业调研获取大宗工业固体废物的企业分布、生产工艺、生产规模、生产工艺参数、固体废物的主要成分、属性以及产生排放量。全面了解我国典型大宗工业固体废物污染源分布现状、周围环境介质概况、产生现状、贮存情况、综合利用情况、无害化处置情况等基础数据。并建立了《典型大宗工业固体废物贮存（堆放）数据库框架》；完成了《典型大宗工业固体废物环境管理现状分析报告》。

（2）建立典型大宗工业固体废物污染源风险评价技术体系

根据典型工业固体废物尾矿库（堆场）的周边环境条件、产生现状、贮存情况、利用情况、处置情况等基础数据，利用层次分析法（AHP法）确定评价指标并进行权重计算，通过结合模糊逻辑法与层次分析法对典型大宗工业固体废物堆场进行风险评价，最终分析潜在的环境风险、可能的突发事故和持久影响，形成典型大宗工业固体废物污染源风险技术评价体系。评价技术体系的建立对于推进铜尾矿、铅锌尾矿、赤泥、锰渣以及磷石膏尾矿库（渣场）的环境风险评价和监督管理等工作具有重要的指导意义。

（3）建立典型大宗工业固体废物污染防控技术清单和典型大宗工业固体废物污染防治可行技术指南（建议稿）

根据固体废物污染处置技术三原则（减量化、资源化和无害化），将我国目前典型大宗工业固体废物的污染防治技术划分为三大类技术：减量化技术、资源化技术和无害化技术，从而构建我国铜尾矿、铅锌尾矿、赤泥、锰渣、磷石膏污染防控技术清单。建立典型大宗工业固体废物污染防治备选技术库，并基于构建完成的典型大宗工业固废污染防治技术评估指标体系和典型大宗工业固体废物处理处置和资源化技术评估体系，编制完成了《铜尾矿污染防治最佳可行技术指南》（建议稿）等5种大宗工业固体废物污染防治最佳可行技术指南。

（4）提出典型大宗工业固体废物最佳环境管理实践

基于建立的《大宗固体废物污染预防与控制综合管理指标体系》，结合每一类典型大宗工业固体废物的理化特性、污染特性及其他一些特殊因素以及《典型大宗工业固体废物污染预防与控制最佳可行技术导则》，提出了铜尾矿、铅锌尾矿、赤泥、锰渣和磷石膏污染预防与控制最佳环境管理实践，有利于实现典型大宗固体废物的合理利用和安全贮存，提升大宗固体废物污染预防与控制综合管理的整体水平。

（5）完成典型大宗有色矿物废弃物堆存场地生态环境安全风险评估与生态恢复管理技术研究

采用生态指标、经济指标与社会指标对有色矿物废弃物堆存场地生态修复技术进行综合评估，将定量与定性评估相结合，构建了基于三个层次的典型有色矿物废弃物堆存场地生态恢复技术评价体系，编制完成了典型大宗有色矿物废弃物堆存场地生态恢复技术评价指标体系。构建了《金属废弃物堆场生态恢复技术标准》。

4　成果应用

1）构建了《典型大宗工业固体废物贮存（堆放）数据库框架》方案，为后续开发基于数据库的数据查询、统计分析及专题展示等业务应用系统奠定基础。已被环境保护部固体废物与化学品管理技术中心采纳，即将纳入固体废物信息系统。

2）起草完成了《金属矿山废弃物堆场生态恢复技术标准》（建议稿）和《磷石膏库安全技术规程》（建议稿）两项行业标准，可由行业内企业、地方环保部门和科研院所使用，作为指南和技术规范参考。

5　管理建议

1）在现有5种大宗固废的研究基础上，拓展大宗工业固体废物的研究对象，建立和健全完整的工业固废大宗废物的处置技术体系和最佳可行技术体系。同时，推动研究成果能够进一步作为指南和技术规范公开发布。

2）研究表明众多堆场周边环境已存在一定的污染，然而目前我国相关管理部门尚未开始对有色矿物废弃物堆场周边进行环境监测，缺乏堆场管理的第一手资料。为了进一步掌握堆场对周边环境的影响，以便及时采取有效措施降低或消除赤泥的危害，建议环境保护部等有关部门督促地方加强环境监测的力度，对有色矿物废弃物堆场进行持续的全方位的监测。

3）已经编制完成的《铜尾矿污染防治最佳可行技术指南》（建议稿）等5种大宗工业固体废物污染防治最佳可行技术指南。希望广泛征集产废企业、综合利用企业、地方环境保护部门、行业协会和科研院所专家等各方意见和建议，进一步完善指南，形成征求意见稿，并最终正式发布。

6 专家点评

本项目在对37家典型企业开展大宗工业固体废物（如铜尾矿、铅锌尾矿、赤泥、锰渣、磷石膏）环境管理现状调研的基础上，对我国5种大宗工业固体废物产生行业、典型地区进行了研究，完成了5种典型大宗工业固体废物的产生、利用、贮存、处置以及环境管理现状分析报告；构建了我国5种典型大宗工业固体废物污染防治技术清单和废物堆存场地生态恢复技术评价指标体系，提出了《典型大宗工业固体废物贮存（堆放）数据库框架》；完成了《铜尾矿污染防治最佳可行技术指南》（初稿）等5项技术指南，编制了《铜尾矿污染预防与控制最佳环境管理实践》等5项技术文件。项目的研究成果可为我国典型大宗工业固体废物高效安全环境管理提供技术支持和决策依据。

项目承担单位：北京矿冶研究总院、中日友好环境保护中心、江西省固体废物管理中心、福建省废物管理中心、新疆固体废物管理中心、中国环境科学研究院、昆明理工大学、湖南有色金属研究院、环境保护部环境工程评估中心、瓮福（集团）有限责任公司、辽宁省固体废物管理中心、中国科学院生态环境研究中心、中国科学院过程工程研究所

项目负责人：周连碧

废物国际循环中的环境风险与管理模式研究

1 研究背景

我国是世界上最大的发展中国家，资源短缺始终是制约经济持续快速发展的重要因素。2009 年，我国实际进口废纸、废金属、废塑料等可用作原料的固体废物 5 900 万 t，货值逾 200 亿美元，废纸、废有色金属等的对外依存度已高于原油。与此同时，我国固体废物循环利用和处置产业是新兴产业，缺少具有导向性的战略规划和科技发展支撑，整体技术水平低，二次污染严重。固体废物非法进口和不恰当循环利用带来的污染转移压力仍然存在，个别进口“洋垃圾”事件造成恶劣的政治影响和社会影响，中央领导多次批示各部门严肃查处非法进口废物活动。

合理利用国内外再生资源，严格防范废物非法进口和循环利用的二次污染，对促进经济社会健康发展，保障资源安全，保护和改善环境具有重要意义，是我国应对日益突出的资源短缺和固体废物处理处置中的环境保护问题需统筹研究部署的重大课题。

防止境外固体废物的无序进口，可以减少进出口过程中的资源环境逆差，减轻国内环境压力，有助于促进产业结构调整和污染总量控制目标的实现，也是履行国际公约的重要保证。

本项目的实施一方面可为各级政府管理部门发展和健全固体废物进出口管理制度提供技术支撑，另一方面可为规范固体废物循环利用和进出口企业行业发展提供技术支持，对促进经济发展、资源节约和环境保护具有显著的经济、社会和环境效益。

2 研究内容

1）针对进口废物环境安全及风险防范开展进口废物源头风险防范技术对策研究、进口废物分级分类管理技术指标研究、废物进口可行性评估方法研究、进口废物管理目录技术方法研究和主要行业进口废物的准入条件和监管要求研究。

2）进行典型进口废物循环利用技术园区示范模式研究和我国废物进口综合管理技术对策研究。

3）开展我国危险废物出口管理对策研究和含稀土类废物出口环境风险评估和管理

战略研究。

3 研究成果

（1）提出了废物进口全过程的环境风险技术对策

与主要废物出口国家合作，研究评估了主要类别进口废物产生、收集、越境转移等进口源头环节的环境风险，识别出主要废物种类、编码体系、不同来源国对废物进出口管理、退运风险等方面的环境风险，提出了加强我国进口废物源头风险防范的对策建议。以珠三角、长三角的典型城市为调查区域，开展废五金类进口废物资源化利用及环境问题调查，建立了进口废五金类废物加工利用情况基础数据库；通过对进口废五金类企业加工利用技术及污染防治设施进行调研，识别出进口废五金类加工利用企业主要污染物和产污环节，并针对各产污环节，提出了进口废五金类加工利用企业环境风险对策。针对进口废纸、废塑料、废五金、钒渣、硅废碎料在贮存、加工利用等过程进行了污染识别，对重要的污染因子进行了监测，针对主要污染环节，起草了这5种进口废物加工利用行业的准入条件和监管要求。

（2）提出了进口废物名录修订的技术方法

建立的基本框架是由“资源子系统—环境子系统—监管子系统”3个子系统和“目标层—约束层/准则层—指标层”三个层次构成的指标体系，为进口废物名录修订提供技术支持（图1）。在此基础上，研究了国外固体废物转移名录和我国进口废物分类管理目录，提出了进口废物目录动态调整的原则、方法、框架结构和程序。

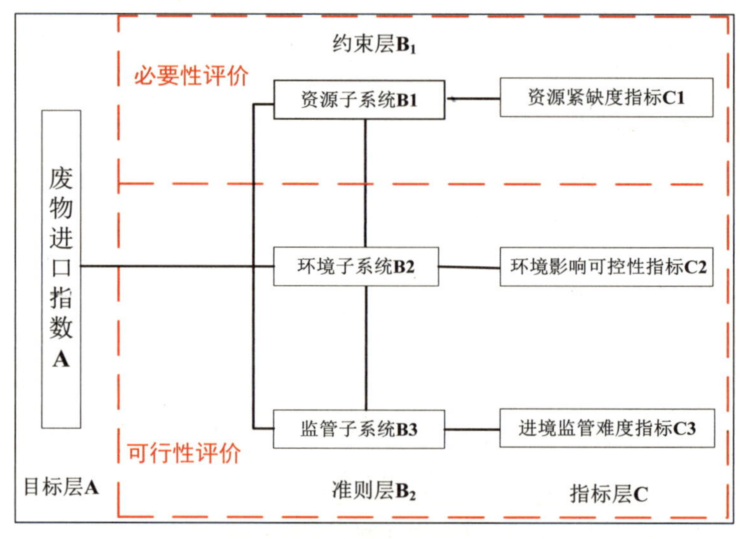

图1 进口废物评价指标体系基本框架

（3）提出了加强进口废物循环利用技术园区管理的政策建议

针对园区周边环境质量进行了监测，得出园区污染物排放对周边环境无明显影响。进行了园区投资建设、运营管理和引入企业不同模式的比较分析，各种管理模式均有一定的优势和发展限制，需根据当地投资环境、当地发展规划及政府职能确定园区投资及管理模式。进行了物联网应用可行性分析，在进口废物循环利用技术园区推广和普及物联网是可行的。根据废塑料圈区管理可行性分析，建议先在进口废物圈区管理成熟的进口废物循环利用技术园区进行试点，总结进口废塑料圈区管理的许可、定点审查、环境管理等方面的经验，待条件成熟后再在全国推广。针对存在的主要问题，根据主要研究成果，起草了《进口废物圈区管理政策指导意见》（建议稿）。

（4）辨析含稀土废物出口环境风险，提出了管理建议

从稀土矿生产过程中产生的废物、稀土中下游产品生产环节产生的含稀土废物和稀土产品使用后产生的含稀土废物三个层面对含稀土废物的种类及回收价值进行了分析，并针对重点稀土产品使用后产生的含稀土废物进行了稀土含量监测，得出具有稀土回收价值的主要是稀土产品使用后所产生的废物（见表 1）。其中废稀土磁材器件、废稀土抛光粉、特种稀土玻璃、特种稀土陶瓷、废荧光粉的稀土回收价值较高；通过分析含稀土废物回收和管理的国内现状与国际经验，结合我国含稀土废物出口的现状及环境风险分析，提出我国含稀土废物出口管理政策建议。

表 1　稀土产品废物的稀土回收价值

稀土产品废物	回收价值分析
废钢、铁、有色金属及合金	稀土应用比重较大，数量平稳，但成分比例小，回收难度大
废 FCC 催化剂	稀土应用比重较大，数量平稳，废品数量将不断增加，废品中稀土成分比例为 2% 左右，有一定的回收价值
废稀土玻璃	稀土应用比重较大，数量平稳，回收难度大。特种稀土玻璃的稀土回收价值较高
废稀土陶瓷	稀土应用比重较大，数量平稳，回收难度大。特种稀土陶瓷的稀土回收价值较高
废荧光粉	稀土应用数量较小，但不断增加，回收成本较高。但稀土含量高，且含有铕等价格较高的稀土元素，回收价值较高
废稀土抛光粉	稀土应用比重较小，但数量不断增加，废物容易收集且稀土成分高，回收价值较高
废稀土磁材器件	稀土应用比重最大，且数量快速增加，废物中稀土含量高，回收价值很高
废汽车尾气净化器中的稀土催化剂	稀土应用比重较小，数量不断增加，单个净化器数稀土含量小，回收难度大。回收价值较低
废镍氢电池	稀土应用比重较大，未来应数量会大幅增加，有一定的回收价值

4 成果应用

项目成果《固体废物进口管理办法》（建议稿）、《进口可用作原料的固体废物环境保护管理规定》（建议稿）、《进口硅废碎料环境保护管理规定》（建议稿）、《进口废塑料环境保护管理规定》（建议稿）、《进口废纸环境保护管理规定》（建议稿）、《进口废 PET 饮料瓶砖环境保护控制要求》（建议稿）、《加工利用进口废五金类废物企业认定指南》（建议稿）已经环境保护部正式发布。此外，项目出版专著《固体废物国际循环管理技术》。

5 管理建议

在经济全球化条件下，发展对外经济关系要更好地利用国内国外两个市场、两种资源。利用规范的进口废料加工利用企业加工国内的再生资源，“以外促内”，提高国内再生资源加工利用污染防治水平。如果国内再生资源加工利用企业水平相当，就不会存在进口废料非法转让，废物原料就可以像正常商品一样自由流通买卖。可通过借鉴进口废料加工利用监管管理体系建立国内再生资源加工利用监管体系，通过优化部门分工、明确部门责任、建立工作协调机制等方式加强监管，提高国内再生资源加工利用和环境保护水平。

6 专家点评

本项目通过进口废物环境安全及风险防范管理技术、综合管理技术对策、典型园区示范模式以及废物出口管理体系的环境风险与管理对策研究，促进多项进口废物管理政策性文件发布，进一步完善了我国进口废物管理法规政策体系，被广泛应用于环保、海关和质检等部门开展相关技术审查、行政审批和监督管理等工作，有效推动了进口废物监管体系的建设。该项目对于规范进口废物加工利用企业行为、提高进口废物加工利用行业的环境保护水平具有重要意义。

项目承担单位：环境保护部固体废物与化学品管理技术中心、中国—东盟环境保护合作中心、环境保护部华南环境科学研究所、浙江省固体废物监督管理中心、天津市固体废物及有毒化学品管理中心

项 目 负 责 人：胡华龙

区域性危险废物集中处置设施最佳管理模式和环境风险控制技术研究

1　研究背景

危险废物具有毒性、易燃性、爆炸性、腐蚀性、化学反应性或传染性，若不加以严格的控制和管理，将会对生态环境和人类健康构成严重危害。控制危险废物污染已成为当今世界各国共同面临的重大环境问题。《全国危险废物和医疗废物处置设施建设规划》实施后，我国区域性危险废物集中处置设施建设有了快速发展。

由于危险废物集中处置设施陆续建成并相继投入运行和使用，处置设施运行污染物排放、扩散对大气、土壤及水体所形成的环境影响已引起管理部门和民众的关注，设施的环境风险控制已成为危险废物处置设施运行面临的首要问题。但是，我国区域性危险废物集中处置设施运行管理起步较晚，实际日常运行管理经验也还很欠缺，且风险管理还完全没有提上管理部门和运营者的管理工作日程。因此，我国危险废物处置设施运行管理体系亟须完善，环境风险管理手段亟须强化，并在探索区域性危险废物集中处置设施最佳管理模式的基础上，开发和建立处置设施的环境风险控制技术体系，确保处置设施在工况运行条件不佳时仍能达到国家相应的运行环境标准，有效控制危险废物处置设施长期运行的环境风险。

本项目的立项对于规范我国危险废物处置设施运行，提升危险废物环境管理的综合能力，降低危险废物处置设施运行的系统环境风险，推进我国履行危险废物相关国际公约进程，都具有十分重要的现实意义。

2　研究内容

针对以焚烧和安全填埋为终端处置手段的区域性集中处置设施，从单座典型处置设施及处置设施群体的最佳管理模式研究入手，开展危险废物分类管理技术、危险废物物流信息管理系统、处置设施的生命周期管理技术、风险管理培训技术指南及软件开发、跨区域特殊危险废物专项集中处置管理、区域处置市场开发与就近终端处置管理模式及处置设施风险监控管理模式和责任机制等相关专项技术的研究，探索并初步建立我国区域性危险废物集中处置设施的最佳管理模式。在上述工作基础上，针对处置设施运行的系统风险控制，分项开展危险废物全过程管理风险识别技术指标体系及风险控制目标等研究工作，初步形成处置设施的环境风险控制技术体系。

3 研究成果

（1）形成3项危险废物设施环境风险控制关键技术

1）危险废物分类及识别技术

针对危险废物焚烧进场不同预处理要求与限制条件、焚烧配伍基本指标要求和安全储存要求，通过危险废物热值识别、危险废物主要有机有害组分识别、危险废物有机氯含量识别、危险废物重金属含量识别等技术的开发应用，提出了危险废物焚烧处置进场分类及识别技术体系。通过废物间的相互化学作用分析、废物负荷量控制、特征污染物识别等技术的开发应用，提出了危险废物填埋进场分类及识别技术体系。

研究建立了《适合焚烧处置的危险废物名单》和《适合填埋处置及资源化利用的危险废物名单》，通过对焚烧废物及填埋废物的有效分类，提出了危险废物处理处置技术适用性筛选的相关要求。通过危险废物焚烧/填埋处置过程管理环境风险识别，建立了“危险废物焚烧/填埋处置过程清单法调查表”，为全面检查危险废物焚烧/填埋处置过程的环境风险提供了有效的技术方法，为进一步保障焚烧/填埋处置设施安全运行和降低设施运行对周围环境的影响从而降低对人体健康的影响奠定了基础。

2）基于风险管理的处置设施生命周期管理与典型污染物总量控制技术

在风险因素分析的基础上，分别提出了危险废物收集运输、贮存、焚烧、填埋（含固化/稳定化）等过程的具体风险控制目标。通过风险因素识别，分别建立了危险废物收集运输、贮存、焚烧处置和填埋处置风险识别技术指标。通过分析焚烧、填埋设施异常和事故情况下风险识别指标对环境影响、焚烧设施集中排放源的累积环境影响，梳理各项风险指标在设施风险中的贡献，提出了处置设施运行意外及事故的环境风险评估和焚烧处置设施累积环境风险评估的基本方法和工作流程。

根据焚烧、填埋处置技术工艺特点及环境负荷，结合区域发展规划及环境容量等相关因素，确立了以环境容量生命周期评价方法为主，厂址生命周期和设施设计生命周期评价方法为辅的处置设施生命周期综合评价方法。结合焚烧和填埋处置设施的工艺特点，明确了特征污染物总量控制技术路线、总量目标确定方法，建立了基于环境风险累积效应的典型污染物总量控制技术及生命周期管理技术。

3）处置设施虚拟运行技术及相关模拟运行软件开发

针对国内典型焚烧、填埋工艺，识别虚拟运行技术所需要的物理模型。根据典型焚烧系统各单元设备内部物质物理化学变化规律，开展典型焚烧系统模型研究，建立了完善的典型焚烧系统模拟仿真模型，并开发了典型焚烧处置设施虚拟运行系统软件。根据填埋设施的典型工艺，建立了基于废物生命周期和填埋场生命周期的危险废物填埋模拟仿真模型，并开发了危险废物填埋设施虚拟运行软件，实现了处置过程动态模拟演示、物质转化过程计算、污染物排放预测、自动优化工艺参数、性能及环境风险测试点位判断、设施运行故障诊断等功能。

（2）**区域性危险废物集中处置标准、技术规范、导则及指南 8 项**

1）《危险废物集中焚烧处置设施累积性环境风险测试与评估技术规范》（建议稿）；

2）《危险废物集中填埋处置设施性能及累积性环境风险测试技术规范》（建议稿）；

3）《危险废物集中焚烧处置设施特征污染物排放总量控制技术指南》（建议稿）；

4）《危险废物处置工程技术导则》（HJ 2042—2014），已颁布；

5）《危险废物贮存污染控制标准》（修订）征求意见稿；

6）《危险废物焚烧污染控制标准》（修订）征求意见稿；

7）《危险废物集中焚烧处置设施环境风险控制 BAT/BEP 指南》；

8）《危险废物集中填埋处置设施环境风险控制 BAT/ BEP 指南》。

（3）**开发教程 1 套 5 本及软件 5 项**

1）危险废物收集、运输、处置培训教程包括：危险废物（含医疗废物）基础知识培训教程、危险废物（含医疗废物）收集、运输培训教程、危险废物焚烧处置培训教程（含焚烧处置操作工职业培训要求）、危险废物填埋处置培训教程、医疗废物焚烧处置培训教程；

2）危险废物集中焚烧处置设施虚拟运行软件著作权；

3）危险废物集中填埋处置设施虚拟运行软件著作权；

4）危险废物物流信息管理软件著作权；

5）处置设施风险管理技术培训软件；

6）危险废物事故应急技术支持信息系统软件。

4 成果应用

危险废物分类及识别技术为《危险废物处置工程技术导则》（HJ 2042—2014）的编制提供了技术支持，与风险识别技术共同为《危险废物贮存污染控制标准》修订提供了技术支持。危险废物处置设施风险测试及评估技术、典型污染物累计排放量控制技术则支撑了《危险废物焚烧污染控制标准》的修订。

危险废物处置设施风险测试及评估技术、典型污染物累计排放量控制技术支撑被辽宁省环保厅采纳，并应用于危险废物处置设施的环境影响后评估工作。

项目组开发的“危险废物分类及进场识别技术”在沈阳危险废物集中处置设施进行了应用示范，取得了良好的成果；“危险废物物流信息管理系统”“处置设施的环境风险评估方法及风险测试技术”“处置设施生命周期管理及典型污染物总量控制技术”及“处置设施虚拟运行技术”等研究成果在沈阳特征危险废物处置设施、医疗废物焚烧和危险废物填埋集中处置设施、杭州危险废物（含医疗废物）焚烧和填埋集中处置设施的运行管理中进行示范应用，对我国危险废物处置设施管理运行和风险防控水平的提升具有重大推动作用。“管理培训教程及培训软件”在沈阳危险废物集中处置设施的运行管理中进行了应用示范，效果显著，对于保障我国危险废物处置设施的规范化运行、降低运行过程中的环境风险具有重要意义。

5 管理建议

1）强化项目成果对环境管理的支撑作用，将项目相关成果，如处置设施性能及累积性风险测试与评估技术成果、处置过程环境风险控制集成技术及BAT/BEP指南等研究成果，上升为国家或行业的环境标准与技术规范，使危险废物处置环境风险控制有据可依。

2）进一步在危险废物集中处置设施累积性环境风险的形成机制、受体选择、暴露评价等方面开展深入研究，并将累积环境风险控制纳入危险废物处置设施的日常管理中。

3）进一步开展项目成果的应用示范，一方面提升现有危险废物处置设施风险管理水平；另一方面通过应用验证项目成果使项目形成的危险废物集中处置设施环境风险控制关键技术进一步完善。

6 专家点评

该项目在对国内外危险废物区域性集中处置设施管理和分类现状调研的基础上，提出了危险废物分类的原则、方法及指标体系，形成了危险废物集中处置最佳管理模式。初步构建了集中处置设施危险废物全过程管理风险识别的技术指标体系；提出了处置设施运行事故的环境风险评估和焚烧处置设施累积环境风险评估方法，以及危险废物分类识别、处置设施生命周期管理、典型污染物累积排放量控制和设施虚拟运行技术。编写了《危险废物集中焚烧处置设施累积性环境风险测试与评估技术规范》《危险废物集中焚烧处置设施环境风险控制BAT/BEP指南》等5项技术文件建议稿。

项目承担单位：沈阳环境科学研究院、中国科学院高能物理研究所、环境保护部环境规划院、杭州大地环保工程有限公司、沈阳振兴固体废物处置有限公司

项 目 负 责 人：陈辉

典型铅生产过程含铅废物风险控制及环境安全评价集成技术研究

1　研究背景

中国是全球最大的铅生产国和消费国，随着我国汽车、交通、电信等基础产业的快速发展，铅的用量也逐年增加。2012 年我国精炼铅实质需求为 451 万 t，较 2011 年增加了 12.6%，成为全球最大的铅消费国。与此同时，我国也是铅污染大国，在铅的生产、消费、回收等过程中都面临着潜在的严重的环境污染问题。我国铅生产过程主要包括铅矿采选、原生铅冶炼、铅蓄电池生产以及废蓄电池铅回收四个方面。从铅的整个生命周期来看，我国各行各业产生的含铅废物品种繁多，数量巨大，包括含铅粉尘、含铅废气、铅冶炼渣、废铅蓄电池、各类含铅废渣、含铅污泥和含铅废水。近年来，由于我国“血铅事件”呈现高发态势，铅污染给国民经济和社会发展带来的危害也得到各界越来越多的重视。

为加强对我国典型铅生产过程的管理，本项目针对典型铅生产过程含铅废物的风险识别、风险评价和风险控制，建立起相应的风险管理技术和方法，主要内容涉及典型铅生产过程含铅废物风险识别及安全评价技术研究、环境风险评估技术研究以及风险控制技术研究三个层次。在研究过程中，将系统学习和借鉴国际经验，较为全面地了解发达国家的含铅废物环境污染控制和先进的环境管理技术，了解发达国家典型铅生产过程含铅废物环境风险识别技术及应用研究；全面摸清国内典型铅生产过程污染物排放情况和污染控制技术水平，系统分析典型铅生产过程污染防治的关键影响因素及污染特征；结合典型工艺，开展铅生产过程含铅废物环境风险识别及环境安全评价技术研究，开展铅生产过程含铅废物处置环境风险评价技术研究工作，并形成多项环境技术管理文件。相关成果可为探索典型铅生产过程含铅废物风险控制技术，构建典型铅生产过程含铅废物污染综合防治技术体系，消除特定领域重金属污染问题提供技术和管理依据。

2　研究内容

（1）国内外含铅废物环境污染控制及环境管理技术评估研究

全面明晰国内外在含铅废物环境污染控制及环境管理技术方面的具体做法。通过国内外调研、互联网以及书籍期刊查阅等方式，研究国际公约以及美国、欧盟、日本等国家有关含铅废物环境污染控制的法律、法规，污染控制技术，具体工程实践等，对国内外含铅废物环境管理技术进行调查研究，综合分析和整理国内外在含铅废物环境污染控制及环境管理技术。

（2）我国含铅废物环境风险识别及风险控制技术框架研究

在总结分析国内外含铅废物环境污染控制及环境管理技术的环境管理政策与实践基础上，结合我国实际，探索我国含铅废物环境风险识别与风险控制技术，建立合理有效的风险识别与风险控制技术，在促进涉铅行业健康发展的同时，使其达到更高的环境效益。在对铅矿采选、原生铅冶炼、铅酸蓄电池生产和废铅酸蓄电池铅回收等典型铅生产企业进行广泛调查的基础上，提出适合我国国情的含铅废物环境风险识别及风险控制技术管理框架，为相关部门实施决策管理提供依据。

（3）铅生产过程污染风险识别技术研究

对铅生产过程含铅废物污染风险进行了识别与鉴定，明确环境危害特征，在研究含铅废物产排规律的基础上，结合具体工艺流程，建立污染风险识别技术，并提出环境污染特征识别指标、识别程序、识别技术方法等。在调研国内外相关产业技术、设备、管理水平以及环境管理措施的基础上，结合典型工艺、主要设备、生产操作水平，通过实验室实验及现场实验，进行可物料平衡分析；并结合铅生产—含铅废物—含铅废物处置—环境介质—生态环境等环境风险环节，研究生产过程中铅污染产生规律及特点，确定重点污染风险因素清单和关键环节。

（4）铅生产过程含铅废物环境风险识别技术和环境安全评价技术研究

通过识别含铅废物产生过程中对环境所将带来的所有潜在风险，提出铅生产过程含铅废物环境安全评价技术，为环境风险分析和提出风险对策提供基础。在铅生产过程含铅废物风险识别研究的基础上，采用定性和定量相结合的方法，针对矿铅采选、原生铅冶炼、铅酸蓄电池生产以及再生铅4个领域，从每个生产环节入手，根据工艺技术水平、设备（设施）水平、污染物排放水平，对典型铅生产及含铅废物处置过程进行安全评价技术研究，评价内容包括技术可靠性、设备（设施）运行的稳定性、污染物达标排放率等。

3 研究成果

1）对国内外含铅废物环境管理技术进行了调查研究，综合分析和整理了国内外在含铅废物环境污染控制及环境管理技术；

2）构建了我国含铅废物环境风险识别及风险控制技术框架，为相关部门实施决策管理提供依据；

3）研究了典型铅生产过程污染风险识别方法，确定了重点污染风险因素清单和关键环节；

4）研究了典型铅生产过程含铅废物环境风险识别技术和环境安全评价技术，为环境风险分析和提出风险对策奠定了基础。

4　成果应用

1）项目研究成果为已发布的《再生铅冶炼污染防治可行技术指南》《环境风险评估技术指南——粗铅冶炼企业环境风险等级划分方法（试行）》《尾矿库环境风险评估技术导则（试行）》和已列入科技标准及技术管理体系计划的《铅酸蓄电池生产及再生污染防治技术政策》等标准提供了技术支撑。上述标准的发布，可以为国家和地方环境保护部门及行业实施污染防治、环境评价、环境监管、清洁生产、技术筛选和评价等提供技术支持，对于废蓄电池行业和企业推进产业升级，淘汰落后工艺，规范环境污染防治工作，提高设施运行管理水平提供依据。成果可以为环境保护部科技、污防、环评、环监局等部门以及行业、企业开展相关工作提供技术和管理依据。

2）根据项目研究成果还汇编了《典型铅生产过程环境风险识别及安全评价技术指南》（4 个行业）、《典型铅生产过程铅污染污环境累积风险评价技术指南》（3 个行业）、《典型铅生产过程含铅废物堆存环境风险评价技术指南》（1 个行业）、《铅矿采选业含铅废物风险控制技术指南》《原矿铅冶炼业含铅废物风险控制技术指南》《铅酸蓄电池生产含铅废物风险控制技术指南》和《废铅酸蓄电池铅回收过程含铅废物风险控制技术指南》的建议稿，后续将继续推进列入科技标准及技术管理体系计划，或为环境管理部门继续采纳。

3）项目成果在甘肃厂坝有色金属股份有限公司、河南金马蓄电池有限公司、豫光金铅股份有限公司、湖北金洋冶金股份有限公司得到应用，并为《再生铅行业准入条件》的编制和实施发挥了重要作用。为涉铅企业推进污染控制，探索最佳的技术和管理实践，实现环境污染综合控制，提升环境管理能力发挥了重要作用。

4）项目成果已汇编为《典型含铅废物风险控制技术》，待出版。此外还将出版《环保科普丛书——重金属铅污染及危害》及《废铅酸蓄电池铅回收污染防治技术》，有利于面向污染事件多发、易发企业和周边社区、农村群众宣传普及铅污染防控制的科普知识。增强了企业和公众参与铅污染防控的积极性和主动性，更有利于铅蓄电池行业健康有利发展。

5　管理建议

1）在铅矿采选过程中，对于含铅废物堆存的风险控制建议：研究及采用先进的采选矿技术，提高铅资源综合利用率；研究及采用先进的铅污染控制技术，从源头上减低铅污染；完善相关管理规范。主要完善排土场安全管理规范、酸性废水处置技术规范、废水回用技术规范、含铅废物堆存环境评价规范、采选企业区域环境污染环境评价技术规范等；尽快加强环保执法力度。

2）在原生铅冶炼过程中，对于含铅废物的风险控制建议：切实提高制度执行力，维护制度的权威性和严肃性；按照“做全、做准、做早”原则确定铅污染综合防治；加快铅污染监控相关的环保标准制修订工作；进一步完善环境管理技术体系提高铅污染防治的有效性；加强对铅冶炼行业的环境准入要求和铅冶炼企业污染防治设施的运行管理，大力推进清洁生产和技术创新，加快传统工艺更新和淘汰高能耗高污染的铅冶炼生产工艺和设备；推动环境与健康管理工作的规范化和制度化建设。

3）在铅蓄电池生产过程中，对于含铅废物的风险控制建议：建立企业排放清单，有助于信息公开和公众监督；推进最佳可行技术和最佳环境管理实践相结合；建立精细化管理手段，制定污染防治技术管理文件；建立完善的风险评估技术和风险控制体系。

4）在再生铅生产过程中，对于含铅废物的风险控制建议：通过法律手段对铅蓄电池生产、销售商进行强制；通过经济手段对铅蓄电池消费者进行激励；通过政策手段对废铅蓄电池收集、处理和处置者进行扶持；通过机制手段确保废铅蓄电池回收体系稳定有效运行。

6 专家点评

该项目在对国内外含铅废物的环境污染控制及环境管理状况调研的基础上，识别了铅矿采选、原生铅冶炼、铅酸蓄电池及再生铅生产过程中重点环境风险节点与因素，提出了含铅废物风险评估、环境安全评价与风险控制技术管理体系，并在4个行业中进行了集成应用研究，编制了《典型铅生产过程环境风险识别及安全评价技术指南》等7个技术文件建议稿。研究成果已在《再生铅冶炼污染防治可行技术指南》《环境风险评估技术指南——粗铅冶炼企业环境风险等级划分方法》（试行）等文件的编制工作中得到应用，为我国铅生产过程和含铅废物的环境风险管理提供了技术支撑。

项目承担单位：中国科学院高能物理研究所、沈阳环境科学研究院、北京矿冶研究总院、中国有色金属工业协会再生金属分会、中国环境科学学会

项目负责人：张智勇

基于天地一体化工业特殊固体废物监管技术研究与示范

1　研究背景

随着我国经济快速发展，我国工业固体废物产生量持续增长，已成为我国当前环境保护工作迫切需要关注和解决的重大问题。特别是工业特殊固体废物，如磷石膏、锰渣、粉煤灰、煤矸石等，产生量巨大，且再生利用率很低，占用大量的土地，对生态环境及人群健康安全造成严重威胁，成为当前环境监督管理的重点。为满足环境监管及应急响应的需要，有必要摸清全国及重点区域工业特殊固体废物堆存现状，了解潜在环境风险，以制定相应管理及应急处置预案。一直以来，对工业固体废物基本采用地面调查与监测等手段，由于人力、物力的限制，无法全面反映大区域内工业固体废物堆存状况，无法从宏观尺度开展固体废物堆存对周围环境的影响和潜在风险的分析评价。针对这一问题，本项目结合遥感技术与地面调查手段，开展天地一体化的工业特殊固体废物监测与应用研究，对提高工业特殊固体废物的环境监管水平和应急响应能力具有重要意义。

本项目利用中高分辨率卫星数据，紧密围绕环境管理部门需求，开展工业特殊固体废物遥感监测关键技术、天地一体化监测与应用指标及方法研究，建立工业特殊固体废物遥感监测技术指南；开展典型区域典型类型的工业特殊固体废物及其周边环境敏感目标的识别和动态变化监测，探索天地一体化的技术手段在典型类型固体废物堆放场的生态恢复与环境风险监测与监管应用中的潜力，为国家工业固体废物的污染防治、生态保护及应急管理提供可靠、高效的技术支持与服务。

2　研究内容

1）开展工业特殊固体废物遥感监测关键技术研究，包括面向工业特殊固体废物识别的多源卫星数据融合研究和工业特殊固体废物遥感光谱特征库研究。

2）开展工业特殊固体废物天地一体化监测指标与方法的研究，建立天地一体化工业特殊固体废物监管技术流程，在此基础上结合卫星遥感与地面监测技术，集成监测指标与方法。

3）以贵州和内蒙古为示范区，开展了典型工业特殊固体废物的天地一体化监测应用示范，重点针对工业特殊固体废物的生态恢复和环境风险开展遥感监测评估，为全面开展基于天地一体化的工业特殊固体废物监管奠定技术基础。

3 研究成果

（1）通过分析4种工业固体废物在多源遥感影像上的特征，建立了遥感解译标志，提出了基于多源数据融合的工业固体废物遥感识别技术方法

在全面系统地分析总结4种工业固体废物在光学和雷达图像上的特征的基础上，建立了磷石膏、锰渣、煤矸石和粉煤灰的遥感解译标志。基于雷达影像，提取了工业特殊固体废物堆场（尾矿库）的地形信息；利用土壤含水量反演模型，定量提取了工业特殊固体废物堆场（尾矿库）的土壤湿度信息，为工业固体废物识别提供辅助信息。利用图像融合技术，对光学和雷达数据进行融合，分析了多源卫星数据融合在固废识别监测中的作用。在多源卫星数据融合基础上，采用面向对象与决策树技术，对工业固体废物进行了自动化识别研究，建立了工业固体废物识别方法及流程。

（2）采集了4种工业固体废物的多尺度观测光谱数据，建立了4种固体废物的光谱特征库，开发了工业固体废物光谱库分析系统

本项目通过野外实验、实验室光谱测量实验和主成分测量实验，获取了工业固体废物和周边环境典型地物的野外光谱数据、实验室光谱数据及辅助数据，形成了工业特殊固体废物光谱采集技术流程；同时，基于高光谱和多光谱遥感数据，提取了工业固体废物像元光谱数据。在此基础上，建立了工业固体废物光谱特征库。设计和开发了工业固体废物光谱特征分析系统，实现了光谱数据的管理、分析、识别等功能，为工业特殊固体废物识别提供了集成、可视化的光谱分析工具。

（3）以天地一体化协同技术为手段，提出了工业固体废物监测指标体系与技术方法，形成了遥感监测技术规范（建议稿）

在风险源和风险对象识别的基础上，综合利用多源卫星数据和地面调查数据，对工业固体废物堆场（尾矿库）技术进行了探索，提出了工业固体废物堆场（尾矿库）环境风险监测指标体系和方法；结合遥感技术与地面调查，开展天地一体化的工业固体废物生态恢复动态监测研究，提出了工业固体废物生态恢复动态监测指标体系和方法。在此基础上，形成了针对工业固体废物的天地一体化监测技术流程，编制了《工业固体废物遥感监测技术指南》（建议稿），为提高工业固体废物堆存的环境监管水平和应急响应能力提供技术支撑。

（4）在贵州、内蒙古等区域开展大量应用示范，形成了监测成果数据集，编写了监测专题报告，提出了固体废物监管的对策建议

基于工业固体废物遥感监测关键技术研究与工业固体废物天地一体化监测指标与方

法研究，开展了内蒙古示范区工业固体废物动态监测与评价应用示范和贵州示范区工业固体废物环境风险监测与评价应用示范，分别形成了内蒙古示范区和贵州示范区天地一体化典型工业固体废物监测成果数据集和监测专题报告 4 份，对地方工业固体废物及尾矿库的环境监管工作起到了重要的决策支撑作用。此外，还开展了唐山市、张家口市、广西等尾矿库环境风险天地一体化监测，形成 2 份专题报告和 1 本图集，为环境管理工作起到了支撑作用。

4　成果应用

项目提出的工业固体废物遥感监测技术，促进了卫星遥感在工业固体废物监测、管理中的广泛和深入应用，拓展了工业固体废物环境监管技术手段。项目提出了工业特殊固体废物天地一体化监测指标与方法，编制了《工业固体废物遥感监测技术指南》（建议稿），在国家工业固体废物环境监管及应急管理具有重要的参考价值和指导作用。本项目的研究成果可在环保业务和科研上进行广泛应用，对推进天地一体化环境监测、加强环境监管能力、提高环境监管水平具有重要意义。项目形成的技术方法，先后在贵州、内蒙古、河北、云南、广西等地区进行应用，编制相关专题报告 14 篇，图集 1 本，政策建议 1 份，并服务于“全国环境安全百日大检查（2012）”“国务院安委办金属非金属矿山整顿关闭督导（2013）”“尾矿库汛期安全生产和环境保护工作专项督查（2014）”、贵州铜仁锰渣尾矿库泄漏事件应急响应等多项重点工作与任务，取得了很好的应用效果，为环境管理工作起到了很好的支撑作用。

5　管理建议

（1）开展工业固体废物本底数据调查，掌握全国工业固体废物总体形势

目前固体废物环境监管主要基于传统的逐级统计上报方式，成本高、效率低、准确度低，而且在信息的内容上也仅局限于类型和排放量，在分布上仅局限于城市、工矿等大规模排放点，远不能反映面上的固体废物类型、规模、空间分布、堆存状况、环境污染或风险等基础信息。为此，建议在现有技术研究成果的基础上，综合利用遥感和地面调查手段，开展全国工业固体废物的本底数据调查，掌握工业固体废物的总体情况，为工业固体废物的污染防治和监管提供支持。

（2）进一步加大对工业固体废物“天地一体化”监管技术研究的支持力度

由于固废的多样性、复杂性、分布的广泛性等特性，对固废的环境监管一直以来都比较薄弱。建议进一步加大对工业固体废物“天地一体化”监测技术类研究项目的支持力度，加深、拓宽遥感技术在工业固体废物监管中应用的深度和广度。包括：加强对工业固体废物遥感机理方面的研究，充分应用高光谱、激光雷达等新型传感器手段，提高遥感应用技术水平；加强卫星、航空遥感监测网与物联网、互联网的协同监测研究，构建“天地一体化”的监控网络和监控系统；加强在固体废物生态环境影响、风险识别、预测预警等方面的基础研究，促进固体废物环境管理水平不断提升。

（3）加强工业固体废物风险管理

工业固体废物环境危害大，近年来已发生多起由工业固体废物引发的突发环境事件，造成恶劣影响。工业固体废物环境污染防治工作事关人民群众生命健康和社会稳定，已经成为影响环境质量的关键问题之一，受到社会各界越来越广泛的关注。为应对工业固体废物环境污染或风险问题带来的挑战，落实《国务院关于加强环境保护重点工作的意见》和《国家环境保护“十二五”规划》建立健全环境风险管理制度要求，应推进工业固体废物环境风险管理工作，注重完善工业固体废物及其堆场的风险评估、分级分类管理等相关风险管理基础工作，遏制工业固体废物引发的突发环境事件高发态势，有效防范和应对环境风险。

（4）提高工业固体废物堆场生态恢复成效

强化并落实企业环境保护主体责任，进一步提高企业环境保护意识和积极性。只有企业能够积极主动开展环境保护和生态恢复，才能将各项保护与修复措施落到实处，取得实效。建议落实管理部门的环境监管责任，开展有效、及时的固体废物堆场的动态环境监测与生态恢复评价，制定有关监测技术规范和评价标准，建立和完善固体废物动态监管综合数据库，提高固体废物环境管理科学化、信息化水平。生态修复的关键是植被恢复，应进一步因地制宜，筛选出生长快、盖度高、适应性强、根系发达、耐污染、耐干旱、存活率高，有利于土壤改良且不会明显排斥本地物种的植物，加大推广力度，提高生态恢复成效。

6 专家点评

该项目以磷石膏、锰渣、煤矸石、粉煤灰4种工业特殊固体废物及其堆放地为研究对象，提出了融合多源数据的工业固体废物识别方法，建立了4种工业固体废物遥感解译标志和光谱特征库，初步形成了工业固体废物环境风险与生态恢复监测的指标体系与技术方法，编制了《工业固体废物遥感监测技术指南》（建议稿），并在内蒙古和贵州进行了应用示范。项目研究成果在国家和地方尾矿库管理与应急工作中得到了应用，并为“2012年全国环境安全百日大检查”等工作提供了技术支持。

项目承担单位：环境保护部卫星环境应用中心、中国科学院地理科学与资源研究所、内蒙古自治区固体废物管理中心、贵州省固体废物管理中心

项目负责人：申文明

污水厂排泥量评估体系与污泥减量技术研究

1　研究背景

近年来，我国城镇污水处理事业飞速发展，预计到 2015 年底，我国城镇污水处理量将达到 14 000 多万 m^3/d，污水处理厂总体运行负荷率将高达 75%。我国城镇污水厂多以二级处理为主，普遍采用生化处理，运行中不可避免地排放大量剩余污泥，随着我国城镇污水处理量与处理率的增加，污泥排放量也在急速增加。大量剩余污泥的处理处置需要投入巨大资金，为环境、生态以及社会经济发展造成了较大压力。长期以来，由于对水环境污染的高度重视，我国较为忽视作为污水处理后一环节的污泥排放及处置，“重水轻泥”现象较为突出，关于污水处理厂排泥的妥善管理成为我国环保管理的一个挑战，而污泥排放量管理则是污泥管理中的最基础环节。我国污水处理厂污泥排放管理中存在的主要问题包括：污泥排放随意性大，各厂间单位处理量排泥量差异明显；没有关于污泥排放量的标准与评价规范，缺少关于排泥量合理性考核的依据；排泥量管理较为粗放，对于城镇污水厂实际动态运行下的排泥量等一线数据较为缺乏；污水厂污泥源头减量技术应用不足。因此，亟须开展我国污水厂排泥量评价体系构建并开展污泥减量技术研发。

本项目旨在调研我国污水处理厂排泥量特征规律的基础上，构建污水处理厂排泥量预测模型，提出排泥量评价指标体系，并在此基础上开发污水处理厂排泥量数据管理系统，编制城镇污水处理厂污泥排放量评价技术规范；同时开展污泥源头减量技术试验研究。项目成果可为我国污水处理厂排泥量的预测与管理提供技术依据与手段。

2　研究内容

1）污水厂排泥量基础数据调研。调研我国近年来污水处理厂排泥量基础信息，分析逐年来污泥排放量变化趋势以及排泥量特征规律。

2）污水厂排泥量控制模型研究。构建污水厂动态运行条件下的排泥量预测模型，以此作为污水厂污泥排放量控制的基础。

3）污水厂排泥量评价体系研究。通过评价指标、权重以及分值等研究，构建污水厂排泥量评价指标体系，开展污水厂排泥量合理性打分评价，基于此编制相关排泥量评价技术规范建议稿。

4）污泥源头减量化技术研究。开展超声与臭氧化污泥源头减量技术小试与中试，研究合理的控制参数，并进行技术经济分析。

5）污水厂污泥排放量管理模式研究。开发污水厂排泥量数据库管理与排泥量评价管理系统软件。

3 研究成果

（1）通过对我国城镇污水厂污泥排放现状调研，分析了我国城镇污水厂污泥排放特征规律

调研表明，2009年污水处理厂的脱水污泥平均含水率为78.4%，其万吨水产泥量平均为7.29t，单位COD产泥量平均为2.39t/tCOD，相较于2009年，2010年和2011年的相关数据逐年降低。华北、华南、西北地区的万吨水排泥量在9.0t/万m^3以上，高于东北、华东、华中、西南等地域的5.5t/万m^3左右，去除单位COD排泥量数据各地相对持平，华南略高。传统活性污泥法、A^2O工艺、氧化沟等工艺排泥量较大，SBR与生物膜法排泥量系数相当，水解工艺明显低于其他工艺。排泥量与污水厂建设规模的关联不显著；1—6月万吨水排泥量高，单位COD排泥量低，6—11月万吨水排泥量低，单位COD排泥量高。

（2）研究构建了污水厂排泥量预测模型，基于此建立了污水厂污泥排放量评价指标体系，编制了污泥排放评价技术规范

基于大量数据统计分析研究构建了经验模型，基于IAWQ活性污泥模型构建了排泥量预测理论模型，用于对污水厂控制排泥量预测。分别选择3座污水厂实际运行数据进行模型验证。利用预测排泥量作为管理排泥量，建立了包括万吨水排泥量偏离度、污泥含水率、污泥泥质达标率以及污水达标率等5项指标的评价指标体系，设置权重与分值，用于对污水厂排泥量合理性进行打分评价（表1）。基于此编制了《污水厂污泥排放量评价技术规范》（建议稿）。

表1 城镇污水处理厂污泥排放量评价指标

序号	评价指标	权重	评分标准	
			分值	说明
1	经验模拟月平均万吨水排泥量偏离度	30%	100	偏离度小于或等于25%
			90	偏离度大于25%，小于或等于40%
			75	偏离度大于40%，小于或等于60%
			60	偏离度大于60%，小于或等于80%
			40	偏离度大于80%

序号	评价指标	权重	评分标准	
			分值	说明
2	理论模拟月平均万吨水排泥量偏离度	40%	100	偏差小于或等于 25%
			90	偏离度大于 25%，小于或等于 40%
			75	偏离度大于 40%，小于或等于 60%
			60	偏离度大于 60%，小于或等于 80%
			40	偏离度大于 80%
3	污泥含水率	10%	100	污泥含水率小于 60%
			80	污泥含水率 60% ～ 80%
			40	污泥含水率大于 80%
4	污泥处置方法对应泥质标准达标率	10%	100	达标率大于 90%
			60	达标率 70 % ～ 90%
			40	达标率小于 70%
5	污水厂排水水质月达标率	10%	100	达标率大于 98%
			60	达标率 80% ～ 98%
			40	达标率小于 80%

（3） 开发了城镇污水处理厂污泥排放管理系统软件，提供了污泥排放量管理平台与手段

所开发管理软件包括污水厂污泥排放数据库管理功能以及污泥排放量评价功能，可以实现污水厂基本信息与污水污泥台账数据管理、数据调用及管理排泥量预测计算，并基于管理排泥量开展实际排泥量合理性评价以及环境管理建议与反馈，污水厂排泥量评价界面如图 1 所示。探索构建了包括污水厂自评与环境管理的城镇污水厂污泥排放管理模式。

图 1　排泥量管理系统污泥排放量评价操作截图

（4）研究开发了基于超声波等处理技术的污泥源头减量技术

开展了基于超声波与臭氧氧化的减量化技术小试，实现最大污泥减量49.3%。中试处理规模30 m^3/d，优化出最佳污泥减量运行条件，在0.5 $kW\cdot h/m^3$的超声能量输入条件下，污泥减量率36.4 %，TN去除率提高10%以上，出水COD可以稳定达到一级A标准，污水厂污泥处理总体运行费用节省约21%。

4 成果应用

污水处理厂排泥的妥善管理成为我国环保管理的一个挑战，而污泥排放量管理则是污泥管理中的最基础环节。

1）本项目开展的污泥排放现状调研与排放量特征研究为开展污泥排放管理提供了基础资料，为我国开展污水厂监督管理、制定相关政策与规范提供了更多的数据支持；可供环境保护部总量司与各地环保督查中心用于对污水厂运行状况监督管理，也可为国家环境管理中固体废弃物申报登记工作服务。

2）项目研究的排泥量模型与排泥量评价技术规范为污泥排放管理以及污水厂清洁生产审核提供了技术依据。

3）项目开发的污泥排放管理系统软件为我国污水厂环境管理提供了技术手段，为固体废弃物申报登记以及环境管理提供良好的平台。

4）项目开展过程中，将评价指标体系与排泥量管理软件应用于3家污水处理厂进行验证，为污水厂提供了管理建议。也将研究的排泥量特征规律与排泥量管理软件与华北督查中心进行交流，为环境管理提供了技术支持。

5 管理建议

（1）建设完善污泥排放量评价规范

完善排泥量评价指标体系，形成技术规范，为污泥排放量管理提供技术依据。在此基础上进行污泥产量合理性评价以及减排潜力评估，为污水厂提供优化运行与污泥减量的改进方向。

（2）建立排泥量评价制度

搭建排泥量评价平台，实现污水厂基本信息与污水污泥台账数据管理、管理排泥量预测、实际排泥量合理性评价以及环境管理建议与反馈，为开展污水厂排泥量管理提供了技术手段。建立我国城镇污水处理厂污泥排放量管理上报、排泥量评价以及考核等相关制度。

（3）将排泥量纳入固体废弃物申报登记与污水厂清洁生产审核

开展污泥排放量特征研究以及排泥量合理性评价，为开展污水厂污泥固体废弃物申报登记提供了平台，也将污泥排放量纳入污水厂清洁生产审核以及绩效管理重要指标。

6　专家点评

该项目在调研全国不同地区50余座污水处理厂和典型工艺的基础上，开展了污水处理厂的排泥特征研究，构建了污水处理厂排泥量预测模型，提出了排泥量评价指标体系，并进行了实际验证；开发了污水处理厂排泥量数据管理系统，编制了《城镇污水处理厂污泥排放量评价技术规范》（建议稿）；开展了污泥源头减量技术的小试与中试研究。研究成果为污水处理厂排泥量的预测与管理提供了技术支持。

项目承担单位：清华大学、北京国环清华环境工程设计研究院有限公司

项 目 负 责 人：汪诚文

钢渣"零排放"及资源化利用技术与示范研究

1 研究背景

钢铁工业是我国的主要支柱产业，但也是固体废弃物的产生大户，仅排在煤炭工业和火力发电之后。钢铁渣是钢铁工业的主要固体废弃物，每生产1t钢，约产生钢渣0.14t。钢渣主要来自转炉和电炉炼钢过程中金属原料中的杂质、助熔剂、被侵蚀的炉衬和为调整钢材性质而加入的造渣材料等，其矿物组成包括橄榄石、硅酸二钙（C2S）、硅酸三钙（C3S）等，与硅酸盐水泥熟料的矿物组成比较相似，也具有水化活性，因而钢渣属于具有较大开发利用潜力的资源。

目前，钢渣的处理工艺主要有热闷法、水淬法、风淬法、热泼或浅盘热泼法以及滚筒法，然而这些处理工艺在处理钢渣过程中均存在不足。为快速完成熔融钢渣的稳定化处理，并针对当前钢渣黏度大、流动性差的特点，开发出一种新型的钢渣处理技术很有必要。

本项目旨在研发出一种新型的钢渣处理、加工、粉磨与利用成套先进技术，以推动钢渣处理及资源化利用"零排放"目标的实现，并同时提出一整套用于规范钢渣处理过程和指导钢渣综合利用的管理性技术文件，以促进钢渣处理过程洁净化和钢渣资源化利用价值最大化目标的实现，降低钢渣处理过程中所产生的污染物对生态环境的二次污染程度，实现钢渣高附加值的资源化利用，最终形成一条洁净、高效和先进的钢渣处理、利用环保产业链。

2 研究内容

1）钢渣余热有压自解工艺与设备研究；

2）分选细粒钢渣中金属铁的干式磁分离工艺与设备研究；

3）钢渣粉磨工艺与设备的优化升级；

4）钢渣粉作混凝土掺合料的技术研究；

5）钢渣余热有压自解—干式磁分离—卧辊磨制备渣粉并配套形成一条钢铁渣粉新工艺的系统集成及优化设计研究。

3　研究成果

（1）钢渣余热有压热闷工艺技术的研究

钢渣余热有压热闷工艺技术是中冶建筑研究总院有限公司基于其已有的第三代池式热闷技术上的创新、升级，是集洁净化、机械化、连续化、高效化和自动化等优势于一体的一种新型钢渣稳定化处理技术，依据钢渣热闷的反应机理，采用自主研发的成套热闷装备，为钢渣稳定化处理提供了高温高压的热闷体系，将钢渣热闷时间由现有的十几个小时缩短至 1.5 小时左右。经实验室模拟实验研究、中试试验研究、工业试验及工业化设计后，完成了该技术配套工艺设备的研发，确定了工艺技术最佳的工艺热闷参数，并成功完成了该技术的示范推广应用。

（2）细粒钢渣干式盘式磁选机的研发

细粒钢渣干式盘式磁选机是一种适用于从细钢渣中提取废钢资源的高效干选设备，采用独特的给料方式、磁系布置和卸料方式，解决了细粒物料干选过程中“磁团聚”恶化分选效果的难题，提高了细粒钢渣中废钢资源的回收率。

通过实验室实验、扩大连选试验对自制干式盘式磁选机的磁场强度、磁极布置方式、分选盘间隙及旋转速度、物料粒度等影响分选效果参数的试验研究，完成了 20t/h 干式盘式磁选机结构的优化改造，并取得了良好的分选效果：在入料粒度-3mm，磁场强度 400 ～ 1 000 Gs 等分选条件下，经分选后的尾渣中金属铁含量小于 1%，金属铁回收率达到 90% 以上。

（3）钢铁渣粉技术的研究

钢铁渣粉技术是一种钢渣高附加值利用新技术，利用钢渣粉的微膨胀性和矿渣粉的大收缩性，按一定的配比进行复合，并借以添加一定配比的激发剂，既保证了掺钢铁渣粉混凝土的早期强度，又极大地提高了钢铁渣粉在混凝土的掺入量，从而大幅度降低了混凝土的制备成本，实现了钢渣的高附加值利用。

通过对已有卧辊磨粉磨工艺路线的优化和卧辊磨结构的消化吸收，首次采用适用于钢渣粉磨的强化除铁工艺流程，并完成了卧辊磨示范应用，能耗大幅降低。

通过对掺不同量钢铁渣粉混凝土的力学性能、工作性能、体积稳定性和安定性等的试验研究，当钢铁渣粉中钢渣粉的掺量达到 35%，钢铁渣复合粉在 C30 等级混凝土中的掺量达到 60%（占胶凝材料总量）时，混凝土的工作性、力学性能、耐久性等性能均满足相关的使用标准要求，同比减少水泥用量 25% 以上。另外，通过首台套示范工程的设计、推广和建设，完成了钢渣余热有压热闷工艺技术、钢渣干式磁分离技术和钢渣粉磨工艺技术的系统集成应用。

本项目已获授权专利 9 件，其中发明专利 3 件，实用新型专利 6 件。

4 成果应用

通过应用本项目技术，已经建成了济源钢厂60万t/a两条产业化示范生产线，珠海粤裕丰钢厂50万t/a、沧州中铁装备材料制造有限公司95万t/a生产线，推广前景广阔，为实现钢渣的资源化利用和“零排放”提供了新的途径。

依托本项目研究成果，编制了相关国家标准2项，推动了钢渣的高附加值利用进程：

1）《钢铁渣粉混凝土应用技术规范》（GB/T 50912—2013）（2014.05.01实施）；

2）《钢铁渣粉》（GB/T 28293）（2013.02.01实施）。

编制了相关国家标准《钢渣处理及综合利用技术条件指南（草案）》和《钢渣处理过程污染控制规范》（草案），可为环境管理技术文件的制定提供技术支持，也能为钢渣处理行业实现洁净生产提供理论指导。

5 管理建议

钢渣的资源化利用任重道远，需要持之以恒，投入不懈努力，未来可从以下几个方面继续推进：

1）开展钢渣的高温重构改性。在钢渣排放前，在炉内添加调质材料，利用高温余热引发的化学反应促使钢渣矿物相组成接近水泥熟料或矿渣，并尽可能减少游离态的CaO、MgO含量，从源头上解决钢渣活性不高、安定性不良的问题。

2）研发闭路式循环除铁工艺与装备。采取边磨边除、多次反复循环式除铁工艺，并开发相应的装备，实现钢渣的高效除铁，从而降低钢渣微粉的粉磨能耗、提高产品的市场竞争力。

3）研发钢渣超细化粉磨技术工艺及配套产品。以钢渣的循环除铁工艺为基础，通过研发复合型助磨改性剂、超细化粉磨技术，以进一步降低钢渣的粉磨能耗，实现钢渣的超细化和高效活化。

4）开发钢渣的复合化技术与系列化产品，充分发挥钢渣特性，拓展利用途径。

5）加强钢渣资源化标准体系建设。立足于整个产业战略发展的需求，从系统化的顶层设计角度出发，合理构建钢渣资源化利用标准体系，并开展关键性标准编制，改变该领域当前标准多而不精的特点，以标准化支撑和保障钢渣资源化利用工作的推进。

6 专家点评

该项目发明了熔融钢渣有压热闷工艺方法，实现了钢渣处理过程的高效化和洁净化。首次将卧辊磨成功应用于钢渣粉制备，针对钢渣物料含有金属铁的特性，在卧辊磨粉磨钢渣过程中，采用了流态化快速磁分离技术，及时有效地分选出解离出来的细粒金属铁，解决了金属铁易在粉磨系统内部富集而磨损设备的难题。在国内外首次对大掺量钢铁渣粉混凝土进行了系统研究，为钢铁渣粉标准制定提供了依据，解决了大掺量钢铁渣粉混凝土早期强度低、不便工程使用的问题。该项目的完成，标志着我国钢渣处理工艺技术完成了一次新的突破，对实现钢渣的资源化利用和"零排放"提供更加有力的保障，为保护生态环境、发展循环经济、促进节能减排具有重要意义，开创了新的途径。

项目承担单位：中冶建筑研究总院有限公司

项目负责人：钱雷

农村有机废物混合厌氧发酵关键技术研究示范

1 研究背景

我国作为一个农业大国，每年约产生8.2亿t农作物秸秆、7.5亿t畜禽粪便、2.8亿t农村生活垃圾、45万t残留地膜。许多有机废物未经有效处理，严重污染农村环境。目前，农村环境污染形势复杂，点源污染与面源污染共存，生活污染与工业污染叠加。利用厌氧发酵分解这些有机废物，不仅可以大量去除污染物，还可以生产清洁能源——沼气，改善农村能源结构，从而改善农村生活环境，因而近十年来得到了大力发展。截至2011年年底，全国户用沼气达到3 996万户，中央支持建成2.4万处小型沼气工程和3 690多处大中型沼气工程。这些沼气发酵装置多采用单一畜禽粪便为原料，常温或近中温发酵。与国外中温/高温混合发酵相比，存在营养失衡、产气率较低、原料缺乏或季节性短缺等弊端。因此迫切需要开发一套适宜范围广、产气率高的多原料混合发酵技术及其配套装置，切实发挥我国沼气池/沼气工程在处理农村有机污染物的作用，减少我国农村有机废物引起的环境污染。

该项目针对农村有机废物中量大且难以分解利用的农作物秸秆进行厌氧发酵过程中存在的问题，通过开发秸秆预处理菌剂、沼气促进剂、多原料配比与发酵工艺优化及其适配装置，形成农村有机废物混合厌氧发酵成套技术，提高农村有机污染源的降解率。最后通过工程示范与调研，凝练沼气工程长效运作模式，构建以沼气为纽带的农村有机废物资源化处理模式。这将为我国的农村有机废物的无害化和资源化提供技术支撑，为相关管理部门决策提供依据，从而改善我国农村环境污染现状。

2 研究内容

1）开发秸秆预处理菌剂，提高秸秆厌氧发酵分解率和沼气产率；研制产甲烷菌剂和沼气促进剂，提高沼气系统产甲烷菌含量和各微生物活性。

2）研究多种预处理方法对秸秆厌氧发酵的影响，开发适于农作物秸秆的以生物强化为核心的复合预处理技术。

3）开展混合发酵系统原料配比优化、微生态变化及生物调控等混合发酵过程调控技术研究；并优化典型农村有机废物、典型村镇有机废物混合厌氧发酵工艺参数。

4）研制适于秸秆混合发酵的厌氧发酵装置及配套设备。

5）调研我国农村有机废物资源化处理现状和农村环境综合整治现状，结合国内外最新研究进展构建以沼气为纽带的农村有机废物资源化处理模式。

6）在南北方进行工程示范，探索沼气工程长效运行机制并构建运行管理模式。

3 研究成果

（1）开发了纤维类原料预处理复合菌剂及其预处理技术

从各种生境中取样选育了高酶活的木质素分解菌和纤维素分解菌，并组配成木质纤维类原料预处理菌剂。然后利用该菌剂研究了物理预处理、化学预处理和生物预处理等不同预处理方式对农作物秸秆的预处理效果，获得相应预处理工艺参数。参与编制国家标准一项，制取沼气秸秆预处理复合菌剂（GB/T 30393—2013）。

（2）开发了产甲烷菌剂和沼气促进剂，提高了厌氧发酵系统生产效率

针对部分沼气工程接种物缺乏或接种物质量不佳，产气率的影响，选育耐低温的梅氏产甲烷八叠球菌（*Methanosarcina mazei*），和现有优良产甲烷菌株复配成产甲烷菌剂，可提高沼气系统产甲烷菌的数量和质量。同时根据微生物生长代谢机理选择外源因子研制成沼气促进剂，提高整个厌氧系统中微生物的活性，从而提高厌氧发酵系统效率，加快有机废物分解利用。

（3）建立了农村有机废弃物能源化数据库及生物燃气工程工艺设计软件

通过原料特性分析、收集、整理，建立了我国生物燃气发酵原料数据库。根据发酵C/N 要求，构建多原料混合发酵配伍方程，进行了 68 种不同原料的配比实验，建立了我国常见废弃物混合发酵配比表。结合研究成果和现有工程经验，编制了生物燃气工程工艺设计软件（软著登字第 0653347 号），依据该设计软件进行原料配伍、工艺设计、投资和效益等分析。该软件是我国第一套沼气工程设计软件，可为生物燃气领域的科研、工程设计与工程业主和管理人员抉择提供参考。

（4）集成有机废物混合厌氧发酵成套技术

选取典型农村有机废物（猪粪 + 玉米秆）和村镇有机废物（餐厨 + 污泥）进行混合厌氧发酵工艺参数优化，研究该系统中微生态变化与过程调控，优化适配反应器和配套设备，集成原料特性数据库、秸秆预处理技术、混合发酵原料优化配比（表 1），形成有机废物混合厌氧发酵成套技术，获得广东省科学技术奖一等奖。

（5）构建农村有机废物资源化处理模式和沼气工程长效运营管理模式

在充分调研和实验研究的基础上，结合农村典型情况，构建出 5 种典型的农村有机废物资源化处理模式。在南北方单户、联户和沼气工程示范点的运行管理实践基础上，针对我国沼气工程特点，并结合国外成功运行经验，构建了4种沼气工程商业化运营管理模式。可促进沼气工程的稳定运行，充分发挥沼气工程的治污功能，为农村环境治理提供了管理保障。

表1　混合发酵不同原料优化配比表

序号	原料1	原料2	最佳配比	序号	原料1	原料2	最佳配比
一、畜禽粪便互混发酵				四、秸秆与有机废弃物混合发酵			
1		奶牛费	3∶7	37		果蔬废弃物	9∶1
2	猪粪	肉牛粪	9∶1	38	稻草	餐厨垃圾	3∶7
3		羊粪	9∶1	39		污泥	9∶1
4	奶牛粪	羊粪	9∶1	40		果蔬废弃物	7∶3
5		肉牛粪	9∶1	41	玉米秆	餐厨垃圾	7∶3
6	肉牛粪	羊粪	9∶1	42		污泥	7∶3/9∶1
二、秸秆与粪便混合发酵				43		果蔬废弃物	7∶3/9∶1
7		猪粪	1∶9	44	麦秆	餐厨垃圾	7∶3
8		鸡粪	5∶5	45		污泥	7∶3
9	稻草	奶牛粪	3∶7	五、秸秆类互混发酵			
10		肉牛粪	7∶3	46		玉米秆	7∶3
11		羊粪	5∶5	47		麦秆	9∶1
12		猪粪	7∶3	48	稻草	豆秆	1∶9
13		鸡粪	7∶3	49		高粱秆	9∶1
14	玉米秆	奶牛粪	5∶5	50		甘蔗渣	1∶9
15		肉牛粪	9∶1	51		麦秆	5∶5
16		羊粪	3∶7	52	玉米秆	豆秆	7∶3
17		猪粪	1∶9	53		高粱秆	9∶1
18		鸡粪	3∶7	54		甘蔗渣	9∶1
19	麦秆	奶牛粪	1∶9	55		高粱秆	9∶1
20		肉牛粪	5∶5	56	豆秆	甘蔗渣	9∶1
21		羊粪	7∶3	57	高粱秆	甘蔗渣	3∶7
三、粪便与有机废弃物混合发酵				六、有机废弃物类互混发酵			
22		果蔬废弃物	7∶3	58	污泥	果蔬废弃物	5∶5
23	猪粪	餐厨垃圾	7∶3	59		餐厨垃圾	5∶5
24		污泥	9∶1	60	果蔬废弃物	餐厨垃圾	1∶9
25		果蔬废弃物	7∶3	七、玉米青贮混合发酵			
26	奶牛粪	餐厨垃圾	5∶5	61		猪粪	5∶5
27		污泥	9∶1	62		奶牛粪	9∶1
28		果蔬废弃物	9∶1	63		肉牛粪	9∶1
29	肉牛粪	餐厨垃圾	7∶3	64	玉米青贮	羊粪	9∶1
30		污泥	9∶1	65		鸡粪	7∶3
31		果蔬废弃物	9∶1	66		果蔬废弃物	9∶1
32	鸡粪	餐厨垃圾	5∶5	67		餐厨垃圾	5∶5
33		污泥	7∶3	68		污泥	7∶3/5∶5
34		果蔬废弃物	9∶1				
35	羊粪	餐厨垃圾	5∶5				
36		污泥	7∶3				

4 成果应用

1）在四川省双流县永安镇和山东省临朐县辛寨镇进行了单户和联户示范，结果表明添加混合发酵功能剂使玉米秆和猪粪（或牛粪）混合发酵沼气产率提高 34%，取得了较好的示范效果。研制的预处理菌剂在四川双流、陕西汉中等地的农村户用沼气池中进行了推广应用。

2）在湖北省团风县天意畜牧良种有限公司和北京市昌平区上西市村集中供气沼气站分别进行了 500 m^3 猪粪和麦秆混合发酵、400 m^3 猪粪和玉米秆混合发酵工程示范，平均容积产气率达 1.21 m^3/（m^3•d），受到业主的好评。

3）中国科学院成都生物研究所作为参加单位积极参与国家标准《制取沼气秸秆预处理复合菌剂》（GB/T 30393—2013）的编制，项目研究部分成果在编制修改过程中得到采纳。

4）向环境保护部生态司提交了《农村环境综合整治政策建议》（送审稿），获得生态司的初步认可。

5 管理建议

（1）加强农村环境综合整治多部门协调机制

在农村环境综合整治过程中，进一步加强多部门的协调作用，以环保部门牵头，农业、水利、卫生、城建等多部门共同参与，在各部门之间进一步加强信息沟通机制、监督机制、纠纷解决机制、联合办案机制、信息发布机制的建设，突破单一的职能部门权责限制，提高农村环境管理协同能力和工作效力。在养殖粪污治理方面，优先进行合理规划，通过合理规划，使养殖量和周边土地承载力相匹配，使养殖粪污经厌氧发酵后作为有机肥回用于农田，实现粪污的资源化利用，解决目前畜牧业因无力进行足够的环保设施投入和运行维护带来的环境污染问题。

（2）加强农村沼气物业管理体系建设，充分发挥我国户用沼气池处理农村有机污染物的作用

我国户用沼气池数量巨大，在处理农村人畜粪尿污染方面起着十分重要的作用。由于农村人口的大量流失，导致许多户用沼气池未能正常运行，使农村中大量的人畜粪便未经有效处理就直接排入环境中，造成了环境污染。建议以镇为单位加强农村沼气物业管理体系建设，从而加强户用沼气池的维护管理和新技术的推广应用，充分发挥户用沼气池对人畜粪污等有机污染物的治理功能，减少面源污染。

（3）加大财政投入，构建多渠道多元化筹资机制

应稳步加大财政投入，构建农村环境保护与治理支出与 GDP、财政收入增长的同步

增长机制。建议设立农村环境保护与治理专项支出，重点落实县、乡、村三级农村环境保护支出责任，确保财政投入向基层转移。倡导多元化的资金来源。为扩大社会资金投入，建议采取贴息、奖励、担保等措施，引导金融机构、市场资本加大农村环境保护投入。按照“谁受益，谁出资”“谁治理，谁收费”的产业化运营法，综合运用BOT、TOT、PPP、PFI等投资运营方式，推进污染治理的市场化，鼓励各种社会资金参与农村环境保护与治理的基础项目建设与运营。同时，合理构建安全高效的资金使用制度。

（4）**强化农村环保监管力度，杜绝新污染源的产生**

加强农村环境建设，应以生态工业园建设为突破口，改变“处处办厂，村村冒烟”的乡镇工业格局，把其纳入循环经济轨道，实现企业间资源循环利用和集中排污处理。要积极落实县乡（镇）两级党政一把手的环保职责，并纳入政绩考核范围。进一步完善政府统一领导、部门分工负责、群众广泛参与、环保部门统一监管的体系，坚持环保第一审批权制度。严把审批关口，防止引进重度污染企业。积极推动乡镇企业结构调整，把产业结构调整和推广清洁生产工艺、实用治理技术、发展环保产业结合起来。

6 专家点评

该项目通过原料预处理菌剂研制及其预处理工艺优化、原料配比、发酵过程调控与工艺优化等技术措施来提高秸秆类原料的降解效率，并优化反应器以适应工艺需要，形成一套农村有机废物混合厌氧发酵成套技术。在对农村有机废弃物资源化利用现状和农村环境综合整治现状的基础上构建了5种典型的农村有机废物资源化处理模式。该项目研究成果在我国南、北方典型地区进行了工程示范，并在示范工程运行的基础上，构建了4种沼气工程运营管理模式。该项目研究成果可提高厌氧发酵效率，促进沼气装置的稳定运行，对充分发挥沼气装置的治污功能具有重要的参考价值和技术支撑作用。

项目承担单位：中国科学院成都生物研究所、北京中环瑞德环境工程技术有限公司、
中国科学院广州能源研究所
项 目 负 责 人：袁月祥

城市污泥林业利用环境生态风险评估技术体系与控制对策研究

1　研究背景

随着我国城市污水处理率的不断提高，城市污泥的产生量也随之急剧增加。目前，我国城市污泥的主要处置措施落后，给生态环境带来了极大的安全隐患。城市污泥的最终处置及其出路已经成为我国亟待解决的重大环境难题之一。以城市污泥为主要原料进行堆肥处理后，可以获得含有丰富氮、磷、钾和有机质的城市污泥堆肥产品，是一种实现污泥处理与资源化利用相结合的有效途径。城市污泥堆肥产品在林业领域具有十分广阔的应用前景，《城镇污水处理厂污泥处置园林绿化用泥质》（GB/T 23486—2009）和《城镇污水处理厂污泥处置林地用泥质》（CJ/T 362—2011）两项标准的颁布，从污泥利用的角度，对城市污泥在林业应用中的理化指标、养分指标、卫生学指标、污染物指标等方面提出了相关的要求。然而，城市污泥堆肥产品林业施用后对周围环境质量（包括土壤、地表水、地下水）和林木产品是否存在生态风险还缺乏相应的评估方法和控制对策，因此无法为城市污泥堆肥产品在林业利用过程如何降低环境生态风险提供具体的指导，也无法为城市污泥堆肥产品林业利用的环境管理提供技术上的支撑。在此背景下，开展了城市污泥堆肥林业利用环境生态风险评估技术体系与控制对策的研究。

2　研究内容

1）城市污泥堆肥林业利用环境生态风险指标筛选。掌握城市污泥堆肥在林业利用过程中的潜在环境污染因子、污染介质和环境生态风险途径，并对潜在环境污染因子的暴露水平进行监测研究，确定主要污染因子的组成、浓度范围及其分析测定方法，筛选出城市污泥堆肥林业利用的环境生态风险评价指标。

2）城市污泥堆肥林业利用环境生态风险评价指标监测体系的建立。选择典型林业应用类型，建立城市污泥堆肥产品林业利用过程中不同环境介质内的环境污染因子监测方法；构建不同介质中环境生态风险评价指标的监测体系。

3）城市污泥堆肥林业利用环境生态风险评估方法的建立。研究城市污泥堆肥林业应用过程中潜在环境污染因子的污染途径和暴露水平；研究城市污泥堆肥林业应用过程中环境生态风险评价指标，筛选污泥堆肥林业应用过程中环境生态风险评价模型，并对不同环境介质的环境生态风险进行分析；提出城市污泥堆肥林业利用的环境生态风险评估方法。

4）城市污泥堆肥林业利用环境生态风险控制对策。研究城市污泥堆肥在林业应用过程中存在的典型环境污染因子及环境生态风险，反演出污泥堆肥林地利用中环境污染因子的浓度限值；优化污泥堆肥施用的技术方法，提出城市污泥堆肥林业应用环境生态风险的控制对策。

3 研究成果

（1）构建出城市污泥堆肥林业应用环境生态风险评估技术体系

选择北京地区典型林地进行案例研究，以城市污泥堆肥产品在防护林、风景林、用材林及园林绿化等典型林业应用过程中的环境生态风险为研究对象，分析测定了城市污泥堆肥在林业利用过程中污染因子的组分和含量，筛选出城市污泥堆肥林业利用过程中不同环境介质的环境生态风险评价指标，研究建立了不同环境介质中环境生态风险评价指标的监测体系。研究了城市污泥堆肥林业应用过程中潜在环境污染因子在不同环境介质中的污染途径和暴露水平；利用基于环境质量标准的单因子评价法、潜在生态风险评价法、内梅罗综合指数法、环境风险指数法、预测模型评价法、危害商值法、暴露－反应曲线法、概率风险评价法、多层次风险评价法、人体健康风险评价法等方法对不同环境介质的环境生态风险进行了分析及评价。

（2）提出城市污泥堆肥林业应用环境生态风险的控制对策建议

通过研究城市污泥堆肥在林业应用过程中存在的典型环境污染因子及环境生态风险，以评价体系对施用污泥堆肥后的环境生态风险的评估结果为依据，从污泥原料、土壤本底、施肥方式、施肥时间、施肥量、林地地质条件及植被搭配等方面提出城市污泥堆肥林业应用环境生态风险的控制对策建议。

（3）提出完善我国城市污泥堆肥林地利用相关标准的政策建议

针对现行的《城镇污水处理厂污泥处置 林地用泥质》（CJ/T 362—2011）提出3条标准完善及修改建议，对《城镇污水处理厂污泥处置 园林绿化用泥质》（GB/T 23486—2009）提出1条标准完善及修改建议。

（4）提出城市污泥堆肥林业应用的施用说明书1份

以项目实施过程中的实际经验为指导，结合城市污泥堆肥特性及不同场地性质，优化了污泥堆肥施用的技术方法，包括施用量和施用周期。编制了城市污泥堆肥林业施用说明书。

4　成果应用

1）项目成果《城市污泥堆肥林业应用的环境生态风险评估技术体系》提出了一套完整的污染物监测、采样、制样、分析的方法体系，提供了一套可用于监测场地环境质量评价及环境风险评估的技术方法体系，可为我国施用城市污泥及污泥堆肥的场地和单位提供不同环境介质中四类污染物 35 个指标的监测分析方法，并指导城市污泥或污泥堆肥施用单位对施用场地环境质量的监察和控制。

2）项目成果《城市污泥堆肥林业应用环境生态风险的控制对策建议》以污泥堆肥施用后对施肥场地的环境生态风险评价结果为依据，提出了针对污泥堆肥林地施用时可降低环境生态风险的具体措施，对于已施用堆肥的场地提供了控制或降低风险的对策及建议，为污泥堆肥的安全施用给予了有力的支持，为推进环境治理方面的工作提供了技术支撑。

3）项目成果《完善我国城市污泥堆肥林地利用相关标准的政策建议》针对《城镇污水处理厂污泥处置　林地用泥质》（CJ/T 362—2011）和《城镇污水处理厂污泥处置　园林绿化用泥质》（GB/T 23486—2009）提出了相应的修改建议，为我国环保标准、规范的修订提供了重要的参考作用。

4）项目成果《城市污泥堆肥林业应用施用说明书》提供了一份针对不同功能和用途的场地施用污泥堆肥的具体方法，为城市污泥堆肥资源化利用提供了一套安全可行的解决办法。该成果已被北京市城市规划设计研究院、北京鹫峰国家森林公园和北京市水务局所借鉴应用。

5　管理建议

1）根据《完善我国城市污泥堆肥林地利用相关标准的政策建议》，完善《城镇污水处理厂污泥处置林地用泥质》（CJ/T 362—2011）和《城镇污水处理厂污泥处置园林绿化用泥质》（GB/T 23486—2009）2 项标准，以更好地指导城市污泥的处置和资源化利用。

2）对施用城市污泥或堆肥的场地进行环境质量监测和评价，在评价结果基础上，指导施用单位正确、安全、有效地利用城市污泥或堆肥，避免出现环境生态风险。

3）国家林业管理部门根据《城市污泥堆肥林业应用施用说明书》和《城市污泥堆肥林业应用环境生态风险的控制对策建议》，对今后速生林培育、防护林建设、矿山修复及边坡绿化等方面工作起到参考作用，促进此类工作顺利高效的实施和完成。

6　专家点评

本项目通过近 3 年的现场试验和实验室研究，建立了城市污泥堆肥林地利用环境生态风险监测方法体系，较系统地研究了污泥堆肥产品中主要风险因子在环境介质中的暴露水平、迁移转化规律，确定了不同环境介质中潜在的污染风险因子，从环境影响、生态风险、人体健康三个方面对城市污泥堆肥林地利用的环境生态风险进行了评价，并在此基础上，提出了城市污泥堆肥林地利用环境生态风险控制对策。项目研究成果已被北京市城市规划设计研究院、北京鹫峰国家森林公园和北京市水务局所借鉴应用，对于指导我国城市污泥堆肥林地利用的实际操作和环境管理均具有较为重要的现实意义。

项目承担单位：北京林业大学、北京鹫峰国家森林公园

项目负责人：张立秋

稀土固体废弃物的控制指标及综合利用技术研究

1　研究背景

稀土作为重要的战略资源，用量以每年 10% 的速度增长。2012 年国际稀土消费量达到了 12.6×10^4 t，中国消费稀土 6.47×10^4 t，其中生产抛光粉 1.2×10^4 t，消费稀土的量至少为 7 200 t；生产钕铁硼 7.90×10^4 t，消费稀土 2.4×10^4 t；生产钐钴磁体 1 000 t，消费稀土 400 t；生产石油催化裂化催化剂（FCC）约 20×10^4 t，消费稀土约 1.0×10^4 t。在生产及应用这些稀土产品中产生了相应的稀土固体废物，因此回收利用这些资源具有重要的社会效益及经济效益。目前对稀土固体废弃物还没有系统的研究，虽然有利用废物回收稀土的报道，但行业中对稀土固体废物还没有形成规范的管理，使得在使用稀土固体废物的过程中在质量、安全、消耗等方面造成了极大的隐患，资源没有得到充分的再生利用。因此迫切需要研究各类稀土固体废弃物的资源特性和污染特征及综合利用技术，提出关于对稀土固体废弃物管理及处理的建议。

本项目在调研国内稀土固体废弃物的基础上，开展了稀土生产过程及应用领域各种固体废弃物产生、污染特性及有价元素的回收与综合利用现状研究，明确了稀土抛光粉、钕铁硼废料、钐钴废料三种稀土固体废弃物的资源特性和污染特征，建立了 3 种废弃物中稀土氧化物（REO）、S、Co、Fe 等成分的分析方法，研究了 3 种废弃物中有价元素回收利用技术工艺，提出了相应的综合利用指标及污染控制措施，旨在对稀土固体废物的科学管理及资源利用提供技术支持。

2　研究内容

（1）**稀土分离、冶炼及应用中稀土固体废物的形成及性质研究**

在综合国内外关于稀土固体废物的研究现状及发展动态的基础上，依据生产过程、应用领域及固体废物走向，得到目前稀土固体废物的成因、产生量及目前应用状况。针对稀土固体废物管理及处理提出建议，为相关环保标准、规范的制修订及对环境治理提供技术支撑。采用多种检测技术，对它们的物理特性、化学成分、浸出毒性、腐蚀性、放射性及来源属性进行了资源特性研究并依此做出评价。

（2）钕铁硼磁性材料废料、钐钴磁性材料废料及稀土抛光粉废料综合利用技术研究

依据钕铁硼废料、钐钴废料、稀土抛光粉废粉产生过程、成分特点及综合利用的工艺要求，采用多种检测手段对其进行了元素分析方法研究，完成相关分析检验研究报告。研究稀土固体废物回收稀土及有价元素的技术路线。

（3）稀土固体废弃物回收、再利用的污染物排放环境影响研究

根据稀土固体废物回收稀土及有价元素回收工艺路线，进行回收工艺污染控制研究，提出各工艺的污染防治措施，并对采用的措施进行评价。

3 研究成果

（1）完成了《稀土固体废物的成因、成分分析及综合利用》《钕铁硼废料资源特性研究》《钐钴废料资源特性研究》《稀土抛光粉废粉资源特性研究》报告

项目组走访了与稀土抛光粉、钕铁硼、钐钴、催化剂等相关生产企业、研究院、用户及回收利用稀土固废的企业，并进行了取样分析，在对我国现阶段主要稀土固废的产生、化学成分、资源特性、产生量及处理方式进行初步研究的基础上，结合大量的信息数据，最终提出对环境管理的支撑建议。通过调研得到以下结论：

1）四川、包头、部分南方离子矿分离冶炼产生的固体废物均属于低放废物，稀土金属及部分稀土应用领域产生的稀土固体废物放射性评价合格，属于豁免废物，荧光粉固废和贮氢电池固废属于具有浸出毒性特征的危险废物。

2）稀土分离过程中得到几种不同废渣，但出于经济利益和处理方便等原因，都将不同类废渣混合处理，经混合的废渣都属于放射性废渣，包头较早建立了放射性废渣渣库。四川将废渣曾经一段时间作为冶炼硅铁合金原料卖出，实则将放射性转移并稀释，随着环保对工艺“三废”的严格要求，许多企业将这些废渣继续处理，回收稀土并将放射性废渣存放。南方稀土生产企业分散，私采现象严重，废渣较为分散，随意丢弃，且废渣放射性随产地不同而变化较大，对环境造成了不同程度的污染。

从综合利用来看，稀土湿法分离生产领域废渣中REO含量至少为3%～5%，与我国一些主要稀土矿原矿的REO含量相当（表1），且粒度较细，化学成分简单。

表1 我国主要稀土矿原矿REO及ThO_2含量表

	REO / %	ThO_2 / %
白云鄂博稀土矿	5.7～6.2	0.037
四川牦牛坪矿	3.93	0.03～0.05
南方离子矿	0.129	/

3）稀土应用领域固废主要产生于生产和使用两个环节。生产环节产生的固废具有成

分简单，放射性合格，回收处理工艺简单，回收价值高等特点。使用过程中产生的固废（除抛光粉外）具有较为分散，难集中等缺点，甚至还含有毒性物质，回收利用受到限制。像用作荧光灯的荧光材料和用作电池的贮氢材料在回收过程中还带来挥发性汞污染，需谨慎处理。失效FCC平衡剂和废汽车尾气净化器中REO含量低，且为镧、铈等轻稀土元素，目前回收价值并不高，可在回收贵金属的过程中富集REO，然后再进行回收处理。对于镧玻璃废料，虽然废料形成量小，但废料中REO含量高，且废料较集中，具有回收价值，需要增加研发投入。

4）随着我国稀土矿产资源的不断减少，如何以对环境友好方式回收稀土工业固体废物具有重要意义。

稀土磁性废料和稀土抛光粉废粉经资源特性研究，废料的浸出毒性及腐蚀性，结果均小于国家标准要求，经实验确定这两类废料不具备反应性及易燃性且不含有放射性物质。本项目的研究为稀土磁性废料和稀土抛光粉废粉的资源化利用和污染风险评价提供依据。

（2）依据其产生过程、成分特点及综合利用的工艺要求，采用多种检测手段对钕铁硼废料、钐钴废料、稀土抛光粉废粉进行了元素分析方法研究，完成了相关分析检验研究报告，研究了稀土固体废物回收稀土及有价元素的技术路线

采用多种检测手段，针对钕铁硼废料、钐钴废料、稀土抛光粉废粉钕铁硼废料、钐钴废料、稀土抛光粉废粉进行了元素分析方法研究，完成钕铁硼废料中稀土总量及非稀土杂质含量、钐钴废料稀土总量、钴量及主量元素分量以及稀土抛光粉废料中稀土总量分析方法的研究报告。所建立的各元素分析方法经与不同方法对照，测定结果与对照结果吻合，方法具有测定含量范围宽、分析简便快速、结果准确等特点，完全能满足对钕铁硼废料、钐钴废料及稀土抛光粉废粉的分析测定要求。

确定了稀土抛光粉废粉中稀土的回收工艺路线，采用碱焙烧、水洗、酸洗、沉淀过程，得到了REO>96%的氧化镧铈，工艺回收率>90.0%；确定了钕铁硼废料中稀土的回收工艺路线，采用氧化焙烧、酸浸除铁、纯化、分离过程，得到了REO>99.0%的氧化镨钕，工艺回收率>90.0%，本工艺在江苏省某稀土材料公司进行了试验，取得了很好的效果；确定了钐钴废料中稀土及钴的回收工艺路线，采用盐酸浸出稀土除铜、钐与钴分离、钴与铁分离、沉淀过程，得到了REO量为97.4%的S_2O_3，其回收率为96.6%，Co_3O_4量为93.5%，其回收率为92.2%。

（3）根据回收工艺路线，进行了回收工艺污染控制研究，提出了各工艺的污染防治措施，并对采用的措施进行了评价

形成的稀土资源特性评价方法可以作为稀土固体废物资源再利用的依据，建立的不同类型的稀土固体废物中稀土及钴的回收工艺路线是可行的，产生的“三废”经实施污

染控制措施是完全可控的。因此，该研究成果可以作为管理部门制定措施的技术支持，同时该成果可以推广应用于稀土资源的回收。

4 成果应用

1）向包头市环保局提交《稀土固体废物的成因、成分分析及综合利用》《钕铁硼废料资源特性研究》《钐钴废料资源特性研究》《稀土抛光粉废粉资源特性研究》报告等文件，为包头市稀土行业固体废弃物环境管理提供了技术支持，明确了稀土固体废弃物的种类及检测方法，对固体废弃物的资源化利用提出了综合利用指标，使包头市稀土固体废弃物的环境管理更加科学化，管理更加规范化，提高了稀土固体废弃物综合利用水平。

2）依托于项目研究成果，对稀土固体废物管理及处理提出了建议。

3）项目对水浸渣的无害化处理工艺已在包头市世博稀土萃取装备有限公司进行中试试验，实现了水浸废渣中REO、ThO_2、Fe的溶出，二次废渣渣量减少到元渣渣量的50%以下，二次废渣中ThO_2的质量百分含量≤0.05%，放射性比活度＜7.4×10^4 Bq/kg，该项目的研究可进一步回收高价值的稀土和钍，实现资源的综合利用。

4）项目对从稀土抛光粉废粉中回收稀土的工艺过程无污染，使稀土抛光粉废渣得到合理的综合利用，稀土回收率达90%以上，可制得纯度达95%以上氧化稀土成品。该项目研究成果已获得中华人民共和国知识产权局的发明专利授权（专利号：ZL 2013 1 0063829.1），项目组已于2014年6月与河南安阳方圆研磨材料有限公司签订中试应用合作意向书，该项目的研究可进一步回收高价值的稀土，实现资源的综合利用。

5 管理建议

1）项目的研究对我国现阶段主要稀土固废的产生、化学成分、资源特性、产生量及处理方式进行初步研究的基础上，结合大量的信息数据，归纳其现状（见表2），总结其分类（表3）。

2）目前国内只对稀土放射性固体废物进行统一管理，除了放射性固体废物外，对其他稀土固体废物的形成、成分、数量、鉴别、危害性、资源特性的研究没有形成完整的资料，建议依据稀土产业链情况对稀土固体废物的上述性质进行研究，以便为稀土固体废物的处理和处置提供依据，为制定稀土固体废物相关鉴别标准、工艺处理标准提供准确的数据，为实现稀土工业循环经济提供依据。

3）随着我国稀土矿产资源的不断减少，如何以对环境友好方式回收稀土工业固体废物具有重要意义。建议建立我国稀土固体废物标准，根据稀土生产、应用情况，将产生的稀土固体废物进行分类，规范命名，制定标准，标准中规定对废料的要求、试验方法、

表 2　稀土生产及应用领域固体废物产出现状表

领域	固体废物名称	来源	产出系数	REO / %	其他主要元素	比活度 /（Bq/kg）	固体废物特点
稀土生产领域固体废物	铁钍渣	四川矿	0.01t/t 精矿	15～25	Fe、Th	10^5	三种废渣全部混合形成酸溶渣，产出集中
	铅渣	四川矿	少量	15～20	Pb、Th	10^4	
	钡渣	四川矿	0.20 t/t 精矿	10～15	Ba、Pb	10^5	
	铁钍渣	包头矿（碱）	0.15 t/t 精矿	50～60	Th	10^6	两种废渣随工艺混合，产出集中，统一存放
	酸溶二次废渣	包头矿（碱）	0.04 t/t 精矿	50～60	P、F	/	
	水浸渣	包头矿（酸）	0.6 t/t 精矿	3～5	Th、Fe、P、S	10^4～10^5	随工艺混合，产出集中，统一存放
	酸溶渣	南方离子矿	0.14t/tREO	0.10	Al、Th	10^5	矿点分散，产出较集中，管理欠缺
	金属冶炼渣	金属及合金	0.02t/t 产品	30～50	C、Fe	$<1.0\times10^3$	产出集中，全部处理
稀土应用领域固体废物	钐钴废料	生产、使用	0.2～0.3 t/t 产品	20～30	Co、Fe、Cu、Zr	$<1.0\times10^3$	产出集中，回收钴，二次废渣未处理
	钕铁硼废料	生产、使用	0.25～0.3 t/t 产品	27～33	Fe、Co、B	$<1.0\times10^3$	产出集中，回收工艺成熟，二次废渣未处理
	抛光粉废粉	使用后	3t/t 抛光粉	10～90	Si、Ca、Al 等	$<1.0\times10^3$	产出集中，REO 中以 Ce 为主、未被应用
	废贮氢电池	生产、使用	1t/t 电极	30～40	Ni、Co、Al、Hg	$<1.0\times10^3$	分散，含汞，处理难度大
	荧光粉废料	生产、使用	0.25～0.33 t/t 产品	15～25	Al、Ca、Hg	$<1.0\times10^3$	生产领域集中，易回收。应用产品多且分散，重稀土含量高，含汞，回收难度大
	失效 FCC	应用	1 t/t 产品	3	Al、Si、Ca	$<1.0\times10^3$	产出集中，REO 含量低，以轻稀土为主
	废尾气净化器	应用	/	/	/	$<1.0\times10^3$	分散，REO 量低，以回收贵金属为主
	镧玻璃废料	生产、应用	0.33～0.43 t/t 产品	30～40	Nb、Zr、B	$<1.0\times10^3$	生产固废集中，应用固废分散。生产产业集中

注：稀土应用领域原料常为纯稀土金属或氧化物，比活度水平小于 10^3 Bq/kg，生产及使用过程中都没有其他放射性元素引入，所以应用领域固废属豁免废物。REO 为稀土元素氧化物。

表 3　稀土固体废物资源特性及分类总结表

领域	固体废物名称	浸出毒性	腐蚀性（pH）		放射性	分类
			2 ～ 12.5	6 ～ 9		
稀土生产领域固体废物	铁钍渣	√	√		×	第Ⅱ类一般工业废物；第Ⅰ级（低放废物）
	铅渣	×	√	√	×	具有浸出毒性特征的危险废物；第Ⅰ级（低放废物）
	钡渣	×	√		×	具有浸出毒性特征的危险废物；第Ⅰ级（低放废物）
	铁钍渣（碱）	\	√		×	第Ⅰ级（低放废物）
	酸溶二次废渣	\	√		×	第Ⅰ级（低放废物）
	水浸渣（酸）	×	√		×	具有浸出毒性特征的危险废物；第Ⅰ级（低放废物）
	酸溶渣	√	√		×	第Ⅱ类一般工业废物；第Ⅰ级（低放废物）
	金属冶炼渣	√	√	√	√	第Ⅰ类一般工业废物；豁免废物
稀土应用领域固体废物	钐钴废料	√	√	√	√	第Ⅰ类一般工业废物；豁免废物
	钕铁硼废料	√	√		√	第Ⅱ类一般工业废物；豁免废物
	抛光粉废粉	√	√	√	√	第Ⅰ类一般工业废物；豁免废物
	废贮氢电池	×	√		√	具有浸出毒性特征的危险废物；豁免废物
	荧光粉废料	×	√		√	具有浸出毒性特征的危险废物；豁免废物
	失效 FCC	√	√		√	第Ⅱ类一般工业废物；豁免废物
	废尾气净化器	/	/	/	/	/
	镧玻璃废料	√	√	√	√	第Ⅰ类一般工业废物；豁免废物

注：“√”为鉴别合格物，“×”为鉴别不合格物，“/”为未检测物。

检验规则，根据科学研究规定其标识、包装、运输及贮存。

4）建议完善稀土固体废物的评价。制定系列的有效成分的检测，确定其利用价值；利用环境保护部门制定的规范对其危险性、放射性、腐蚀性、浸出毒性等进行测定，就其资源特性进行明确。

5）建议制定综合利用的规范，促进稀土固废资源化利用工程。制定综合利用的技术规范、环保规范及安全规范，约束其对于资源、环境、人类的影响。

6）从源头遵循减量化原则，全面推进稀土产业的清洁生产。目前我国的稀土产业正处于整合阶段，实行产业、产品结构调整与清洁生产技术相结合，全面实施增产增效、降耗减废战略，提高能源与资源的利用率。

6　专家点评

该项目在调研国内稀土固体废弃物的基础上，开展了稀土生产过程及应用领域各种固体废弃物产生、污染特性及有价元素的回收与综合利用现状研究，明确了稀土抛光粉、钕铁硼废料、钐钴废料三种稀土固体废弃物的资源特性和污染特征，建立了 3 种废弃物中 REO、S、Co、Fe 等成分的分析方法，研究了 3 种废弃物中有价元素回收利用技术工艺，提出了相应的综合利用指标及污染控制措施，项目的研究成果可为我国稀土固体废弃物的回收和综合利用提供技术支撑，部分成果在包头市稀土固体废弃物环境管理中得到应用，并为国内有关稀土固体废弃物回收企业优化综合利用提供了技术指导。

项目承担单位：包头稀土研究院、包头市环境监测站

项目负责人：许涛

化学品危害诊断、分类、暴露预测及名录研究

1 研究背景

目前，化学品的环境及健康问题已成为当今国际社会关注的焦点、热点。有毒化学品的无害化管理已经被正式列入我国《国家中长期科学和技术发展规划纲要（2006—2020年）》重点领域中的环境领域和其他相关领域中的优先主题。对化学品进行危害性分类和公示管理是化学品全生命周期管理的重要环节，也是化学品风险评估和环境管理的主要内容和前提条件。在《国家环境保护“十二五”科技发展规划》中，明确将化学品及化学物质环境管理支撑技术研究列为重点领域，要求初步开发一批满足国家化学品环境管理需求、具有国际先进水平的有毒化学品管理技术，从源头防范化学品长期潜在的环境风险，为制定化学品环境无害化科学管理政策提供技术支撑。

为应对化学品危害带来的挑战，落实《国家中长期科学和技术发展规划纲要（2006—2020年）》和《国家环境保护“十二五”科技发展规划》提出的各项要求，推进化学品环境无害化管理工作，开展化学品危害诊断、分类、暴露预测及名录研究工作就成为夯实我国化学品环境管理技术基础、有效支撑化学品环境管理的重要手段。本项目包括各有侧重、相对独立的4个课题，分别在化学物质分子结构—理化性质、毒理学性质和生态毒理学性质的QSAR（定量构效关系）模型及化学品危害诊断软件、我国化学品GHS（全球化学品统一分类和标签制度）分类技术方法、新化学物质典型行业（涂料行业）暴露预测及风险管理、《中国现有化学物质名录》完善技术方面开展研究。

2 研究内容

研究建立化学品分子结构—理化性质、毒理学性质和生态毒理学QSAR模型，并整合相关模型构建出具有自主知识产权“化学物质危害性诊断系统”软件。研究建立我国化学品GHS分类技术方法，编制我国化学品GHS物理危险性、健康危害性和环境危害性28个分类指南系列文件（草案），对优先环境管理化学品和新化学物质进行分类；跟踪研究国际GHS实施进展，调查我国GHS实施现状，提出我国环保部门应对GHS的措施建议。分析涂料生产及后续使用过程中化学物质的来源、使用方式、释放途径，开发

涂料行业及用途的暴露场景及风险管理措施。完善《中国现有化学物质名录》功能，建立信息更新标识等相应技术规范。

3 研究成果

（1）**开发“化学品危害性诊断系统”软件，实现数据检索和在线分析预测**

通过收集整理实验数据，对八类苯系化合物的理化参数、生态毒理学性状、毒理学效应进行分析，建立各类模型，并通过内部交叉和外部验证、实验验证等方法，明确了模型的稳定性和预测能力，并分析探讨了毒性效应的机理。在此基础上开发出具有自主知识产权的“化学品危害性诊断系统”软件，实现数据检索和在线分析预测。

（2）**建立我国化学品 GHS 分类技术方法体系**

以联合国 GHS 分类文件为蓝本，通过跟踪调研欧盟、日本等发达国家（或地区）和巴西、泰国、新加坡等发展中国家 GHS 实施情况，结合我国实际情况，研究建立了我国化学品 GHS 分类技术方法体系，并应用该体系编制了我国 GHS 分类指南系列文件（草案）。通过对已申报新化学物质和优选环境管理化学品的分类工作，验证了该体系的科学性、可靠性和可操作性，并为我国化学品环境管理提供了参考依据。

（3）**开发建立了我国涂料行业化学物质的排放场景文件**

通过对新化学物质申报登记情况的梳理分析，选择涂料行业作为研究对象。通过资料查询、现场调研和专家咨询，开发建立了我国涂料行业化学物质的排放场景文件，包括有机溶剂型涂料、水性涂料、粉末涂料三类涂料生产配制排放场景和建筑涂料、汽车涂料两类涂料涂装使用场景。给出了相应工艺及排放场景下化学物质向环境介质的排放因子。通过总结涂料行业污染情况、分析我国涂料行业污染物控制法规现状和涂料标准发展规划，提出了我国涂料行业风险管理措施的具体建议。

（4）**完善新化学物质申报登记标识信息技术要求，更新《现有化学物质名录》**

通过分析比对美国、欧盟等关于现有化学物质名录的建立与维护情况，编制并发布了《新化学物质申报登记标识信息技术要求（试行）》。通过与化学文摘号数据库比对、专家研讨审核等多种方式，规范了《现有化学物质名录》中的物质名称和结构式，增加了 3 类化学物质的相关信息和相应的检索项，以此支持环境保护部 2013 年发布新版《现有化学物质名录》，并在此基础上开发了《中国现有化学物质名录》（2013 年版）单机版软件。

4 成果应用

本项目全面完成了项目任务书规定的任务和各项考核指标，部分研究成果已应用于化学品环境管理。《中国现有化学物质名录》，以环境保护部公告 2013 年第 1 号的形式发布；《新化学物质申报登记标识信息技术要求（试行）》已发布，应用于7号令管理范围内；28个化学品危害性分类指南（草案）已在新化学物质申报专家评审中试行；“化学品危害性诊断系统”软件已应用于国内有关实验室开展化学品危害性诊断预测。其他成果或可转化为标准或技术规范，或可为化学品环境管理提供科学依据与技术支持，并具有积极的推动作用。研究成果达到了预定的目标，对环境保护部化学品环境管理，特别是新化学物质风险管理方面提供了技术支撑作用。

5 管理建议

（1）加强化学品危害诊断预测研究，扩展研究范围

建议在本项目研究基础上，进一步加强化学品危害性诊断等风险评估技术方面的研究工作，将“化学品危害性诊断系统”软件应用于我国化学品风险评估技术工作中，并在今后的研究工作中继续强化化学品危害性诊断预测工作，将研究范围扩展到其更多类型的化学品。

（2）完善GHS法规标准体系，制定国家行动方案

GHS法规标准体系是实施GHS的基础，我国相关部门应适时推动我国GHS法律法规体系的建设，出台GHS实施专项法律或法规，对GHS的实施领域、化学品范围、积木块（Building Block）采纳原则、实施过渡期、各部门职责、处罚等给出专门规定，以加强GHS的实施力度。GHS实施国家行动方案是国家实施GHS的纲领性文件，是保障每个国家有序、稳步实施GHS的重要保障，我国目前虽已计划制定行动方案并着手起草，但仍未有明确的发布时间表，因此建议我国加快方案的制定进程，尽早出台行动方案。

（3）采取多项措施，积极推进GHS在我国的实施

建议在本项目研究基础上，环境保护部以规范性文件或标准的形式发布GHS系列指南文件；环保系统设立相应机构和岗位，明确并强化工作职责，提高工作效率；组建GHS环境危害性分类专家队伍和培养锻炼技术人员队伍；对管制的化学品开展GHS环境危害性分类，建立相关分类数据库，并动态更新相关信息；通过在环境保护部政府网站建立GHS专页、设立信息交流平台等多种渠道和方式，开展并强化有针对性的培训；继续推进中日韩合作等国际交流合作项目，借鉴国外实施经验，推进我国环保部门GHS实施。

（4）加强新化学物质行业暴露场景文件研究

建议在本项目研究基础上，开展对新化学物质申报登记中所涉及的其他典型行业的暴露场景研究，鉴于各行业的专业性极强，建议委托各行业协会组织开发，并结合实地监测数据，将减少暴露场景的不确定性，使其更加符合我国的实际情况。

（5）尽早发布实施《现有化学物质名录》的更新与维护技术规范

我国《现有化学物质名录》建设是一项需要长期投入的技术工作，其更新、维护和修订都需要国家的不断投入，以持续适应化学工业的发展变化和环境管理的需要。建议环境保护部尽早发布实施《现有化学物质名录》更新与维护技术规范，通过建立机制，借助社会力量持续修正相关信息，以弥补目前《现有化学物质名录》维护力量单薄之不足。

（6）开发利用《现有化学物质名录》的原始数据，为现有化学物质的动态监督管理服务

建议参考美国环保局实施化学物质更新报告制度的做法，对《现有化学物质名录》中具有潜在风险的化学物质实行信息动态报告制度，要求申报人定期对现有化学物质的产（用）地、产（用）量等非测试信息向环保部门报告。环保部门收集全国的信息并进行分析处理，形成能够动态地反映我国化学工业总体情况和变化趋势的数据体系。

（7）对《现有化学物质名录》中的物质进行分类，延伸其功能

建议参照其他国家管理模式下确定的筛选体系和分类体系，对化学物质暴露信息、危害信息等进行综合考虑和研究，借助管理的强制信息收集要求和科学研究的最新成果对《现有化学物质名录》中化学物质进行筛选、识别和评估，并根据管理预设的标准和种类，划归为不同类别，并进行标记，将《现有化学物质名录》从作为新化学物质判据的单一功能延伸到具有对现有化学物质环境管理的技术支撑功能。

6　专家点评

该项目针对目前我国化学品环境管理现状和实际需求，开展了化学品危害性诊断预测系统、化学品 GHS 分类技术方法、新化学物质涂料行业暴露预测及风险管理和《中国现有化学物质名录》完善技术研究，开发了“化学品危险性诊断系统”软件，完成了 1 041 种已登记的新化学物质 GHS 分类，编制了《化学品危害性分类指南》（草案），对《中国现有化学物质名录》进行了更新与维护，并编写了新化学物质涂料行业暴露场景文件。项目研究成果为我国化学品环境风险管理提供了有效的技术支撑，部分研究成果已在环境保护部化学品环境管理中得到应用。

项目承担单位：环境保护部固体废物与化学品管理技术中心、中国环境科学研究院、中国科学院物理研究所、中国化学会、北京工业大学

项目负责人：沈英娃

兽药污染的健康风险评估与风险管理技术研究

1 研究背景

近年来，随着我国畜禽养殖业的快速发展，兽药（包括添加剂）在保障动物健康，提高畜禽生产力等方面的作用越来越大。然而，“速生鸡”“有抗奶”等事件的不断曝光，不仅触动了公众在食品安全领域的敏感神经，同时抗生素及抗性基因等新型环境污染物也逐步引起了广泛关注。目前，我国畜禽养殖业中兽药使用所带来的环境污染问题处于继续加重的态势，对人体健康造成的严重威胁逐渐显现。长期以来，由于对兽药的环境危害影响认识不足，兽药一直缺乏有效的环境管理。

该项目在对典型养殖场兽药污染特征研究的基础上，结合兽药环境行为归趋特性，建立基于模型预测的兽药暴露评估技术，同时对典型兽药的环境与健康效应评价开展针对性研究，包括内分泌干扰效应、抗性诱导效应以及肝肾损伤效应等。最终产出兽药生态风险评估与风险管理技术规范，规定兽药环境风险评估的指标、程序和方法。这不仅可以促进我国兽药污染风险研究、污染防治和相关管理政策措施制定，同时也可推进兽药环境风险评价体系建设，对有效应对兽药污染具有重要支撑作用。

2 研究内容

1）选择典型类型兽药品种（抗生素、雌激素以及喹恶啉类喹乙醇）作为研究对象，建立兽药在不同介质中痕量监测分析技术，研究典型兽药环境行为特性，选择典型养殖场采集其周围的地表水、土壤、农作物、水产品等，研究典型兽药使用后在环境中的迁移转化规律、暴露途径、污染水平。

2）研究典型兽药品种环境生态效应，包括兽药雌激素内分泌干扰效应，抗生素抗性基因诱导效应以及生物富集效应。针对典型兽药品种对人体健康效应影响，研究己烯雌酚生殖内分泌干扰作用和喹乙醇肝肾损伤生物标志物及作用机理。

3）构建我国兽药环境健康风险评价指标，建立定性表征风险的程序和方法。结合暴露评估技术和效应评价技术，建立以风险商值为指标的定量风险评估技术。

3　研究成果

（1）掌握了典型养殖场兽药的污染特征

通过对养殖场不同暴露介质的调查、采样与典型兽药分析工作，发现兽药不同的纵向归趋规律与其理化特性密切相关，吸附性较强的药物表现出较强的土壤和底泥滞留性，而吸附性弱的药物在水体及鱼体中残留浓度较高；植物对于抗生素的富集能力可能与抗生素的水溶性存在正相关性；冬季各种暴露介质中兽药的浓度高于夏季。通过计算饲料添加途径对兽药环境暴露浓度的贡献比发现，饮用水中的添加或注射以及超量使用抗生素添加剂可能是养殖场抗生素污染的主要来源。

（2）明确了典型兽药的环境行为归趋特性

研究表明，磺胺类抗生素在不同类型土壤中的降解规律均能较好地用二级指数函数方程描述，揭示了磺胺类抗生素先快后慢的趋势，从而导致了其长时间滞留的态势。光照对抗生素降解的影响较小，而粪便的混合使得降解速率明显加快。影响磺胺类抗生素土壤吸附性的重要因素是土壤有机质含量和土壤 pH 值。加入粪便的土壤基质对磺胺类抗生素的吸附作用增强并不仅仅是因为有机质增加，粪便中含有的一些微小有机质颗粒包括的羧酸、碳酸等基团可能为磺胺类药物提供了离子交换位点，因此，药物的极性越大，其在加入粪便的土壤基质中吸附性增高越多。粪便对土壤淋溶性能有一定影响，能吸附磺胺类抗生素，减少其移动。

（3）研究建立了兽药的环境暴露评估技术

本研究初步探索和建立了适用于我国养殖业具体情况的兽药环境风险暴露评估模型。构建的暴露场景考虑四类参数，包括动物给药方案参数、动物养殖业及粪便农田施用的信息、兽药在动物体内的排泄与代谢规律以及其在环境介质中的行为特性。通过数学模型建立了兽药在粪便、土壤及水体介质中暴露浓度的估算方法，可以为我国兽药的环境管理提供参考方法。

（4）探索了典型兽药的环境与健康危害效应

兽药进入环境后的污染危害不仅包括对水生生物、陆生生物、土壤微生物的急慢性毒性影响，还包括低剂量长周期暴露所致的特殊环境效应，例如内分泌干扰效应、抗性基因诱导效应以及生物富集效应等。本研究针对这几种特殊效应开展了系统研究，包括效应评价指标、效应评价方法以及污染危害机制等，以揭示典型兽药污染潜在的环境危害，探索将特殊效应评价纳入环境风险评估的可能性。

兽药环境污染会通过食物链进入人群体内，从而使得人群健康受到影响。本研究以典型兽药为切入点，以生物标志物研究为主线，以代谢动力学特征为基础，开展了较为系统的己烯雌酚、喹乙醇等典型兽药的生殖内分泌干扰、肝肾损伤作用机制研究，以期为健康风险效应评估提供较为丰富的数据源。

（5）开发了兽药环境风险评价技术

本研究开展了兽药环境风险评价技术研究，建立了评价指标、评价基本程序和评价方法等，编制了《兽药生态风险评估与风险管理技术规范》和《兽药及饲料添加剂环境与健康危害优先级评估导则》（草案）。研究筛选得到的“中国兽药及饲料添加剂优先环境健康管理清单”中，抗生素是我国兽药环境管理最优先关注的品种；同时，用于水产养殖业的消毒剂，大多数是一些杀虫剂，其对生态环境和人体健康的影响也应该受到高度关注。

项目组在调研欧美兽药环境安全管理程序和方法的基础上，结合我国兽药环境管理的现状，研究并制定了适合我国兽药生态风险评估的程序和方法。兽药的生态风险评估包括2个阶段。在第Ⅰ阶段的预评价中，就申请登记的兽药，评估其环境暴露是否对环境产生危害。第Ⅱ阶段的正式评价包括水产养殖、集约养殖和牧场养殖场景的风险评估。

4 成果应用

1）向环境保护部提交《关于加强我国兽药及饲料添加剂环境管理的政策建议》《加强兽药环境管理，防止新型污染物的环境危害》等政策建议，向政协会议提交了1项提案《关于加强抗生素类污染物环境管理与污染控制的提案》，为启动“抗生素类污染物环境管理与污染控制工作”提供了很好的理论支撑。

2）依托于项目研究成果，向环境保护部科技标准司提交了《关于抗生素环境保护问题的认识以及环保标准工作建议》，为2016年标准项目“抗生素环境风险控制标准体系研究”的立项奠定了很好的理论基础。

3）项目产出的《中国兽药及饲料添加剂优先环境健康管理清单》为指导养殖企业选择性使用低风险品种兽药，加强畜禽排泄物的处置，预防可能造成的环境危害，起到了积极的作用。

4）项目产出的《兽药生态风险评估与风险管理技术规范》为兽药研制企业开发环境友好型兽用制品的释放试验提供了有力的技术支持，对提出环境风险防范措施与手段具有重要指导意义。

5 管理建议

1）建立兽药环境监管机制，借鉴发达国家兽药环境管理的经验，在登记环节过程中应加强兽药的环境影响评估，从源头控制兽药污染。同时，有必要提出我国兽药及饲料添加剂优先管理控制名录，建立跨环保、农业、卫生、质检等部门的联合工作机制，指导养殖户科学合理地使用抗生素，定期抽查养殖场所用的饲料与药物，严格控制养殖场使用药物的种类和用量，从源头控制高风险兽药的来源。

2）建立兽药环境安全评价体系。应当增加兽药与饲料添加剂在生态风险评估方面的科研力度，建立我国兽药及饲料添加剂的环境安全评价体系，为我国兽药及饲料添加剂的环境风险管理和防控提供必要的技术支撑。

3）加强兽药的污染控制技术研究，从使用末端消除污染。应加强畜禽养殖废弃物兽药污染去除技术的研究，尽快推广该类技术在养殖场的应用。

4）加快抗生素环境管理标准体系的构建。首先，不论是采用风险管理的方法，还是纳入质量标准、排放标准进行常规管理，都需要在国家层面制定出统一的监测分析方法标准。其次，应进一步开展抗生素及抗性基因等新型污染物的环境基准和环境标准体系研究，为建立该类新型污染物的环境质量标准及排放标准奠定基础。

6　专家点评

项目在对典型养殖场兽药污染特征研究的基础上，结合兽药环境行为归趋特性，建立了基于模型预测的兽药暴露评估技术，同时对典型兽药的环境与健康效应评价开展了针对性研究。先后凝练提出了《兽药生态风险评估与风险管理技术规范》（草案）、《兽药及饲料添加剂环境与健康危害优先级评估导则》（草案）和“我国兽药及饲料添加剂环境健康优先管理清单”等。项目研究成果已在兽药、饲料使用及兽药研制等工作中得到应用，对促进我国兽药污染风险研究、污染防治和相关管理政策措施制定，推进兽药环境风险评价体系建设，有效应对兽药污染具有科技支撑作用。

项目承担单位：环境保护部南京环境科学研究所、中国疾病预防控制中心职业卫生与中毒控制所、南京大学

项 目 负 责 人：李斌

基于我国本土生物种的化学品毒性评价方法和管理技术

1 研究背景

2010年环境保护部颁布了《新化学物质环境管理办法》，规定在新化学物质申报时提供的生态毒理学特性测试报告，必须包括在中国境内用中国的供试生物按照相关标准的规定完成的测试数据。但目前基于我国本土生物种的毒性评价方法十分匮乏。因为两栖动物对化学物质的敏感性，其受到的化学物质的损伤引起了各界的广泛关注，由此催生出一些用两栖动物评价化学物质毒性的方法，如美国测试与材料协会（ASTM）的《非洲爪蟾胚胎致畸试验》、经济合作与发展组织（OECD）的《两栖动物变态试验》等，这些基于两栖动物通用种非洲爪蟾的方法已广泛用于化学物质的毒性评价。同时，一些国家也致力于本土两栖动物种的毒性评价方法开发。黑斑蛙是我国广泛分布的两栖动物种，多年来也被用于生物学和毒理学的研究，有望成为用于评价化学物质毒性的我国本土两栖动物种。项目承担单位前期对黑斑蛙的实验动物化进行过初步研究，并开展了一些毒性评价的工作。本项目在此基础上，探索将黑斑蛙发展为一种评价化学品生态毒性的本土供试动物种，建立一套评估化学品生态毒性的方法学体系，编制国家/行业标准草案，以为我国的化学品环境管理提供技术储备。为此，项目设置了黑斑蛙实验动物化研究、黑斑蛙生物学研究、基于黑斑蛙的毒性评价方法的研究等内容，并就相对成熟的毒性评价方法编制国家/行业标准草案。

2 研究内容

1）开展两栖动物黑斑蛙的实验动物化研究，将野生黑斑蛙引入实验室，探索黑斑蛙实验室养殖的条件。

2）开展黑斑蛙的生物学研究，包括黑斑蛙发育过程中发育期的识别，甲状腺发育、甲状腺激素的分泌及相关的分子生物学，性腺分化和发育及相关的分子生物学等，为毒性评价方法的建立奠定生物学基础。

3）建立评价化学品胚胎毒性、甲状腺干扰作用和雄激素作用的方法。

4）就成熟的毒性评价方法编制相应的标准草案，为我国的化学品环境管理提供技术储备。

3　研究成果

1）探索建立了黑斑蛙饲养的条件，为克服繁殖受季节的限制，开发了一套诱导发育设备，可做到随时可以产卵繁殖，获得试验所需材料。该设备申请实用新型专利，已获得专利授权。经过几年探索，黑斑蛙的养殖条件逐步得到优化，初步实现了黑斑蛙的实验动物化，并编制完成《黑斑蛙实验室养殖规范》草案，为黑斑蛙作为毒性测试生物的应用提供了技术保证。在项目支持下建立的黑斑蛙养殖动物房已具备批量生产黑斑蛙的能力，目前开始向毒性测试资质单位提供黑斑蛙用于毒性的检测，并获得认同。

2）开展了黑斑蛙的生物学研究，包括：①发育过程中发育期的划分和识别，这一工作对于经历变态发育的黑斑蛙的进一步的生物学和毒理学工作十分重要；②甲状腺发育、甲状腺激素的分泌及相关的分子生物学的研究，为建立评价甲状腺干扰作用的黑斑蛙变态试验方法奠定了基础；③性腺分化和发育及相关的分子生物学的研究，为建立评价雄激素作用的黑斑蛙性腺分化发育实验方法建立奠定基础。

3）研究了多种化学品对黑斑蛙的胚胎毒性、甲状腺干扰作用和生殖内分泌干扰作用，并与国际通用种非洲爪蟾对化学品的敏感性进行比较，发现黑斑蛙对某些化学品的敏感性与非洲爪蟾存在差异，尤其在生殖内分泌干扰物方面，黑斑蛙对环境雄激素敏感而对环境雌激素不敏感，能够被环境雄激素诱导发生由雌到雄的性逆转；非洲爪蟾对环境雌激素敏感而对环境雄激素不敏感，只被环境雌激素诱导发生由雄到雌的性逆转。在这些工作的基础上，建立了基于黑斑蛙的评价化学品胚胎毒性、甲状腺干扰作用和生殖内分泌干扰作用的方法。

4）就以上建立的化学品毒性评价方法编制完成技术标准《化学品　黑斑蛙胚胎发育毒性试验》和《化学品　测试甲状腺干扰作用的黑斑蛙变态试验》建议稿，经实验室间方法应用验证，证实这两种方法具有较好的稳定性，具有在毒性测试单位应用的前景。编制完成《化学品　测试雄激素活性的黑斑蛙性腺分化发育试验》标准方法草案，正在准备申请标准立项。这些方法为我国化学品环境管理提供了技术支撑。

5）撰写专著《两栖动物生物学及在化学品毒性测试中的应用》初稿，已与中国环境出版社签出版合同。

4　成果应用

开发本土生物种作为化学品毒性评价的试验动物并建立相应的毒性评价方法是目前我国化学品环境管理的重要技术需求。通过本项目的研究，初步实现了我国本土两栖动物种的实验动物化，具备了在化学品毒性测试单位和科研单位的条件，在此基础上建立了3项毒性评价的技术方法，并编制完成相应的标准建议稿。在项目支持下建立的黑斑蛙养殖动物房已具备批量生产黑斑蛙的能力，目前开始向毒性测试资质单位提供黑斑蛙用于毒性的检测，所建立的毒性评价方法也在一些单位试用，并获得认同。

5 管理建议

本项目开发出了一种可用于毒性评价的我国本土生物种——两栖动物黑斑蛙，建立了基于黑斑蛙的3项毒性评价的技术方法，并编制完成相应的标准建议稿。这一工作适应了我国化学品环境管理对本土生物种和相应方法的技术需求。建议管理部门对这一本土生物种予以关注，逐渐将其纳入我国化学品毒性评价技术体系。

6 专家点评

该项目通过对我国本土黑斑蛙实验动物化、生物学和毒性评价方法的系统研究，开发了一套诱导发育设备，初步实现了黑斑蛙的实验动物化；建立了基于黑斑蛙的评价化学品胚胎毒性、甲状腺和生殖内分泌干扰作用的方法；起草了《化学品黑斑蛙胚胎发育毒性试验》《化学品测试甲状腺干扰作用的黑斑蛙变态试验》《化学品测试雄激素活性的黑斑蛙性腺分化发育试验》和《黑斑蛙实验室养殖规范》4项技术文件建议稿。研究成果可为我国化学品环境管理、废水生物检测和水体综合毒性评价提供参考。

项目承担单位：中国科学院生态环境研究中心、环境保护部南京环境科学研究所、中国检验检疫科学研究院

项目负责人：秦占芬

基于含砷物料利用的清洁炼铅技术与工艺模式

1　研究背景

砷是铅、锌、铜、镍、钴、金和银等有色金属矿石中的主要伴生元素之一。据估计，每年随精矿带入我国有色冶炼生产系统的砷量达到 5 万 t 左右，其中约有 30%的砷进入烟气、烟尘、废渣、废酸和废水中。这些含砷废弃物构成了我国有色冶炼企业最重要的环境污染源。更重要的是，含砷化合物剧毒且具有生物累积性和致癌性，对我国生态环境及人民身体健康有致命威胁。此外，含砷物料中存在的其他金属元素如铅、锌、铜等，不仅是重要的有价金属资源，而且其对环境生态也有极大危害。高砷物料的处理及资源化是我国有色行业面临的共性问题。

目前，我国高砷多金属复杂物料的处理方法众多，包括酸浸法、碱浸法、水泥固化法等，基本形成火法和湿法并存的格局，但尚没有一个工艺既能解除砷的污染又能高效分离回收含砷物料中的有价组分，普遍存在砷污染易失控、有价金属回收率低、生产成本高等缺点。更重要的是由于长期以来相对粗放地式发展，我国尚未建立有色冶炼过程中砷污染控制的相应标准、规范等技术政策性文件，使得有色冶炼过程砷污染控制仍然处于无序状态，为我国环境管理工作的发展造成极大的困难。

本项目基于具有我国自主知识产权的 SKS 炼铅法清洁生产工艺，以实现含砷物料的无害化、资源化处理，系统探索多金属资源的高效利用，以形成含砷多金属复杂料高效脱砷新技术体系，为实现有色冶炼工业源头削减环境污染风险提供技术支撑；同时开展 SKS 法炼铅过程物质流分析，编制生产工艺模式和技术规范，是我国有色行业环境管理工作重要技术借鉴，同时可为 SKS 法的推广应用提供科学合理的运行模式。

2　研究内容

1）含砷多金属复杂资源高效脱砷新工艺开发。分析多金属复杂高砷物料形态特征，研究强化脱砷过程金属分配行为及砷溶解动力学，优化沉砷工艺及脱砷剂苛化再生工艺条件。

2）贵铅中多金属分离及综合回收铅、铜、铋、金、银新工艺研究。开展氯盐体系控电位浸出高效分组提取，研究多金属熔炼—选择性富集的动力学，优化富氧熔炼工艺条件，确定最佳熔炼工艺参数。

3）还原熔炼烟尘高效收尘回收氧化锑新工艺及成套产业化设备开发。研究水膜—布袋除尘多级组合工艺，优化烟尘中砷锑浸出过程，实现产业化运行。

4）SKS法炼铅过程物质流分析与“三废”闭路的工艺模式研究。研究SKS炼铅过程铅元素循环经济物质流分析模型，建立“三废”闭路清洁生产工业模式；构建新型炼铅工业整体设计、运行方案以及能源和环境系统；制定行业生产技术规范。

3 研究成果

（1）通过含砷物料结构特征分析，实现了高效脱砷剂的定向筛选，发明了含砷物料源头脱砷新方法，实现了含砷溶液的高效沉砷与稳砷

基于密度泛函理论，从微观电子层次揭示羟基、氨基、巯基基团与不同价态As、Sb、Bi的相互作用规律，建立强化脱砷剂和选择性抑制剂的结构—性能关系。比较不同基团与不同价态As、Sb、Bi形成配合物的稳定构型与稳定化能，发现氨基与As（Ⅲ）和As（Ⅵ）均有较好的配合能力；而氨基与Sb、Bi的配合作用不明显，由此提出一类新型高效脱砷剂。确定了空气氧化/氧压选择性碱浸方法，优化了常压碱浸除砷、高压氧浸除砷等各工艺参数，确定了最佳空气氧化选择性碱浸脱砷工艺参数，完成了规模为50～100 kg/次的含砷物料碱浸脱砷工业扩大试验，砷的脱除率可达94.01%，碱浸渣中砷的含量大幅降低至0.73%，硒、碲的浸出率分别达到93.00%和87.54%。探索了高砷溶液亚铁盐空气氧化法沉砷稳砷方法，得到沉砷产物——臭葱石，砷浸出浓度低于《危险废物浸出毒性鉴别标准》（GB 5085.3—2007）中规定的浸出限值，实现了含砷溶液的高效沉砷与稳砷。

（2）根据多金属离子电位调控原理及金属络合物形成转化机制，发明了脱砷渣选择性氯化浸出新方法，实现铜铋与其他金属元素的高效分离和分组提取

通过对总氯浓度、初始酸度、氧化剂用量、液固比等因素对脱砷渣控电位氯化浸出过程的影响研究，实现氯盐浸出体系电位和酸度的精确调控，大幅提高了铜、铋的浸出率及回收率，避免了铅、锑、银的大量溶出，实现铜、铋与其他金属元素的高效分离和分组提取，完成了规模为1 000 g脱砷渣/次的实验研究，铋平均浸出率高达99.54%，铜平均浸出率为70.12%。同时探索了无砷低温熔炼，可进一步加碱除砷，可将砷除至0.05%以下，贵铅可以直接用于吹炼锑白。针对还原熔炼烟尘的特性，突破了贵铅氧化吹炼多级布袋—水膜组合除尘技术，优化了工艺参数，构建了袋式—水膜组合除尘系统，其综合除尘效率可达到99.5%以上，脱硫率＞86%。

（3）形成了"选择性碱浸脱砷—砷碱液氧化沉铅—氯盐体系控电位浸出"的含砷物料清洁利用技术工艺，建立了处理 2 000t/a 的高砷物料清洁利用示范工程

通过全流程联动实现高砷物料强化脱砷及其捕集、氯盐体系控电位浸出以及低温熔池富氧熔炼等工序的协调匹配和系统优化，形成了含砷物料清洁利用技术体系。在实验室探索和 100 t/a 的中试实验基础上，设计并建设了 2 000 t/a 高砷阳极泥处理示范生产线，分别如图 1 ～图 4 所示。工业化实验结果表明：氧压碱浸脱砷工艺过程中，砷脱除率平均达到 97.42%，铅和锑浸出率均小于 1%，氧压碱浸选择性脱砷效果十分明显。控电位浸出过程铜和铋的浸出率分别为 91.573% 和 99.547%，均已达到甚至超过了小试和中试指标。铋和铜在氯氧铋和氯氧铜中的回收率分别达到 96.99% 和 96.98%。总体上，有价金属回收率较之同行业现有工艺大幅提高，其中 Au、Ag 回收率提高 0.5%，Bi 回收率大于 50%，Cu 回收率大于 60%，Pb 回收率大于 65%，Sb 入烟灰率大于 85% 且烟灰含氧化锑大于 60%。

图 1 湿法综合处理车间

图 2 铅银渣还原熔炼系统

图 3 贵铅低温熔池富氧吹炼系统

图 4 高砷废液处理车间

（4）建立了“铅锌冶炼 As 流向审计与诊断系统”，为铅冶炼过程砷元素流向及其分布分析提供了科学基础及决策依据

基于参与单位 SKS 铅冶炼工艺，通过生产现场调研及工艺物流分析，明确了该工艺砷污染主要来源；开展了 SKS 炼铅过程砷的物质流分析，阐明了 SKS 铅冶炼系统砷的分布和走向情况（图 5），对其铅冶炼工艺中的砷流向进行审计和预测，建立了一套《铅冶炼有害元素（砷）流向审计与诊断系统》（软著登字第 0546795 号）。根据系统分析对比随机采样分析的砷分布数据，该模型与计算结果与其相关系数为 r=0.819 7，证明模拟预测的结果可较好地反映实际的砷元素流向分布情况。

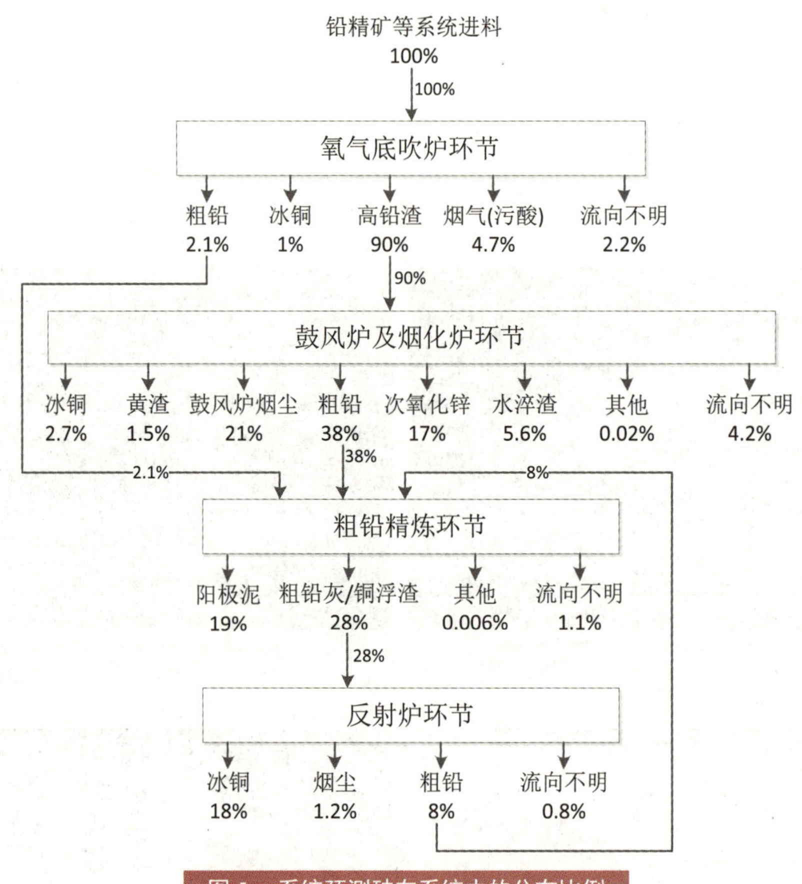

图 5　系统预测砷在系统中的分布比例

（5）编制 1 项《SKS 铅冶炼过程砷污染防治技术规范》（建议稿），为我国环境管理体系的完善提供重要支撑

基于具有我国自主知识产权的 SKS 炼铅法清洁生产工艺，对工艺过程中富氧底吹氧化、鼓风炉还原熔炼等典型生产工序进行物质流分析，确定合理的砷污染来源，针对主要工序及末端处理提出相应的砷污染控制方法，并进一步提出污染监测及生产管理要求，以建立“三废”闭路循环利用的清洁生产工业模式，编制了 1 项《SKS 铅冶炼过程砷污

染防治技术规范》（建议稿），可为我国有色行业砷污染防治环境管理体系，并为SKS法推广应用提供科学合理的运行管理模式。

4　成果应用

本项目形成的含砷物料清洁利用的技术工艺体系已经在参与单位建立了示范工程，并开始逐步在我国铅冶炼企业推广应用。目前，本技术已经在湖南省郴州市金贵银业股份有限公司实现技术产业化推广，并在湖南宇腾有色金属有限公司、河南安阳岷山有色金属有限公司、株洲冶炼集团有限公司等单位进行了技术应用。项目研究技术成果可广泛应用于我国铅冶炼企业，其推广将有利于解决我国铅冶炼企业砷污染控制的技术瓶颈问题，并提高有价金属资源的综合利用率。

本项目构建的我国铅冶炼过程含砷物料清洁利用工业模式，从技术及管理层面为铅冶炼企业的健康发展提供了有效的技术支撑及管理思路。

本项目编制的《铅冶炼有害元素（砷）流向审计与诊断系统》可为我国铅冶炼过程砷元素流向分布及监测提供可行的科学基础及决策依据。

本项目向环境保护部提交的《SKS铅冶炼过程砷污染防治技术规范》（建议稿）可为我国铅冶炼及相关领域的环境管理工作及有色行业发展提供可行的技术依托及科学支撑，为本领域建立环境管理政策体系奠定了扎实的工作基础。

5　管理建议

（1）建立全国典型有色冶炼工艺砷污染物产生、分布及其迁移特征数据库

针对我国有色冶炼行业砷污染问题突出，但砷元素产生和污染底数不清的现状，选择铜铅锌等典型有色金属冶炼行业的主体工艺，开展不同涉砷金属冶炼及其生产工艺中砷化合物的排放污染源分析，研究典型冶炼过程砷物质的流向、分布及其转化规律，明确砷元素在有色冶炼过程的污染特征，建立含砷污染物形态、产生量、污染源、转化特征和处置情况等动态数据库。掌握砷污染物在各生产工艺环节中的主要污染特征，识别潜在的风险源，为砷污染控制选择及管理决策提供指导。

（2）逐步建立和完善我国有色清洁冶炼生产工艺模式

我国矿产资源具有贫矿多、富矿少的特点，伴生元素众多，选冶困难，资源利用率偏低。这也导致我国金属冶炼过程副产物多，污染物成分复杂，处理困难，有价资源流失严重。因此需要基于我国有色金属冶炼现状，全面分析现有的冶炼技术装备及生产管理水平，通过推动建立含多金属资源高效利用和清洁冶炼关键技术体系，完善生产过程环境管理体系，以构建具有我国特色的清洁冶炼生产工艺模式，切实保障我国有色金属冶炼行业的可持续发展。

（3）完善我国有色冶炼行业环境技术政策

为促进有色金属行业砷污染减排工作的顺利进行，必须建设一个较为完善的技术政策体系，以政策标准的形式，严格保障企业砷污染防治工作的实施。这就需要尽快在现有环境保护政策体系中，针对典型金属冶炼生产过程特点，结合砷污染特征数据库的构建，引入砷污染物控制排放和管理机制，编制相应技术标准、技术政策、工程规范及环境排放标准等，约束企业的生产行为及生产管理，从源头上构建一个清洁冶炼生产模式。

同时建立有效的监督管理协调机制、砷污染防治信息适度公开制度和污染防治公众参与制度等政策制度的制定也是必需的，以确实体现“预防为主，综合治理”的砷减排思路，保证行业砷的持续减排，最终实现消除砷危害的目的。

6 专家点评

该项目基于密度泛函理论设计提出一类新型高效脱砷剂，并通过电位调控原理，发明了脱砷渣选择性氯化浸出新方法，形成了“选择性碱浸脱砷—砷碱液氧化沉铅—氯盐体系控电位浸出”的技术工艺，建立了处理 2 000t/a 的高砷物料清洁利用示范工程，实现炼铅过程源头削减砷污染，提高有价资源利用率，可以广泛应用于铅冶炼领域砷污染控制及资源循环利用。而且本项目构建了“铅锌冶炼 As 流向审计与诊断系统”并编制《SKS 铅冶炼过程砷污染防治技术规范》（建议稿），由此形成可推广应用的含砷物料清洁利用技术工艺模式，对于提升我国以 SKS 直接炼铅工艺为代表的铅冶炼行业清洁生产水平具有重要意义，可为我国重金属污染控制及环境管理工作提供重要的技术支持及科学的决策依据。

项目承担单位：中南大学、郴州市金贵银业股份有限公司
项目负责人：柴立元

第五篇
环境管理领域

2011 NIANDU HUANBAO
GONGYIXING HANGYE
KEYAN ZHUANXIANG XIANGMU
CHENGGUO HUIBIAN

环境污染事故航空遥感应急监测关键技术研究与应用

1 研究背景

我国生态环境保护形势严峻，存在的环境问题仍然突出。随着我国现代化程度加快，各种突发环境污染事件频繁，生态环境破坏的范围在扩大，造成污染防控和减排压力加大，将严重影响我国经济社会的可持续发展和国家生态环境安全。而在执行环境应急监测任务过程中，由于缺少有效的应急监测手段，往往无法及时和全面地了解污染源分布、污染物种类、污染浓度、污染范围、污染面积、持续时间、扩散迁移、影响范围和程度等，延误了污染事故处置的时机、降低了污染事故处置的效率。因此，有必要发展新的技术手段，充分利用无人机环境监测系统具有灵活机动、响应快、运行维护成本低等诸多优势，提高环境污染事件监测和预警能力。

本项目研究针对我国环境污染事故频发的现状和新时期环境污染事故应急监测工作的需求，突破环境污染事故无人机遥感信息快速获取和处理关键技术，研制与集成“环鹰一号”无人机环境污染事故应急监测系统，通过开展典型污染事故应用示范，形成集无人机平台、载荷、数据处理和应用于一体的无人机环境污染事故应急监测系统，为解决常规遥感和地面监测手段难以解决的及时响应、实时监测、应急处理、快速评估等难题提供实用的技术手段，为提升我国环境污染事故无人机遥感应急监测能力提供技术支撑。

2 研究内容

（1）环境污染事故无人机遥感应急监测技术标准与规范研究

包括环境污染事故无人机应急响应方案、应急监测指标、应急监测技术流程、应急监测数据质量控制规范和无人机系统配置规范等研究。

（2）环境污染事故无人机遥感应急监测关键技术研究

包括环境污染事故无人机遥感应急监测平台选型、有效载荷配置、图像实时传输、无控制点定位定向、航线规划、图像处理、信息快速提取、系统集成、便携式无人机子系统集成等关键技术研究。

（3）环境污染事故无人机遥感应急监测应用示范

包括基于无人机遥感的垮塌类事故、水源地污染事故、溢油污染事故、化工厂污染事故等应急监测应用示范。

3 研究成果

本项目开展了环境污染事故无人机应急监测机制和相关技术标准规范的研究，开展了环境污染事故无人机应急监测关键技术研究，开展了垮塌、溢油、水源地污染以及化工厂污染等典型污染事故应用示范。形成了环境污染事故无人机应急监测技术标准与规范建议稿，为建立环境污染事故无人机应急监测技术体系提供了技术支撑，为环境污染事故无人机遥感应急监测提供了规范化的配置与技术流程，同时也为项目中无人机环境污染事故应急监测关键技术研究和应用示范提供了理论指导。经过在垮塌类、水源地、溢油和污染气体的典型应用的测试，验证了无人机平台、载荷及其控制处理技术的执行能力，最终形成了“环鹰一号”无人机应急监测系统，并实现了无人机环境应急监测的能力。通过典型污染事故应用示范，对环境污染事故无人机遥感应急监测技术标准与规范、无人机系统和信息获取与处理技术的指标体系、方法模型、系统集成等进行了全面验证和指导。

1）技术规范方面。项目研究形成的环境污染事故应急无人机监测指标体系与产品分类分级规则、应急响应方案、系统配置规范、产品质量控制规范、无人机安全作业基本要求 5 项环保无人机技术标准规范的建议稿，以及环境污染事故应急监测无人机工作指南，填补了我国环保领域无人机应急监测与作业技术标准规范研究的空白，为规范全国环保系统环境污染事故应急无人机监测作业、保证无人机安全有效开展工作提供了技术指导。

2）关键技术方面。项目研究初步攻克了环境污染事故应急无人机监测关键技术，研发了我国环保领域第一套旋翼无人机软硬件系统、便携式无人机子系统、无人机图像快速拼接与信息提取软件，形成了“环鹰一号”无人机应急监测系统，创新了环境污染事故应急监测的技术手段，填补了环境污染事故应急无人机监测关键技术研发的空白，为提升全国环保系统天—空—地一体化环境监管能力提供了技术保障。

3）应用示范方面。项目研究开展的化工厂污染气体、饮用水源地、溢油、垮塌类 4 类典型环境污染事故无人机应急监测应用示范及成果报告，尤其是根据环境保护部应急中心要求，先后于 2012 年 11 月、2013 年 11 月开展了贵州省铜仁市万泰锰业尾矿库泄漏事故、青岛黄岛附近海域溢油事故 2 次无人机应急监测实际应用，验证了“环鹰一号”无人机应急监测系统的性能，积累了我国应对突发环境污染事故应急监测工作经验，在支撑服务环境应急管理中发挥了重要作用。

4）专著和图集方面。通过项目研究，编著了全国第一本《环境监管无人机遥感技术》专著，出版了全国第一本《环境监管无人机遥感图集》，这对各级环境管理部门、有关高校、科研院所、企业等开展环保领域无人机应用奠定了基础。

4 成果应用

项目针对我国环境污染事故频发的现状和新时期环境污染事故应急监测工作的需求，充分利用了环境污染事故无人机遥感应急监测关键技术研究成果，在环境污染事故无人机遥感应急监测技术标准与规范研究形成的应急方案、指标体系、技术流程等指导下，开展了垮塌、尾矿库泄漏、水源地污染、溢油、污染气体监测等典型应用示范。其中，化工厂污染事故应急监测示范利用无人机搭载高分辨率光学相机和污染气体监测载荷，获取监测区域不同高度的污染气体浓度数据，形成了化工厂污染事故应急监测技术和数据处理流程，在国内首次开展基于无人机遥感技术的化工厂气体污染多尺度研究。

除应用示范外，2012 年 11 月 7 日，贵州省铜仁市万山区万泰锰业尾矿库发生泄漏事故，根据环境保护部环境应急与事故调查中心工作需要，紧急启动应急响应，组织无人机系统及相关人员赶赴事故现场。获取了事故区域面积与泄漏量，评估其潜在的环境风险，为尾矿库泄漏应急监测提供了有效的技术支撑。2013 年 11 月 22 日凌晨 3 点左右，青岛经济开发区中石化黄准输油管道发生原油泄漏，部分原油沿着雨水管线进入胶州湾。根据环境保护部环境应急与事故调查中心工作需要，紧急启动应急响应，迅速组织无人机系统及相关人员赶赴事故现场。获取了事故溢油点附近离岸 2 km 内海域空间分辨率为 0.1m 的无人机遥感数据，监测了溢油污染总面积为，找出疑似溢油渗漏点，为实际业务应用提供了有力的技术支撑。

5 管理建议

项目经过两年多的不断努力，取得了一系列丰硕的成果。但由于时间与经费有限，仍有许多内容可在本项目研究内容的基础上进行下一步的研究，并最终将研究成果在整个环境保护领域进行推广应用。

（1）完善环境污染事故无人机应急监测技术标准与规范

本项目形成了环境污染事故无人机应急监测技术标准与规范建议稿，填补了相关领域的空白，具有重大意义。存在问题及下一步研究思路如下：

1）进一步完善环境污染事故无人机应急监测技术标准和规范。由于时间有限，目前的项目成果为建议稿，需要在今后环保应急监测领域的应用中不断完善。

2）进一步加强无人机应急监测机制和相关技术标准规范对无人机应急监测技术系统和示范验证的指导作用。由于项目开展的应用示范次数有限，无法针对每项技术标准开展相应的验证工作。因此对于后续无人机应急监测技术标准和规范的研究及应用值得进一步深入。

（2）进一步发展环境污染事故无人机应急监测关键技术

项目开展了环境污染事故无人机应急监测关键技术研究，形成了“环鹰一号”无人机应急监测系统，并实现了无人机环境应急监测的能力。在项目执行过程中也发现一些问题，主要有：

1）目前无人机遥感技术的发展日新月异，因此需要随时关注国内外最先进技术和设备，进一步研究环境污染事故无人机应急监测关键技术，并及时地将这些技术应用到监测系统中去，保持系统的技术领先性。

2）注重软硬件的同步发展，在硬件升级的同时，做好配套软件系统的升级和完善工作。

3）结合系统本身的特点，做好后期服务和技术支持工作。

（3）全面开展环境污染事故无人机遥感应急监测应用

项目开展了垮塌、溢油、水源地污染以及化工厂污染等典型污染事故应用示范，对环境污染事故无人机遥感应急监测技术标准与规范、无人机系统和信息获取与处理技术的指标体系、方法模型、系统集成等进行了全面验证和指导。存在问题及下一步研究思路如下：

1）进一步加强监测系统在示范区的验证。在项目完成过程中，有多次应用示范是基于模拟情况下进行实验并得到相应的实验结果。因此，未来需要针对真正的环境应急事故对系统在示范区的应用做进一步验证。

2）项目由于经费有限，开展的环境污染事故应急监测示范案例相对较少，不能充分对环境污染事故无人机遥感应急监测系统的应用能力进行全面验证。因此今后需要全面开展环境污染事故无人机遥感应急监测应用，进行更多的示范研究。

（4）推进环境污染事故无人机遥感应急监测的业务化运行能力

项目的开展提高了我国对突发环境污染事故的应急监测能力，研制的“环鹰一号”无人机应急监测系统可广泛应用于各类环境污染事故的应急监测当中，减少环境污染事故带来的经济损失，社会和经济效益明显。目前，项目建立的环境污染事故无人机遥感应急监测系统还处于示范应用阶段，未进行全面推广，实现业务化的运行。因此，今后应当完全实现并不断提升环境污染事故无人机遥感应急监测的业务化运行能力，全面推进该项目成果的推广应用。

6　专家点评

该项目针对我国环境污染事故频发的现状和新时期环境污染事故应急监测工作的需

求，开展了无人机飞行平台选型、无人机有效载荷和地面监控系统的研究，开发了无人机遥感应急监测的图像处理和信息提取软件，编制了《环境污染事故无人机遥感应急监测技术与规范》等7项技术文件建议稿，形成了“环鹰一号”无人机飞行及数据处理系统，建立了集无人机平台、载荷、数据处理和应用于一体的无人机环境污染事故应急监测系统，并开展了典型环境污染应急事故应用示范。项目研究成果为环境保护部污染事故应急处置和管理工作提供了及时、有效的技术支撑，并在贵州铜仁尾矿泄漏、青岛黄岛溢油、京津冀大气污染防治督查等重大突发环境事件应急监测和监督性监测中得到应用。

项目承担单位：环境保护部卫星环境应用中心、中国科学院遥感应用研究所、环境保护部环境应急与事故调查中心

项目负责人：王桥

我国环境经济政策总体设计与示范研究

1 研究背景

我国环境经济政策发展取得一定进展，环境经济政策在降低环境保护成本、提高行政效率、减少政府补贴、扩大财政收入以及提高公众环境意识诸多方面发挥了行政命令手段所不具备的显著优点。然而，我国环境经济政策在体系完善性、手段的科学性以及实施的有效性等方面还存在诸多问题，使环境经济政策调控力度有限、覆盖面小、绩效不佳，无法从市场经济基本规律出发解决环境保护的外部性等问题。目前实施的一些环境和经济政策缺乏经济分析基础，尤其是在执行层面，配合污染防治目标的价格改革和收费政策的科学设计和合理运用仍非常欠缺，各项环境经济政策间协调不够，总体设计和评估缺少系统性。因此，全面深入开展环境经济政策研究既是环境保护工作实现历史性转变的内在要求，也是充分发挥市场在配置资源中的决定性作用，从根本上破解环境保护难题的本质要求。

本项目从环境经济学、公共管理学等基本理论出发，充分借鉴国际经验和环境经济政策发展趋势，结合我国国情和环境管理中的突出问题，分析我国现行环境经济政策制定和实施中的诸多不足，提出我国环境经济政策总体设计及路线图，并通过方法论和应用实践，对环境经济政策进行示范，积极建立环境经济政策长效机制，为相关政府决策提供技术支持。

2 研究内容

主要内容包括：①我国环境经济政策发展现状总体评估；②我国环境政策的经济分析方法研究；③我国重点领域环境经济政策创新研究；④我国环境经济政策仿真系统研究；⑤我国环境经济政策总体框架、政策制定“路线图”。

3 研究成果

项目向决策部门报送政策建议专报 8 份，其中 2 篇报送中办、国办。项目共完成项目研究总报告 1 份及专题研究报告 6 份，建议及方案报告 3 份，技术性材料 3 份；发表论文 19 篇，其中中文核心 7 篇，SCI 2 篇，出版专著 1 部，另 1 部书稿正在出版中；获得计算机软件著作权 1 项。

本项目主要政策建议包括：

1）厘清政府和市场关系，在环保领域使市场发挥配置资源的决定性作用。一是厘清中央和地方财权和事权，特别要明确中央的环境保护事权和支出责任。根据环境保护的外溢性特点，将全国性、跨区域的环境保护作为中央事权，对于区域性的环境保护，中央也应承担和分担一定的支出责任。二是强化政府部门间协调与配合，全面提升环境经济政策的综合有效性。建立国家环境经济政策工作部际联席会议制度；在环境保护部设立环境经济政策改革工作协调办公室；在环境保护部设立国家环境经济政策专家咨询委员会。

2）积极推动建立有利于环境经济政策的法制环境。一是要以新环保法为龙头，加快推动大气污染防治法、水污染防治法等法律修改，大幅提高对违法行为的处罚力度，使环境法律法规摆脱偏软偏弱、有法不依、执法不严的局面。二是以制定《环境损害赔偿法》为重点，加快建立环境损害赔偿与责任追究制度。三是要建立政府环境保护责任终身追究制度，强化政府环境保护责任，对领导干部要实施离任环境审计。四是对生态补偿、绿色信贷、环境污染责任保险、排污权有偿使用和交易等实施效果开展评估，加快“入法”速度。

3）创新有利于环境保护的财政体制和资金机制，放大财政资金撬动市场的作用，提高环保资金有效性。一是建立环保预算稳步增长机制。应对中央财政和有条件的地方财政明确环境保护支出的法定支出要求，同时应在整体增加财政投入规模的基础上，重点加大对水、大气、土壤等污染物防治和生态环境保护等方面的资金支持。二是健全财政转移支付制度，将环境因素纳入财政转移支付体系。增加对生态脆弱区域、保护效果良好区以及中西部环境保护和生态建设的财政转移支付力度，对重要的生态区域（如自然保护区）或生态要素（如国家生态公益林）实施国家购买，还应加强地区间环境保护相关横向转移支付制度的建立。对环境质量不达标地区实施区域“限资”政策，减少或停止一般性转移支付。三是整合环保专项资金，设立国家环境保护基金，提高财政资金有效性，放大对社会资金的引导作用。完善各项环境财税政策，通过财政贴息、以奖代补等政策提高财政资金的使用效率。四是绿化财政补贴。对重要经济领域政策进行评估与清理，对不利于环境保护的补贴逐步清理，如完善农业补贴政策，取消对化肥生产的补贴，支持有机肥产业化发展，鼓励畜禽养殖业规模化发展。五是强化政府财政的环境保护支出责任，实施环保支出绩效审计与考核。建立政府环保投入绩效审计制度及评估方法，将环保支出绩效审计结果纳入各级政府和干部考核体系中。

4）创新有助于真实反映资源环境价格的环境税费制度。一是开征独立的环境税，逐步扩大征收范围提高税率。合理设置税率水平，逐步实现环境税费支出与污染治理成本相当，甚至高出治理成本。二是探索实施阶梯式差别化排污收费政策，并扩大排污费征收范围。三是改革资源税，调整计征方式，扩大征收范围。四是调整消费税税目、税率，发挥消费税的调节作用。五是逐步取消对农膜的增值税优惠政策，实施先减半征收再逐步过渡为全额征收，减少农用薄膜对环境的污染。

5）创新推动环保市场良性运行的多元化融资模式。一是探索设立政府引导性环境保护基金，将一部分政府对环保产业或治理项目的补贴以引导基金的模式实现，积极探索环保股权、债权和项目融资模式，更大程度地撬动市场，带动社会资金进入环保行业。二是增加财政补贴，创新补贴方式，通过担保、抵押等方式，放大财政资金作用，调动环保行业企业的积极性，建议以环保专项资金贴息方式对大气、水等污染治理领域高效、实用技术或项目给予支持。三是降低环保企业所得税优惠门槛，建议比照高新技术企业所得税的征收标准，环保企业所得税按 15% 的税率征收。四是创新绿色金融产品，积极发挥绿色金融双刃剑作用。

6）加快完善环境经济政策的配套政策和技术支撑体系。一是建议由环保和经济部门组织研究制定环境经济政策预评估和后评估技术指南，提出评估政策有效性的指标体系，二是加强环境经济政策配套技术和方法研究与支撑。三是全面构建跨学科的研究队伍，加强环境经济政策能力建设。

4　成果应用

基于项目研究形成的多份政策专报获得部长批示，并报中办、国办，受到国务院领导的高度重视。本项目形成的《“十三五”我国环境经济政策创新方向、任务与建议》专题报告提交环境保护部，为当前研究制定“十三五”我国环境经济政策规划提供重要支持。本项目对财政、税收、交易、金融、贸易等市场工具的特点进行了分析，辨识了市场手段在约束、激励环保行为以及创建环保市场、聚敛环保资金等方面的功能和作用，为决策及管理部门更好地运用政策工具提供了参考和依据。项目研究形成的《消费税绿化政策方案》《绿化财税政策指南》《国家生态补偿专项资金管理办法》建议稿以及《绿色信贷政策制定框架和政策创新建议》等具有较强的政策针对性和实用性为环保、财政、金融、贸易等决策部门提供了更加丰富的市场性政策手段和若干政策建议及设计方案。项目为科学判定环境政策制定的成本效益提供了可供选择的方法及应用示范。

5　管理建议

本项目产出诸多研究成果，特别是提出 2020 年前环境经济政策改革与完善建议和路线图，鉴于当前我国环境经济政策面临的基础条件，特别在法制、体制以及市场机制等方面基础依然较为薄弱，许多政策建议难以一步到位，尚需要一个较为长期的过程，本成果具有广泛和较长期的推广应用前景，具体为：

1）为“十三五”环境经济政策制定规划工作提供依据。以项目成果为依托进一步深化研究成果，推动研究成果转化为指导实际工作的政策和具体措施。

2）推动环境法制建设和完善。加快完善环境保护相关法律，为环境经济政策出台和进一步完善提供保障，没有法律的支撑和保障，再好的环境经济政策也难以实施。

3）推动建立促进环境经济政策发展的行政管理体制和决策的机制。建立环境经济政策出台的综合决策机制，加强各相关部门的协调与配合，充分发挥环境保护部在环境经济政策制定工作的协调作用，促进重要政策尽快出台。

6 专家点评

该项目在系统评估和分析我国环境经济政策实施现状、问题及原因基础上，就八项环境经济政策进行了绿化度评价和深化分析，结合火电行业大气排放标准、农药化肥补贴政策等具体政策的仿真和定量化评估，创新性提出了“十三五”我国环境经济政策总体设计框架、改革思路与路线图及重大政策建议，研究思路清晰、观点鲜明，研究能紧扣当前国家经济体制改革形势和环境管理重点问题，边研究、边应用，成果得到中办、国办和环保部等的决策机构的高度重视，具有一定前瞻性、创新性和实用性，对“十三五”我国环境经济政策规划制定以及环境经济政策的改革和深化具有重要参考价值。

项目承担单位：环境保护部环境与经济政策研究中心、西安交通大学、北京大学、财政部财政科学研究所、中央财经大学

项 目 负 责 人 ：原庆丹

宏观环境督查机制与技术规范研究

1　研究背景

我国环境保护工作的国家部署主要是通过从上至下的组织系统来实施的，国家通过法律把环境保护的职责授予中央和地方政府，中央政府监督和推动地方政府贯彻这些职责。但越来越多的事实表明，我国环境问题的主要症结在于地方政府和企业不能忠实地执行国家环境保护法律法规，长期得不到解决的根本所在是地方政府不能将其环保监管职责落到实处，环境污染直接责任在企业，深层次根源可能在政府。因此，解决目前我国环境问题的关键，就是对地方政府实施有效的监督，在国家层面对涉及地方政府落实国家环保法律、法规、规划和标准等的执行情况进行督查。

目前，在国家层面已经具备了开展宏观环境督查的法律条件、体制条件和组织条件。但是没有建立起有效的督查机制，督查过程中往往陷入微观点上的督查，在现行体制下，还存在诸多制约因素。

本研究拟通过调查国内外环境监督体系现状，探索宏观环境督查的工作机制，优化宏观环境督查主体职能，编制宏观环境督查办法以及环保法规、政策、规划、标准宏观督查技术规范，并在此基础上构建宏观环境督查管理工作平台。

2　研究内容

本项目分析了宏观环境督查的概念、建立背景，开展宏观环境督查的必要性和意义、有利条件和制约因素，阐述了人大环境执法和土地督察制度，并详细分析了美国环境管理中的联邦与州之间的关系。设计了宏观环境督查的总体框架，阐述了宏观环境督查主体及智能优化，研究了宏观环境督查的工作机制、工作程序，并面向区域环保督查中心进行了智能优化和机构改革设想，明确了宏观环境督查技术规范的编制方法，在此基础上，编制了宏观环境督查办法以及环保法规、政策、规划、标准宏观督查技术规范，并且开展了相关的试点工作。最后，构建了宏观环境督查管理工作平台，实现了宏观环境督查工作的信息化。

3 研究成果

（1）环境监督体系现状调查研究

从宏观督查的概念、背景、由来、发展过程等方面阐述了我国宏观督查的现状，分析我国的人大环境执法监督制度和土地督察制度。详细阐述了美国环境管理中的联邦与州之间关系。设计了宏观督查的总体框架，主要包括两个探索、一大体系、一种模式（图1），对宏观督查的工作机制、职能优化以及机构改革进行了研究。

应建立信息机制、决策机制、协调机制、参与机制、执行机制、问责机制等 6 个机制，来完善区域环保督查中心开展宏观环境督查工作。为了理顺宏观环境督查的体制机制，区域环保督查中心需要在组织框架、职能等方面进行优化：准确定位区域环保督查中心的性质、明确区域环保督查中心的职权、确立环境执法职能。按照职能与职权匹配的原则，完善和突破了区域环保督查中心的职能。

制定了环境督查改革路线图。第一个层次，对于方向明确又立即可行的，要加快推进。第二个层次，对于认识还不深入，但又必须推进的，要加强调查研究，大胆探索，有的要先行试点。第三个层次，对涉及面广、基础又很薄弱，需要中央决策的，要加快研究提出改革思路。

（2）草拟《宏观环境督查办法》

完成《宏观环境督查办法》的编制，并上报至环境保护部。其共六章三十三条，第一章为总则，共 3 条，分别为目的和依据、概念、组织与领导；第二章为组织管理，共 8 条，分别为定期会议、制订计划、督查准备、会商通报、专家参与、信息通报、内部报告、结果反馈；第三章为督查方式，共 6 条，分别为督查方式、技术评价、清单法、层次分析法、矩阵法、权重法；第四章为督查内容，共 8 条，分别为法规督查、法规督查要点、政策督查、政策督查要点、标准督查、标准督查要点、规划督查、规划督查要点；第五章为问责，共 6 条，分别为问责方式、通报批评、约谈、挂牌督办、区域限批、移交移送；第六章为附则，共 2 条，分别为解释权、生效时间。

（3）编制宏观督查技术规范

技术规范编制的步骤包括明确政府职责、提炼督查要点、建立督查指标。技术规范编制的方法主要有宏观督查要点、清单法提炼督查要点、层次分析法建立宏观督查指标、编制宏观督查表。

编制了环保法规、政策、规划、标准执行情况督查技术规范。以政策为例，第一部分为适用范围；第二部分为规范性引用文件；第三部分为术语和定义，包括宏观环境督查、日常督查、专项督查、督查要点、督查指标、督查表；第四部分为督查方案的制定，包括督查政策的确定、督查方案的制定要求、督查方案的制定原则、督查方案编制过程、督查方式；第五部分为工作程序，包括日常督查、专项督查、现场督查、督查报告；第六部分为督查要点及指标的确定方法，包括督查要点提炼——清单法、督查指标建立——层次分析法、环保政策宏观督查指标体系、督查量化考评——权重分值、指标体系及评分标准说明。

（4）构建了宏观督查环境信息获取和发布机制及工作平台原型

通过对信息、信息获取机制、信息发布机制的研究，搭建了工作平台原型，总体框架包括网络与基础设施层、应用支撑层、数据层、业务应用层，各层级又包括子数据层，可应用于督查中心现有的网络平台中。

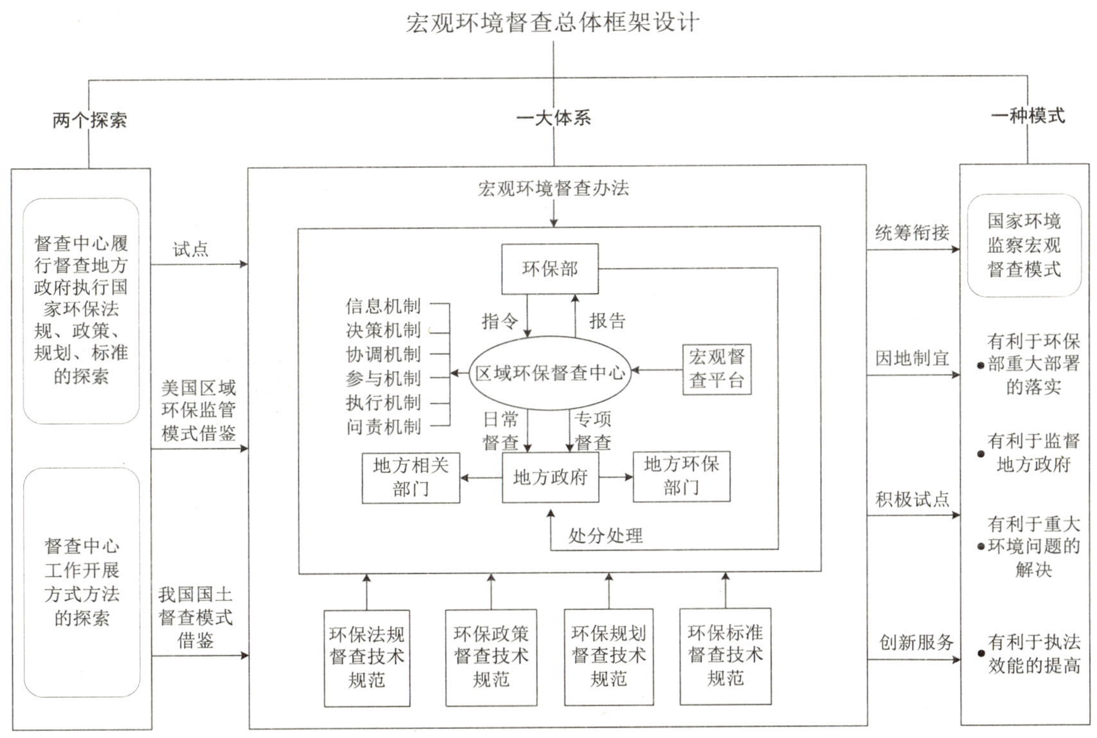

图1 宏观环境督查总体框架设计

平台实现了宏观环境督查的数据集成、表单定制、工作流管理，在国内率先探索了宏观环境督查的信息化实现机制。平台创新性建设了宏观环境管理对象数据库和宏观环境督查信息资源目录。从督查对象角度，增加了对地方政府、环保职能部门工作的信息化督查。平台实现了对宏观环境督查的工作支撑，工作人员可以快速查看督查政策依据、定制督查表格、深度挖掘督查对象信息，支撑了新疆石河子、天津大气等宏观环境督查工作的开展。宏观环境督查信息管理平台示意图见图2、图3。

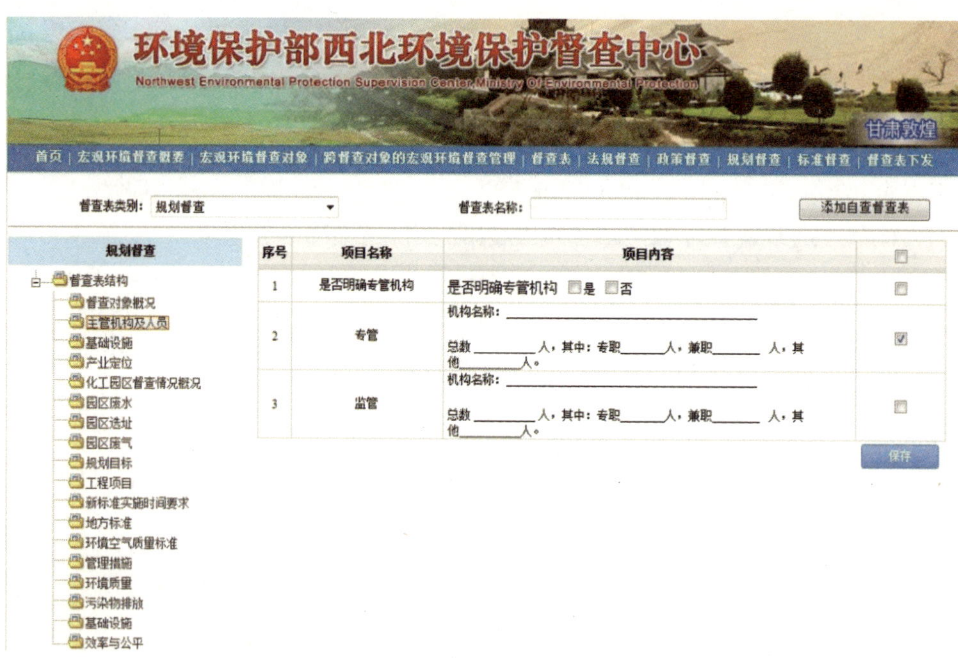

图2 宏观环境督查信息管理平台示意图

图3 宏观环境督查信息管理平台示意图

4 成果应用

本项目是面向管理服务的应用基础研究项目。研究过程中积极主动加强与科技司的沟通交流，反馈关键研究进展，是进一步明确管理需求，提高研究成果实用性的关键。本项目的宏观督查办法和技术规范已应用于《关于全国生态和农村环境监察工作的指导意见》的编制，并已发文《关于全国生态和农村环境监察工作的指导意见》（环发［2012］146 号）。

项目主要研究成果近期分别应用于新疆生产建设兵团和天津市大气污染防治的综合督查，在实践中进一步完善了理论成果，为加强和推进宏观督查工作提供了实践经验和理论基础。

5 管理建议

（1）完善立法，加强宏观环境督查和督查中心的法律地位

目前相关的法律法规不健全，许多涉及宏观督查运行机制的内容缺乏相关的法律法规、部门规章做支撑，会造成执行力度不够，影响执行效果，因此需要在立法层面进一步完善，在现行的环境保护法律法规中增加区域督查中心的相关规定，加强宏观环境督查和区域督查中心的法律地位。在督查权、处置权、督办权、调查权、建议权、处罚权等方面对区域督查中心进行职能优化。

（2）明确宏观督查的对象和重点

宏观环境督查要将督查的对象确定为地方政府，只有对象清楚，督查才有成效。宏观环境督查对督查能力和督查水平的要求较高，工作任务较重，涉及的内容也比较多，容易造成对每项督查任务都不能完全掌握和了解的情况，重点不突出。宏观督查过程中，必须抓住核心，突出工作重点，不能陷入具体、细微、现场、日常工作中。

（3）建立宏观环境督查的运作机制

运行机制的不完善和不健全是导致宏观环境督查无法真正实现的根本原因，因此在现行体制条件下探索建立宏观环境督查工作机制显得尤为重要。开展宏观环境督查需进一步完善信息机制、决策机制、协调机制、参与机制、执行机制、问责机制等运行机制。

（4）进一步转化项目成果

通过环境保护部的平台，将《宏观督查办法》纳入政策发布计划。以《宏观环境督查办法》为抓手，继续深入研究是宏观督查的现状及需求分析，切实解决目前存在的职责不清、任务不明、目标不细、考核不定的问题。完善环保政策、法规、规划、标准技术规范，并在实践中进行提炼、总结，做到共性与个性相结合，更具针对性，逐步推进技术规范的标准化和政策化。将宏观督查信息获取与发布平台原型与区域督查中心现有的信息工作平台进行整合对接，在今后的使用中，进一步维护和完善平台功能。

6 专家点评

该项目针对我国环境督查工作改革创新的现实需求，系统分析了国内外环境宏观督查的现状；通过对环境规划、标准、法规、政策等宏观督查的研究和试点分析，初步提出了国家环境宏观督查体系和制度框架；开发了宏观督查环境信息获取和发布工作平台；编写了《环保政策执行情况督查技术规范》《环保规划执行情况督查技术规范》《环保法规执行情况督查技术规范》《环保标准执行情况督查技术规范》4 项技术文件建议稿。部分研究成果已在环境督查工作中得到应用。项目成果为发布《全国生态和农村环境监察工作的指导意见》《环境保护部综合督查管理办法》等文件，探索建立国家环保约谈等督查机制，全面落实地方政府环境质量责任制提供了科技支撑。

项目承担单位：浙江清华长三角研究院、环境保护部西北环境保护督查中心、陕西省环境科学研究院、北京思路创新科技有限公司

项目负责人：陈亚林

面向我国环境管理的环境变化信息集成与服务系统研究

1 研究背景

近年来我国高度注重和加强环境管理与环境保护的实施落实，诸多环境保护工程、项目在内的环境保护工作得到国家的支持并实施，这些努力必将有利于改善和提高我国的环境状况。与此同时，通过环境保护政策影响和宣传教育，我国的许多地方、民间团体、社会公众也都在积极地改善区域性或本地的环境状况，共同为我国“环境友好型”社会建设做出贡献。

然而，当前环境保护重点地区以及我国许多广受关注的热点地区环境变化情况，还没有被系统地集成、分析和挖掘，没有建立起专门的、直观反映我国环境变化情况的服务系统。这不仅难以使环境管理部门及社会公众了解到环境变化的客观状态，而且难以为相关国家环境保护工作提供评价和反馈。随着我国环境保护工作的深入发展，由此所带来的大量的、越来越多的环境变化信息如何服务于我国的环境管理？迫切需要建立一个环境变化信息的集成与服务系统。

本项目将瞄准生态环境管理的紧迫需求和我国客观环境变化信息缺乏的总体需求，基于遥感手段获取和集成我国环境管理典型地区、全国环境变化热点地区的宏观环境变化信息，在生态环境保护、信息资源开发利用、环境保护宣传等方面为我国环境管理提供支撑，以及基于以上客观“环境变化证据”的国际合作中发挥作用。

2 研究内容

1）以我国生态功能区划为背景，选择鄱阳湖湿地洪水调蓄重要区和海南岛中部山地生物多样性保护重要区，开展近 10 ～ 30 年来 3 期生态景观类型、生物量等信息的遥感提取和集成。

2）在统一规范下完成电子版的环境变化遥感影像图集（中、英文版）制作，包括 8 类主题，即城镇化与城市扩张、森林采伐与恢复、湿地退化与恢复、湖泊变化、水土保持、重大工程影响、自然灾害影响及人口与社会经济变化。

3）研究 5 项项目技术规范，即本项目典型区遥感信息提取技术规范、多源信息数据融合技术规范、信息描述与管理技术规范、遥感制图技术规范、信息服务技术规范。

4）开发环境变化信息集成与服务原型系统，满足环境信息集成、管理与服务的基本功能，并提供在线示范应用。

3 研究成果

（1）完成《中国环境变化遥感影像图集》（中、英文版）

该图集包括人口与环境序图、城镇化与城市扩展，湖泊环境变化，湿地环境变化，森林采伐、保护与恢复，土地沙化与荒漠化及其治理，重大工程影响，自然灾害及其防治八大专题图组。通过在全国范围内选择的近100个环境变化热点，形成了以遥感影像对比为主、图文并茂的电子版和印刷版图集成果。该成果可为社会公众提供易于理解的反映环境变化的科学证据和信息，建立起科学家、环境管理者与社会公众之间的纽带，增强公众对我国环境变化的科学知识和保护意识。

（2）建成环境变化图集与信息资源服务原型系统

完成的环境变化图集与信息资源系统原型已经整合了部分中国典型地区的环境变化信息。整个系统功能主要分为环境变化专题数据和环境变化专题图集两部分的集成和可视化展示（见图1）。环境变化专题数据包含三种类型的数据：遥感/栅格数据、表格/文本数据以及矢量图层。环境变化专题图集主要由：环境热点专题图组、遥感影像专题图以及专题图组构成。系统通过建立门户网站，提供公众访问。

（3）完成2个生态系统服务功能重要区的环境信息获取与集成

完成鄱阳湖地区和海南中部山区2个生态系统服务功能重要区1980—2010年来的水体、森林、草地、城镇、耕地、湿地等的土地覆被与景观格局及其动态变化信息。获取鄱阳湖区2000—2013年逐年/季的叶绿素浓度、悬浮物浓度分布数据，获取海南中部山区2001—2011年的NPP分布数据。

（4）编制5项环境变化信息集成与服务相关技术规范

完成典型区遥感信息提取技术规范、多源信息数据融合技术规范、信息描述与管理技术规范、遥感影像制图技术规范、信息服务技术规范5项技术规范（草案）。这些规范能够起到相关支撑作用，其中，遥感信息提取技术的标准化既是保证环境保护部门“地方—国家”上下联动、开展“点—面”结合的环境保护遥感监测工作的基础支撑，又是保证面对重大自然环境事件，共同开展“区域—专题”结合的应急响应与攻关研究的基础支撑。多源信息融合技术规范实现从数据、方法、流程、文件、质量等方面对多源信息融合实践进行规范，将为环保部门开展相关标准化工作提供有益借鉴。

图 1　环境变化信息集成与服务系统原型界面

4　成果应用

在研究过程中，初步形成一些环境管理的政策建议，部分成果和建议已报环境保护部生态司等环境管理机构，部分直接为鄱阳湖等地方环境管理提供支撑。例如，为环境保护部卫星环境应用中心提供鄱阳湖地区三期土地覆被数据，支持开展该地区生态环境现状及其变化分析研究，分析成果为环境保护部自然生态保护司的业务管理提供了支撑。2012 年春，为鄱阳湖南矶湿地国家级自然保护区管理局提供了烧荒地遥感监测与分析支持。2013 年 5 月，为中科院鄱阳湖湖泊湿地综合研究站快速获取了水生植物分布（初步判断为绿藻水华），求取分布面积，支撑了该区域水体植被的监测与调查。全面制作了鄱阳湖水体叶绿素浓度（2009—2012）和悬浮物浓度（2000—2012）的逐月时空分布数据，支持了本区域环境管理的综合研究。

基于本项目在重点示范区开展的土地覆被、水环境遥感监测等成果和服务系统，将围绕本区域在自然保护区管理、生态环境监测等方面的需求，继续得到应用，以提高本区域的环境变化监测能力与环境管理应用水平。

5 管理建议

1）鄱阳湖地区土地利用及其环境管理建议。鄱阳湖地区在以后的发展过程中应注意采取一定措施促进农村的集中化发展，达到促进农村经济发展和节约土地资源的目的；加强对水体的保护，禁止耕地及建设用地对水体的占用，以增加鄱阳湖的洪水调蓄能力；加强森林资源的保护，特别是与水体相邻处的森林保护，防止水土流失及水体泥沙淤积；在城镇化过程中，要综合考虑各方面的因素，防止盲目地破坏耕地、森林等资源；在实施退耕还林政策时，要优先考虑与林地相邻的耕地，因为与林地相邻的农田易受病虫害侵袭，且与林地相邻农田的退耕可以使林地斑块面积增加，有利于生物基因多样性的维持；加强土地利用及环保政策的实施。

2）鄱阳湖湿地烧荒环境监测与管理建议。加强秋冬季节鄱阳湖重点区域的烧荒监测，在易受烧荒影响的居民点和山林附近预设防火设施；在易受烧荒影响的居民点和山林附近预设防火设施；加强放牧烧荒管理，严禁在保护区范围内烧荒。一方面要宣传自然保护区保护的法律法规，严禁在自然保护区范围内进行烧荒；另一方面要通过研究，分析烧荒地对土地生产能力的影响，为自然保护区和周边地区的生态保育提供科学指导。

3）鄱阳湖叶绿素浓度监测及环境管理建议。鄱阳湖叶绿素 a 浓度在 2009—2012 年存在明显的空间分布差异特征。近水岸水域比湖内航道水域浓度值偏高；五大河流的入湖口水域比其他水域浓度值偏高；湖泊南端的军山湖、艾溪湖出现了不同程度的点状高值。水体近岸水域、蚌湖水域、都昌水域、鄱阳水域、五大河流入湖口水域及南端的军山湖叶绿素 a 浓度变化波动程度较大。针对这一特点，要加强相应的鄱阳湖周边点源、面源污染控防。

4）海南中部山区环境管理建议。加强对中部山区热带雨林等自然景观的保护，在土地利用、城乡建设等规划中纳入景观保护内容；加快完善中部山区生态补偿机制，积极争取中央加大对生态补偿试点的投入，积极争取中央财政国家重点生态功能区转移支付资金，将中部山区省级公益林纳入中央森林生态效益补偿范围，并积极争取国家对海南中部山区实施分类补偿政策，提高生态补偿金额，逐步提高管护经费补助标准；加大科技投入，逐步建立适当的遥感影像监测系统，以及空气、地表水和地下水环境质量监测预警网络，构建中部山区环境监测预警信息网络。

6　专家点评

项目通过对鄱阳湖地区和海南中部山区 2 个重要生态功能区 1980—2010 年的土地覆被与景观格局及其动态变化信息研究，开发了环境变化信息集成与服务软件原型系统，编制了《中国环境变化遥感影像图集》（中、英文版）及《典型区遥感信息提取技术规范》《多源数据融合技术规范》等 5 项技术规范草案。项目研究成果可为我国环境变化信息的积累、管理、可视化集成以及信息服务提供软件系统、图集编研等技术支撑，可为我国重点区域生态环境管理提供参考，部分研究成果已直接为鄱阳湖重要生态功能区的生态环境现状及变化分析提供了技术支持。

项目承担单位：中国科学院地理科学与资源研究所、中国环境科学研究院、北京科兰火炬科技发展有限公司

项 目 负 责 人 ：王卷乐

环境温室气体标准样品的研制

1 研究背景

气候变化及其影响是当前人类所面临的全球性环境问题。由于人类本身的生产和社会活动，向大气中排放的温室气体急剧增加已经成为导致全球气候变暖的重要原因。各国温室气体排放和浓度数据都不同程度地关系着国家经济和政治安全，在有关全球环境和社会发展的国际活动和国际谈判中，均涉及大气中温室气体的研究以及全球温室气体的减排措施。《京都议定书》明确提出对二氧化碳（CO_2）、氧化亚氮（N_2O）、甲烷（CH_4）、卤碳氢化合物（CFCs、HFCs、HCFCs）、全氟碳化物（PFCs）及六氟化硫（SF_6）6种温室气体进行削减。

我国是《联合国气候变化框架公约》的缔约国，高度重视气候变化问题，已公布的《中国应对气候变化的国家方案》，明确了未来气候变化相关工作，控制温室气体排放是其中的重要内容。2008年，环境保护部开展温室气体监测试验项目，以排放源监测为重点，逐步完善国家温室气体排放动态清单，并充分利用环保系统城市环境空气背景监测站开展温室气体城市源区监测，监测指标为二氧化碳、甲烷、氧化亚氮、六氟化硫、全氟化碳、氟氯烃类等。2011年，国务院关于印发《“十二五”控制温室气体排放工作方案》，明确了控制非能源活动温室气体排放，并要求加强温室气体计量工作，做好排放因子测算和数据质量监测，确保数据真实准确。

本项目旨在建立环境温室气体标准样品体系，开展环境温室气体排放控制的6种气体标准样品研制，并结合环境温室气体监测的特点，对气体标准样品的各项指标进行充分研究，应用于环境温室气体监测工作中，为环境温室气体的监测与调查研究等提供测量标准，为环境监测数据的准确性提供标准基础，以解决当前环境温室气体监测工作中亟须解决的实际问题。

2 研究内容

1）环境温室气体标准样品制备方法。依据国际标准，通过不同温室气体标准样品制备方法的研究，确定具备准确性和可操作性的标准样品制备技术。

2）温室气体标准样品容器的筛选。筛选适用于制备不同温室气体标准样品的气瓶，经过实验考察确保组分气体与气瓶内壁不发生化学或物理反应，以保证气体标准样品的量值准确。

3）温室气体标准样品均匀性和稳定性评价研究。均匀性和稳定性是标准样品必须具备的基本特性，设计压力稳定性实验和时间稳定性实验来评定气体标准样品最小使用压力和使用有效期限。

4）温室气体标准样品量值评定技术研究。开展温室气体分析方法研究，确定准确度高、精密度高、分析简便的检测方法，完成温室气体标准样品的定值，并对量值不确定度进行有效评估。

5）温室气体标准样品量值比对研究。将研制的气体标准样品与国际同类标准样品进行量值比对研究，确保研制的温室气体标准样品与国际同类标准样品的量值具有可比性和等效一致性。

3 研究成果

针对环境温室气体监测分析的要求及建立环境温室气体监测质量控制体系的紧迫需要，本项目以我国环境温室气体减排种类作为研究对象，并结合环境标准样品的研制技术，参考国内外已有的相关经验，提出了环境温室气体标准样品研制的技术路线，并对样品制备、检测、均匀性、稳定性、量值比对等开展了研究，研制了系列环境温室气体标准样品。研究制备的气体标准样品在国内环境监测部门及检测实验室的温室气体监测工作中得到了一定应用，均取得良好的使用效果。本项目进一步完善了我国环境标准样品体系，对保障我国环境温室气体监测数据的准确性和一致性具有技术支撑作用。

（1）完成了系列温室气体标准样品研制

依据“十二五”控制温室气体排放工作及监测数据准确性的要求，完成了二氧化碳、甲烷、氧化亚氮、六氟化硫、全氟化碳、氟氯烃类 6 类温室气体标准样品研究工作，其中全氟化碳包括 2 种化合物，氟氯烃类包括 4 种化合物，制备了相应的实物标准。研制的温室气体标准样品浓度水平和不确定度均能满足环境监测的要求，与国际同类标准样品的量值具有可比性。目前，研究成果已经获得了 5 项国家标准样品编号。

（2）开发了液态组分气化填充装置

温室气体种类较多，性质也不完全一样，可分为两大类，一类是常温下为气态，如二氧化碳等，另一类为挥发性有机物在常温下为液态，如氟氯烃类等。为克服温室气体组分在气瓶内完全气化，保证量值准确可靠，开发了一套液态组分气化填充装置，研究了一种分别加入液态组分和气态组分的填充方法，结果表明该装置操作简便，重复性好，很好地解决了常温下液态化合物气化的问题。

（3）实现了温室气体标准样品制备用气瓶的国产化

针对温室气体尤其是低浓度气体与气瓶内壁易发生吸附和解吸作用造成样品量值不

准确的问题，开展了气瓶筛选研究，结果表明国产涂层气瓶对本项目研究的气体标准样品量值影响可忽略不计。通过对国产气瓶和进口气瓶制备环境温室气体标准样品的研究考察，实现了环境温室气体标准样品制备用气瓶的国产化，研制的温室气体标准样品单价为1 500～3 000元，国外同类标准相比，单价是1万～1.5万元，大大降低了我国环境监测和相关研究所用气体标准样品的成本。

（4）**确定了温室气体标准样品的使用有效期和最低使用压力**

围绕环境温室气体可能在气瓶内出现分层，以及压力变化量值不稳定、时间变化量值不稳定等问题，开展了瓶内均匀性和时间稳定性研究。温室气体组分在使用压力从10MPa变化到1MPa时量值没有明显变化，并且能够保证量值稳定使用12个月以上；通过统计技术，计算了气体标准样品均匀性、稳定性不确定度分量的大小，并合成于标准样品的总不确定度，符合国内外标准样品研究技术规范的要求。

（5）**建立了液态、气态混合气体标准样品的量值评定方法**

研究了称量法和比较法进行环境温室气体标准样品量值评定的方法，建立了液态、气态混合气体标准样品的量值评定方法。采用称量法进行气体标准样品量值评定的不确定度主要由原料气纯度、稀释气纯度、天平称量等不确定度分量合成而得，影响基准气体标准值不确定度的最大因素是组分的纯度。通过比较法进行气体标准样品量值评定的不确定度包括特性量值的定值不确定度，样品的不均匀性变化所引起的不确定度，样品的不稳定性变化所引起的不确定度。按照不同量值评定方法研制的温室气体标准样品能够分别满足环境质量监测和污染源监测的需求。

4 成果应用

本项目研制的环境温室气体标准样品主要应用于温室气体样品赋值、分析方法验证、能力验证（测量审核）、监测考核等。通过中国合格评定国家认可委员会秘书处、江西省环境监测中心站、南京市环境监测中心站、云南省环境监测中心站等单位应用于未知浓度样品赋值、监测分析方法标准制定、实验室测量审核工作、标准曲线的绘制以及实验室分析方法研究，表明研制的温室气体标准样品量值是稳定、准确的。

5 管理建议

1）随着环境温室气体减排工作的不断深入，根据环境温室气体监测的要求，不断研制新的温室气体实物标准，完善环境标准样品体系。

2）结合环境温室气体监测的需求，开展环境温室气体监测分析方法的研究，逐步制定相应的环境温室气体监测分析方法标准。

3）积极探索环境标准样品的有效监管机制，统一量值溯源标准，保证温室标准气体的量值溯源性和一致性，保证环境温室气体监测数据的准确性和可靠性。

6 专家点评

该项目开展了温室气体标准样品制备技术和方法等研究，研制完成六大类 10 项环境温室气体标准样品，获得了 5 项国家标准编号，进一步完善了环境标准样品体系。项目研究成果已在国家和地方环境温室气体监测工作中得到推广应用，能满足环境温室气体监测质量控制的需求，为环境温室气体减排监测数据的准确性提供技术支撑。

项目承担单位：中日友好环境保护中心

项 目 负 责 人 ：田文

工业炉窑二氧化碳减排及污染物协同控制潜力研究

1 研究背景

近年来随着全球气候变化加剧和全国范围内“灰霾”频发，我国二氧化碳（CO_2）和大气污染物减排工作既存在巨大的挑战，又面临难得的发展机遇。

工业炉窑是我国的主要温室气体 CO_2 和主要大气污染物 [烟粉尘、二氧化硫（SO_2）、氮氧化物（NO_x）] 排放大户。我国运行的工业炉窑主要分布在钢铁、建材、有色冶金等行业，水泥窑、高炉、转炉以及电解铝分别是所属行业中最大的排放源，其中 CO_2 排放量约占行业排放总量的一半以上。因此，研究适合我国国情的以上典型炉窑技术进步和节能减排途径，制定与之相适应的技术政策、产业政策和管理政策，对于我国 CO_2 和 SO_2、NO_x、烟粉尘等污染物减排具有重要影响。

本项目调研了我国 4 种典型工业炉窑（即水泥、高炉、转炉和铝电解槽）的装备水平、CO_2 和污染物排放特征和减排技术；建立了以上 4 种典型炉窑的 CO_2 排放量估算方法，测算了 CO_2 排放因子，以及“十一五”末期我国典型炉窑的 CO_2 排放基数；调研评估了四种典型炉窑主要的 CO_2 减排和污染物协同控制技术，分析了不同技术的成本和效益关系，提出了四种典型炉窑 CO_2 减排和污染物协同控制技术政策建议。

2 研究内容

1）重点调查我国高炉、转炉、水泥窑和电解铝等典型炉窑的技术装备现状，污染物排放现状，建立典型炉窑 CO_2 排放理论估算方法，测算“十一五”期末我国典型炉窑的 CO_2 排放基数。

2）分析现有的国内外典型炉窑 CO_2 和污染物的主要协同减排技术、经济途径，研究主要减排途径的 CO_2 减排过程和效果，以及污染物协同控制过程和效果，分析其在我国推广应用的可行性、实施成本和效益。

3）利用情景分析，研究不同情景下实施 CO_2 和污染物减排措施的经济、社会和环境效益，优化 CO_2 减排和烟粉尘、SO_2 和 NO_x 协同控制技术方案。

4）提出典型炉窑 CO_2 减排和污染物协同控制技术政策建议及分阶段实施方案。

3 研究成果

（1）典型工业炉窑技术装备现状

1）水泥窑

4 000 t/d 及以上大型新干法生产线已经成为我国水泥行业的主力设备；水泥窑 CO_2、SO_2、NO_x 和颗粒物的直接排放主要来源于水泥的煅烧过程，间接排放主要来自水泥窑耗费电力所产生的排放。原料均化、五级旋风预热预分解系统、第三代篦式冷却机等协同减排技术已经基本普及，立磨、纯低温余热发电等技术也普及近半。总体来说，规模越大的水泥窑能耗指标越好，但是对于具体的某一水泥窑来说，不能仅仅从规模和窑型来判断其是否达到先进水平。

2）高炉

容积 1 000 m^3 及以上的中大型高炉已经成为钢铁工业的主体生产设备；高炉 CO_2、SO_2、NO_x 和颗粒物的直接排放主要来源于冶金反应和燃料燃烧；其中烟粉尘还来自出铁口、铁沟、铁水罐等部位，以及辅助设备的卸料、给料点等过程；大型高炉装备，高炉喷吹煤粉、顶燃式热风炉、干法布袋除尘、TRT 余压发电等技术得到了大范围的推广；在原料条件不佳，入炉品位逐年下降等情况下，炼铁主要技术经济指标如入炉焦比、工序能耗等水平都有了较为明显的进步。

3）转炉

100t 及以上的中大型转炉已经成为钢铁工业的主体生产设备；转炉 CO_2 和颗粒物的直接排放主要来源于冶金反应和燃料燃烧；其中烟粉尘还来自于原辅料输送、转炉兑铁水、加废钢、出钢等过程；近年来我国重点大中型钢铁企业转炉物料和能源消耗均呈明显下降态势，煤气等能源回收量逐年提高。

4）铝电解槽

我国电解铝产能中 200 ～ 300 kA 的电解槽比重最高，是当前槽型的主流。电解铝过程中排放的温室气体主要为 CO_2，其中以间接耗用电力的排放为主；SO_2 来源于阳极；粉尘产生的环节主要在电解铝的加料、集气、阳极作业、出铝等过程。

（2）典型工业炉窑 CO_2 与污染物排放测算

本项目选取了国内 13 家 5 000t/d 和 16 家 2 500 t/d 的典型水泥窑、具有代表性的 750m^3、1 880m^3、3 200 m^3 高炉和 60t、120t 和 300t 转炉、160 ～ 400 kA 的 8 个有代表性电解槽对 CO_2 和污染物（SO_2、NO_x 和颗粒物）排放进行实地测试分析，并取得了测试结果。根据现场实测数据，结合文献资料调研，分别计算出了水泥窑、高炉、转炉和电解铝的 CO_2 和污染物（SO_2、NO_x 和颗粒物）的排放因子，并结合 2010 年以上典型炉窑的规模和产量分布，估算出了我国 2010 年水泥窑的 CO_2、SO_2、NO_x 和颗粒物的排放量分别为11.28亿t、25.70万t、206.44万t和45.62万t；高炉的CO_2、SO_2、NO_x和颗粒物的排放量分别为5.17亿t、15.50万t、19.82万t和27.80万t；转炉的CO_2、SO_2、NO_x和颗粒物的排放量分别为4112万t、1.54万t、1.92万t和18.10万t。电解铝的CO_2、SO_2、NO_x和颗粒物的排放量分别为1.78亿t、33.79万t、37.56万t和11.57万t。

（3）典型炉窑CO_2减排和污染物协同控制技术经济分析

项目通过对高炉、转炉、水泥和铝电解槽4种典型炉窑主要的CO_2减排和污染物协同控制技术的协同效果及经济成本进行对比分析：

1）综合考虑技术的CO_2减排量和污染物协同减排性能，以及技术的适用条件、外部环境条件和二次污染控制措施等因素，水泥窑CO_2和污染物协同减排的重点技术主要为：纯低温余热发电技术、高效分解炉预热器、高效篦冷机和电石渣替代技术。

2）综合考虑普及率提升空间和污染物协同减排效果与CO_2减排效果，高炉的协同减排的重点技术为：高温高压汽动鼓风技术、高炉热风炉双预热技术和高炉脱湿鼓风技术。

3）转炉“负能炼钢”单位钢CO_2减排量较大，协同减排颗粒物效果好，而且还有较好的经济收益，是最主要的协同减排重点技术。

4）电解槽的协同减排的重点技术为：新型导流结构节能组合技术、新型阴极结构技术和低温低电压铝电解组合技术。

（4）典型炉窑CO_2减排与协同控制情景分析

本项目通过针对“十二五”前期水泥窑、高炉、转炉和铝电解槽的装备发展情况和协同技术应用进展，设置2015年情景和2020年的低、中、高三个情景方案，分析其减排潜力得出：

1）水泥窑CO_2的减排对于SO_2、颗粒物能达到很好的协同减排效果；但NO_x并未能起到协同减排作用；产业结构调整对于实现CO_2减排目标具有重要作用；余热发电、高效分解炉预热器、高效篦冷机等重点技术对协同减排贡献较大。

2）高炉CO_2减排措施对于SO_2、NO_x和颗粒物的减排均有较好的协同效果，尤其对于颗粒物的减排量较大；结构减排的协同减排效果比较明显；高压汽动鼓风对污染物的减排效果显著，热风炉双预热、高炉精料技术对CO_2的减排效果也较好。

3）转炉协同减排颗粒物的效果非常显著，而协同减排SO_2和NO_x的减排比例较小。结构减排对于SO_2、NO_x和颗粒物的减排效果非常显著；“负能炼钢”是最有效的CO_2减排技术。

4）电解铝行业的CO_2和SO_2、NO_x和颗粒物的技术减排，绝大部分通过节约用电的途径实现的；最有效的减排技术有：新型阴极导流结构电解槽、低温低电压铝电解槽优化技术等。本研究还尝试了通过碳排放交易来解决电解铝行业的CO_2减排难题。

4 成果应用

本项目的水泥窑 CO_2 和污染物协同减排相关成果已经先期应用于北京金隅公司，为该公司技改项目的技术路线选择和协同控制发展方向与政策趋势方面提供了技术支撑。同时项目已完成《我国典型炉窑装备水平调研报告》和《我国典型炉窑 CO_2 和主要污染物排放现状评估报告》，《推进钢铁、水泥、电解铝等重点行业二氧化碳减排和大气污染物协同控制对策建议》（初稿）初步达到了为环境管理提供支撑的基本条件。此外，本项目评估了目前主要的协同减排技术，分析各种技术的 CO_2 减排效果、CO_2 与污染物减排的协同性，以及技术的投资、运行费和成本等经济性。再综合技术实施的限制因素和可继续实施的比例，从中筛选出可能具有较大减排潜力的协同减排重点技术，为今后编制相关指南和目录提供了技术支持。

5 管理建议

（1）继续强化结构减排

随着前期钢铁、水泥、电解铝等行业淘汰落后产能的不断发展，目前政策上需要淘汰的落后产能已经越来越少，为了进一步强化结构减排效果，提高行业装备水平，需要不断提高上述行业的落后产能淘汰标准和环保准入条件，继续推动工业炉窑的大型化发展，降低行业 CO_2 和污染物排放水平，争取尽早实现既定的减排目标。

结合本项目的分析测算结果，提升淘汰落后的具体建议如下：

1）建议水泥行业在 2015—2017 年启动淘汰 2 000 t/d 以下老旧新干法落后产能的政策，到 2017 年底前淘汰 6 000 万 t 落后产能，到 2020 年全部淘汰 2 000 t/d 以下的落后产能；钢铁行业积极推动城市钢企搬迁和兼并重组，以此带动小于 1 000 m^3 高炉和小于 100t 转炉的落后产能自主淘汰升级，到 2017 年底前淘汰 1 亿 t 高炉落后产能，到 2020 年底前再淘汰 1.5 亿 t 高炉落后产能；电解铝行业推动槽容小于 250kA 预焙槽落后产能自主淘汰升级，到 2017 年底前淘汰 450 万 t 落后产能，到 2020 年全部淘汰 250 kA 以下预焙槽。

2）建议在水泥、钢铁和电解铝行业尽早开始严格执行现行的能耗和环保指标监管，不论规模大小，对于不满足能耗和环保指标的生产线进行强制整改，对于整改后仍不能达标的坚决予以淘汰。

3）建议尽早将“铁钢比”纳入钢铁行业能效考核体系中，同时理顺我国废钢回收体制，逐步提高废钢使用量，降低我国铁钢比。

（2）大力推广先进的协同减排技术，提高工业炉窑装备水平

根据我国未来的经济发展形势，我国的水泥、钢铁和电解铝等主要工业原材料的产

量已经接近或者达到了峰值。在产能产量基本持平甚至下滑的情况下，在等量甚至减量产能替代的政策下，降低现有炉窑的CO_2和污染物排放水平的最有效技术途径，就是推广先进的协同减排技术，通过技术改造提高现有工业炉窑能耗和环保指标。

1）继续大力推广水泥窑纯低温余热利用技术普及和应用，到2017年底普及率应达到85%，2020年实现全面普及；鼓励和支持企业开展高效分解炉预热器、能耗在线检测和分析技术等技术升级改造项目，到2017年底普及率应达到40%，2020年底普及率应达到70%；继续鼓励支持水泥企业综合利用电石渣等工业废渣生产水泥。

2）大力推广高炉煤气高温高压前置背压式汽动鼓风、高炉热风炉双预热、高炉精料技术，到2017年底普及率应分别达到50%、70%、85%，2020年基本实现全面普及；大力推广转炉"负能炼钢"技术，到2017年底普及率应达到70%，2020年基本实现全面普及。在"负能炼钢"的指标考核中，2017年底前应引入铁钢比的限制条件或换算机制，以反映全流程能耗的高低。

3）大力推广铝电解槽的新型阴极导流结构技术、低温低电压铝电解技术等的普及和应用，到2017年底普及率应分别达到30%、50%，2020年底普及率应提高到40%、60%。积极推动铝电解槽烟气梯级利用于周边火电厂的示范应用，探索不同企业间开展烟气阶梯利用或循环利用的环保管理模式。

4）加大协同减排技术的研究力度，不断提升现有协同减排技术水平，同时大力开展协同减排新技术的研究和开发力度，培育有较大减排潜力的新兴技术，通过税收减免等经济政策，鼓励企业进行新技术示范工作，鼓励工业区优化布局，使多种类型企业有机结合，实现能源、资源的合理回收和再利用，减小整体的废气量排放。

（3）推动碳交易市场发展和完善

根据本研究结果，水泥行业CO_2减排已远超减排目标，而电解铝行业则难以达到减排目标，但水泥和电解铝行业可以通过碳排放交易机制进行CO_2减排量有偿转移，可实现两个行业的共赢，并且能够使行业中的每个企业根据自身实际，制定经济合理的CO_2减排方案，通过市场交易实现碳减排成本的最小化。

建议首先将电解铝行业和水泥行业纳入碳排放交易示范行业中，到2017年底前制定完善的交易具体细则，在政府的引导和监管下启动碳排放交易，利用水泥等行业的富余减排量来解决电解铝行业的CO_2减排难题。

6 专家点评

该项目在对我国高炉、转炉、水泥和电解铝的装备水平、CO_2污染排放特征、减排技术调研的基础上，开展了4种典型炉窑的CO_2排放量估算方法研究，初步测算了CO_2排放系数及"十一五"末期我国典型炉窑的CO_2排放量估算技术，梳理了4种典型炉窑

主要的 CO_2 减排和污染物协同控制技术。项目成果为北京金隅公司技改项目的技术路线选择和协同控制发展方向与政策趋势方面提供了技术支撑，对我国典型炉窑装备水平的调研及对我国典型炉窑 CO_2 和主要污染物排放的现状评估，可为国家环境管理和温室气体协同减排提供重要基础数据。

项目承担单位：中国环境科学研究院、中国科学院过程工程研究所、冶金工业规划研究院、中国水泥协会

项 目 负 责 人 ：都基峻

涉铅企业周边儿童血铅污染的环境暴露来源解析及防控对策研究

1 研究背景

儿童是铅中毒的易感人群，儿童铅中毒问题已成为全社会普遍关注的主要问题之一。自 2006 年甘肃徽县发生首次儿童血铅事件之后，“血铅超标”事件时有发生，袭卷陕西、河南、湖南、广东、湖南、江苏、山东等多个省区。在 2006—2011 年发生的Ⅲ级以上重金属环境健康事件中，儿童“血铅超标”事件占 50% 以上，这一社会问题引起民众的恐慌和不满，惊动了党和国家高层，震惊了全社会，给人们健康和社会稳定造成了严重的影响。

有效应对儿童血铅污染事件，并制定切实可行的长期防控对策，防患于未然，成为当前环境管理面临的主要问题之一。然而，由于迄今为止我国在关于涉铅企业周边儿童铅污染的暴露途径和来源方面的研究基础薄弱，认识严重不足，使得在血铅污染事件的处理中，难以拿出有说服力的证据，导致对企业污染、居住环境与生活方式等多种因素在影响儿童血铅水平中的作用和确定人群主要暴露途径方面难以做出科学合理的解释；而且，在儿童血铅污染事件应急调查过程中，缺乏关于铅污染来源、暴露途径、健康风险判断以及应急处理处置措施等的统一调查方法和标准技术规程，使得在血铅污染事件处理中，缺乏有效可信的方法依据，难以得出具有可比性和科学性的结论，不利于今后同类事件处理中的借鉴。

基于此，通过本项目研究提出的涉铅企业周边儿童血铅污染的环境暴露来源解析方法及防控对策，为环境应急处理处置和我国重金属防治重点工作提供有效的工具和手段，为全面有效提供防范铅暴露的风险提出建议。项目提出的涉铅企业周边儿童血铅污染的暴露来源解析方法可应用于儿童血铅事件的应急处理中，有利于提高事件处理过程中的效率、科学性和可行度；本项目结果可有效解答儿童血铅污染事件中暴露污染来源这一重大疑问，及时阻断暴露来源，化解涉铅企业与污染个体之间的矛盾；本项目提出的解析方法和防控对策可为我国重金属污染防治工作提供重要支撑，对于全面防控重金属污染风险、维护社会安定团结具有重要意义。

2 研究内容

1）资料调研。通过现有资料调研，研究分析国内外儿童铅暴露和污染来源解析的典型事例，建立既往案例的数据库。通过已有资料调研，分析我国涉铅企业的类型和特征，分析我国儿童血铅水平、事件特征及影响因素，选择研究主要的三类涉铅企业作为研究案例区。

2）研究涉铅企业周边儿童血铅污染来源方法的程序和关键技术环节。第一步，先分析涉铅企业周边儿童铅的主要暴露途径（经呼吸、经消化道的比例）和暴露来源（各环境介质暴露和非环境介质暴露的比例）。第二步，分析环境介质中铅的主要污染来源，以及涉铅企业的贡献率。

3）研究血铅同位素直接解析法分析涉铅企业周边儿童血铅污染来源的程序和关键技术环节。直接利用血铅同位素指纹特征和污染源特征解析污染源，分析涉铅企业的贡献率。

4）研究儿童血铅污染的防控策略。分析国际经验、我国政策措施的现状和不足，提出儿童血铅污染的防控对策建议。

3 研究成果

（1）建立了铅污染相关数据库

研究通过对既往研究资料的搜集和分析，建立了铅污染的相关数据库：搜集了2000—2014年有关国内儿童血铅调查的所有文献及资料，建立了儿童血铅水平数据库。查阅国内外铅污染相关文献及报道，整理2006—2014年国内血铅中毒重大应急事件31起，并建立国内外儿童血铅中毒事件案例数据库。搜集了国内外既往研究，建立了不同来源的矿石和燃煤“端元”污染物质的铅同位素数据库；建立国内外土壤、沉积物及气溶胶等不同环境介质的同位素数据库。通过典型案例区开展的4 000余名受试儿童的个体行为模式问卷调查，建立了我国儿童铅暴露的相关暴露参数数据库。

（2）优化并建立了铅环境污染源解析方法及模型

研究通过问卷和现场调查获取了相关暴露参数，并通过在典型涉铅企业周边“污染源—环境介质—内暴露”样品的铅污染特征及铅同位素比值特征关系的建立，应用“血铅—污染源”的一步解析法和“血铅—环境介质—污染源”的两步解析法对铅污染源解析理论框架进行准确性和应用性分析。

对四个典型涉铅企业周边儿童血铅的同位素解析结果表明（表1）：

1）燃煤型案例研究：山西某焦化企业周边儿童血铅水平为52.45μg/L；儿童血铅同位素比值特征与该焦化厂所用的煤、食物、饮用水及个体空气同位素特征比值较相似；

食物的经口暴露是燃煤型企业周边儿童铅暴露的主要途径，燃煤是主要污染来源。

2）铅酸蓄电池型案例研究：湖南某铅酸蓄电池型企业周边儿童的血铅水平为124.23μg/L；儿童血铅同位素比值特征与该省矿石、燃煤及汽车尾气同位素比值特征均存不同的相似性；且与其摄入食物、饮用水和个体空气同位素特征比值相似；企业周边食物、饮用水和个体呼吸空气是儿童血铅暴露的主要途径；儿童血铅暴露主要来源于矿石的生产排放，其次为燃煤，汽车尾气的贡献相对较小。

3）矿石冶炼型案例研究：云南某冶炼型企业周边儿童血铅水平为238.45μg/L；儿童血铅同位素特征比值与该企业矿石/矿渣中的铅同位素特征比值较相似；且与其摄入的食物、地表尘、个体空气及饮用水的铅同位素比值特征相似，表明该企业矿石/矿渣是人体铅暴露的主要来源，个体呼吸空气、食物及地表尘是其铅暴露的主要途径。

4）矿石采选型案例研究：云南某采选型企业周边儿童血铅水平为179.73μg/L，超标率为83.88%；儿童血铅同位素比值特征与该企业矿石中的铅同位素特征比值较相似；且与其摄入的食物、个体空气、饮用水及地表尘的铅同位素特征比值相似，表明该企业矿石/矿渣是人体铅暴露的主要来源，个体呼吸空气、食物及地表尘是人体铅暴露的主要途径。

表1 不同涉铅企业周边儿童血铅及环境介质铅同位素比值特征

企业类型	介质	$^{208}Pb/^{206}Pb$	$^{207}Pb/^{206}Pb$
燃煤型	血液	2.111±0.018	0.864±0.005
	燃煤	2.117±0.018	0.860±0.010
	食物	2.112±0.012	0.860±0.009
	饮用水	2.102±0.013	0.866±0.005
	空气	2.156±0.186	0.862±0.009
铅酸蓄电池型	血液	2.128±0.026	0.865±0.009
	矿石	2.121±0.035	0.848±0.011
	燃煤	2.101±0.071	0.849±0.019
	汽车尾气	2.124±0.061	0.872±0.021
	食物	2.105±0.009	0.862±0.004
	饮用水	2.127±0.018	0.876±0.005
	空气	2.103±0.019	0.859±0.009
矿石冶炼型	血液	2.119±0.024	0.849±0.037
	矿石	2.102±0.013	0.849±0.001
	食物	2.115±0.032	0.851±0.009
	地表尘	2.128±0.008	0.849±0.039
	空气	2.099±0.039	0.849±0.017
	饮用水	2.133±0.018	0.870±0.007
矿石采选型	血液	2.116±0.021	0.853±0.004
	矿石	2.140±0.023	0.850±0.001
	食物	2.114±0.012	0.867±0.004
矿石采选型	空气	2.116±0.008	0.859±0.016
	饮用水	2.121±0.011	0.867±0.005
	地表尘	2.116±0.089	0.856±0.015

研究通过对铅同位素源解析理论模型的优化建立，验证了血铅同位素解析方法在不同类型的涉铅企业周边儿童铅污染来源及其暴露途径解析中应用的科学性和准确性，从而建立了涉铅企业周边儿童血铅污染暴露来源解析技术方法和模型，该方法和模型可直接应用于血铅的环境暴露来源解析，为环境应急处理处置和我国重金属防治重点工作提供了有效的工具和手段。

（3）建立了个体铅污染的暴露途径解析方法及模型

基于问卷及现场调查，结合儿童铅暴露相关暴露参数、儿童个体内 / 外暴露的铅污染特征及其同位素比值特征，分别基于血铅同位素解析方法和相关暴露评价模型对涉铅企业周边儿童血铅的暴露途径进行研究，建立了涉铅企业周边儿童血铅污染的暴露途径解析技术方法和模型。

（4）形成了涉铅企业周边儿童血铅污染解析技术指南

通过对 4 类典型涉铅企业周边儿童铅污染的环境暴露来源解析及铅暴露途径的研究，及暴露途径源模型的验证优化以及模型软件包的初步设计，编写形成了涉铅企业周边儿童血铅同位素来源解析技术指南的建议稿和不同涉铅企业周边儿童铅暴露源解析模型软件包（初版）。

（5）提出了儿童血铅污染的防控策略建议报告

基于 4 类典型的涉铅企业案例区儿童血铅暴露来源及途径的研究，提出了我国儿童血铅暴露的主要途径和来源，并提出了我国儿童血铅污染的防控策略建议报告，为相关部门对重点涉铅行业的整管提供参考，为我国涉铅企业周边人群铅暴露的健康风险防范提供了依据。

（6）建立了典型涉铅企业周边尿铅源解析方法及模型

通过对比分析典型涉铅企业周边儿童血铅和尿铅同位素的暴露来源解析研究结果，表明尿铅同位素指纹特征可代替血铅进行人体铅暴露的来源解析。基于本研究，建立的基于尿铅的涉铅企业周边儿童铅暴露的来源解析技术方法及模型，为今后发生的同类儿童血铅群体事件提供了更为快速、简便、可靠的技术支撑，为解决群体事件中的矛盾纠纷提供了具有说服力的参考依据。

4 成果应用

1）该项目建立的普通四极杆 ICP-MS，优化建立了儿童个体内暴露的铅稳定同位素的分析方法，该研究成果为鞍山市环境监测站的个体内暴露样品的检测分析提供了重要的技术参考，为开展人体污染源解析研究提供了重要的理论基础。

2）项目以甘肃省白银市和金昌市作为预调查的典型案例区，调查评估了企业周边环境介质铅污染状况、儿童铅暴露量及健康风险水平，并分析了儿童血铅污染的影响因素。

该项目的研究成果为白银市和金昌市的环境规划及儿童铅污染暴露的风险防范提供了重要依据。

3）项目用普通四极杆ICP-MS，分析了多种不同类型环境介质的铅同位素特征，建立并优化了铅稳定同位素ICP-MS仪器方法和工艺参数，为中国农业科学院农业环境与可持续发展研究所分析测试中心开展环境样品中铅稳定同位素的检测分析提供了重要的仪器方法参考和借鉴。

4）依托于项目的研究成果，为正在编制的《土壤铅污染健康风险评估指南》（初稿）的编制提供了重要的参考数据，也为标准制定过程中模型和参数取值的合理性检验提供了重要的案例材料。

5 管理建议

（1）以铅为切入点加快构建重金属环境与健康风险评估体系

在2006—2011年发生的Ⅲ级以上重金属环境污染占健康事件中50%以上，有效应对儿童血铅污染事件，需及早研究和推广能科学判定事故责任的铅污染源解析方法，在此基础上以保护人体健康为目标，制定基于人体健康风险的环境质量标准和排放标准，逐步实现对重金属的风险管理。在诸多重金属中，科学界对铅的健康影响认识、评价方法和指标以及污染防治技术相对成熟，以铅为切入点对于构建和完善重金属环境与健康风险评估体系具有重要探索意义。一是实施长期、动态铅污染健康风险监控和预警，选择有代表性的铅污染健康风险地区，建立环境铅与人群生物监测网络。二是建立完善环境污染致健康损害事件报告体系，在环保系统现有环境事件报告体系的基础上，增加环境污染导致健康损害事件相关信息的报送内容，制定报告制度和方案。三是统一、规范环境铅污染健康风险评价方法、程序和技术要求，建立风险评估模型、决策支持系统。四是制定能够反映国情、实施风险评价所必需的各类指标、参数和基础数据。五是培养从事环境与健康科学研究及风险评价专业技术支撑机构和人才队伍。

（2）确定环境铅污染健康风险防控区划和风险等级

针对铅污染高危人群——儿童，开展大规模环境铅污染及儿童血铅状况专项调查，掌握我国城市、农村和涉铅企业周边地区铅污染水平、儿童血铅水平及其影响因素，分析各种铅污染来源对儿童血铅水平的贡献率，开展健康风险评价，初步确定铅污染健康危害高风险源、高风险地区、风险类型和风险等级。同时，通过调查获得的各类基础数据，是国家当前制定相关政策和规划、未来完善环境铅质量标准和评价环境管理效果的重要依据。

（3）加强健康风险评价应用研究和前沿污染防治技术研究

一是重点加强环境与健康风险评估的应用研究，把暴露评价和健康风险评估作为重点支持方向，在引进消化发达国家科研进展和管理工作的基础上，从风险识别、风险评估、风险防范角度出发，系统开发本土化铅污染健康风险监控和评价技术、工具及参数，提高暴露测量和风险的可靠性，降低不确定性。二是加快前沿铅污染防治技术创新，降低先进环境工艺和设备的成本，加快新技术的推广和应用，支持铅污染排放量削减。三是研究环境铅污染对人体健康影响暴露途径阻断技术，把铅污染来源解析和人体暴露途径作为重点支持方向。

6 专家点评

该项目结合国内涉铅企业典型现场，通过对涉铅企业周边儿童铅暴露和污染源解析的研究，构建了铅污染和儿童暴露数据库，建立了基于同位素分析的儿童血铅污染的暴露来源解析方法及模型，提出了基于血铅同位素指纹特征分析的儿童血铅污染的主要暴露途径和暴露来源识别方法，分析了涉铅企业对儿童血铅污染的贡献率，编写了《涉铅企业安全防护距离内儿童血铅同位素来源解析技术指南》等5项技术指南建议稿，提交了《儿童血铅污染的防控对策建议报告》。项目所提出的儿童铅暴露途径、暴露来源解析的技术方法和模型，可为重金属重点防控区儿童铅污染暴露的风险评估提供科学方法。

项目承担单位：中国环境科学研究院、中国疾病预防控制中心职业卫生与中毒控制所、北京师范大学、环境保护部环境工程评估中心、国务院发展研究中心
项 目 负 责 人 ：段小丽

铅污染诊断和表征体系建立及防控区域划分技术研究

1 研究背景

明确污染所在地的污染物来源有利于对污染地区的健康进行风险评价和风险管理，可以有效地控制土壤污染、保障环境安全和农业可持续发展。因此，关注污染物来源的识别和解析的研究者日益增加。为准确找到污染源并及时切断污染途径，降低危害发生的概率，追溯土壤中铅污染物的来源就显得尤为重要。铅同位素研究方法已经在地球化学和同位素地质年代学中成熟应用，也逐渐被应用于环境科学中。

本研究是针对凤翔县长青镇血铅事件，采用环境监测、仪器分析、化学分析、大气扩散模式、地统计学和GIS等研究手段，针对凤翔县长青工业园，建立主要铅源的同位素指纹图谱（包括铅冶炼、热电、焦化、空气背景铅等），研究完成特定区域环境铅及其不同来源的解析；根据源排放特征，结合自然环境等要素，计算各个源贡献的铅的时空分布、分析累积效应；根据铅的时空分布及累积效应分析结果，给出工业园区重点涉铅企业环境安全防护距离的建议，以及铅污染防治的意见和建议，为凤翔县落实国家重金属污染综合防治“十二五”规划提供必要的技术支撑。

2 研究内容

1）基于电感耦合等离子体质谱（ICP-MS）以及多接收电感耦合等离子体质谱（MC-ICP-MS）方法，分析环境中铅冶炼、热电、焦化、空气背景等铅来源的单源“指纹”鉴定，建立图谱，研究铅源的贡献。

2）分析源排放特征，利用大气模型模拟铅（Pb）污染时空分布，为确定环境安全防护距离提供依据。

3）基于GIS技术，研发“Pb污染诊断和表征体系及防控区域分析系统”，实现信息展示、统计、分析和预测等功能。

4）研究建立凤翔县长青工业园区（图1）铅污染防治原则、技术、方案（包括铅源同位素指纹图谱、铅的源辨析方法、铅污染扩散与时空分布模拟、环境安全防护距离计算方法）等；密切结合环保业务部门需求，为重金属污染预防和减排提供技术支撑。

图 1　研究区域

3　研究成果

（1）建立了涉铅企业及周边环境 Pb 同位素示踪方法

本项目提出了铅指纹在多维空间中的表示及利用相似性测度解析铅源及计算铅源的贡献率的概念模型，建立的距离相关模型，解决了多元混合模型的不足，通过铅指纹图谱相似性测度的计算比较分析，有助于铅指纹图谱分析技术在铅源解析等领域的推广应用。

1）对铅同位素指纹这一概念进行了定义，即铅指纹是指铅源及铅污染对象当中 ^{204}Pb、^{206}Pb、^{207}Pb、^{208}Pb 同位素丰度相互比值构成的具有唯一性、稳定性及系统性的向量。用向量表示为

$$P=\left\{\frac{^{206}Pb}{^{204}Pb},\frac{^{207}Pb}{^{204}Pb},\frac{^{208}Pb}{^{204}Pb},\frac{^{206}Pb}{^{207}Pb},\frac{^{208}Pb}{^{207}Pb},\frac{^{208}Pb}{^{206}Pb}\right\}$$

2）距离相关模型计算贡献率

①理论依据

基于端元物质的研究方法认为铅同位素比值分布图上距离样品点越近的端元对样品贡献率越大的原理，可以认定铅同位素比值分布三维图中距离样品点越近的端元为贡献率越大的端元物质。

②假设条件

（a）每一个点可以利用铅同位素比值的特性在空间坐标系中表示出来；

（b）贡献率的大小与距离的倒数成一定的正相关 $f\propto 1/l_i$。

③计算

设有 N 个端元物质，它们的空间坐标为（$^{206}Pb/^{204}Pb$、$^{207}Pb/^{204}Pb$、$^{208}Pb/^{204}Pb$）$_i$（i=1，

2，3，……，n）；

现有一样品，空间坐标为（$^{206}Pb/^{204}Pb$、$^{207}Pb/^{204}Pb$、$^{208}Pb/^{204}Pb$），则由空间两点的距离公式知：

$$l_i=\sqrt{[\frac{^{206}Pb}{^{204}Pb}-(\frac{^{206}Pb}{^{204}Pb})_i]^2+[\frac{^{207}Pb}{^{204}Pb}-(\frac{^{207}Pb}{^{204}Pb})_i]^2+[\frac{^{208}Pb}{^{204}Pb}-(\frac{^{208}Pb}{^{204}Pb})_i]^2} \qquad (1)$$

又因为$f_i \propto 1/l_i$，则某一端元的贡献率可表示为：

$$f_i=\frac{1/l_i}{\sum_{i=1}^{i=n}1/l_i} \qquad (2)$$

N个端元的相对贡献率之和为1，即：

$$\sum_{i=1}^{i=n}f_i=1 \qquad (3)$$

式中，f_i表示第i端元相对贡献率；l_i表示某一样品到第i端元的距离（图2）。

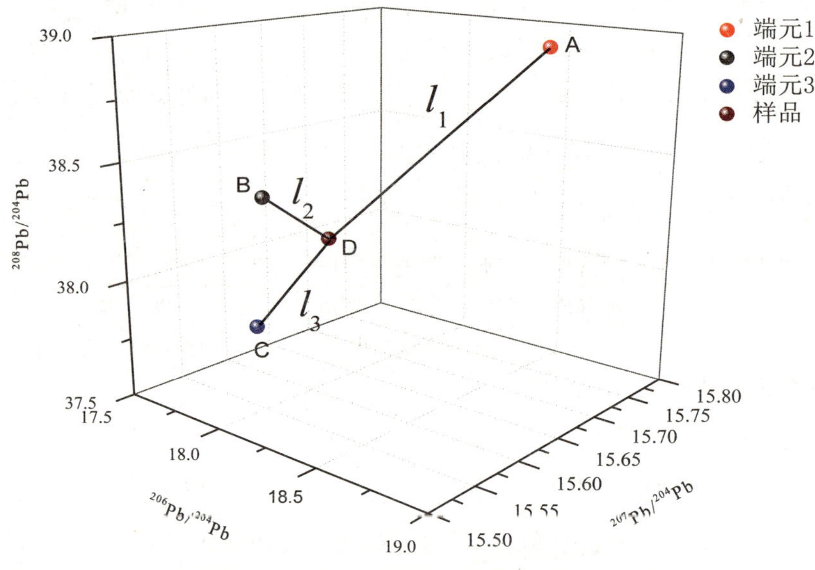

图2 距离取倒数计算贡献率的图形演示

（2）通过污染源和环境空气铅浓度同步监测，采用CALPUFF模型，分析计算了涉铅企业及周边安全防护距离

通过污染源和环境空气铅浓度进行同步监测数据，利用项目组自动气象站2年的观测资料和已有监测数据计算不同源的时空分布和污染物累积效应，选择CALPUFF模型，计算冶炼厂源对周边环境空气和土壤累积影响，推算出不同年份的研究区土壤累积量，2010 年、2015 年、2020 年、2030 年预测网格 Pb 土壤浓度平均分别为 27.53 mg/kg、28.34 mg/kg、29.23 mg/kg 和 30.02 mg/kg，而 2030 年在厂界外西北方向 0.54 km 处，出现土壤铅浓度超过二级标准（图 3 ～图 6）。

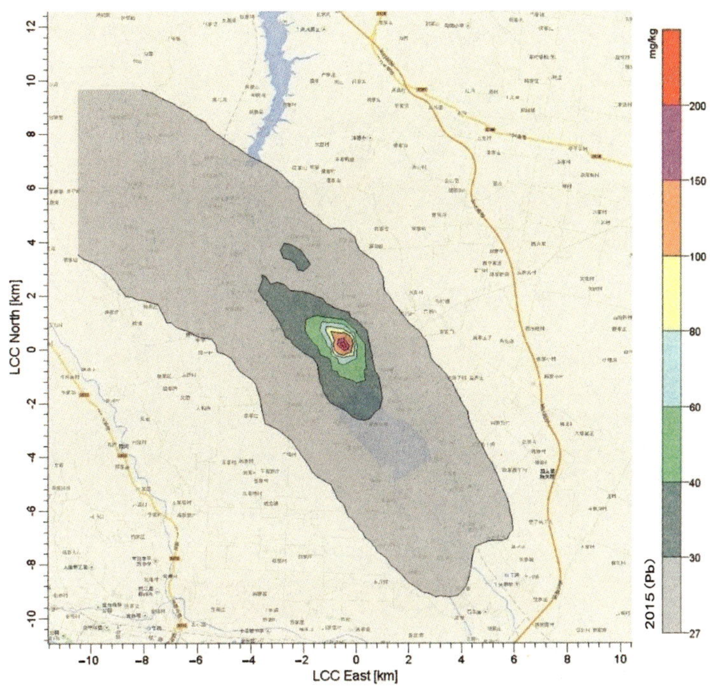

图 3　2010 年土壤 Pb 年分布图

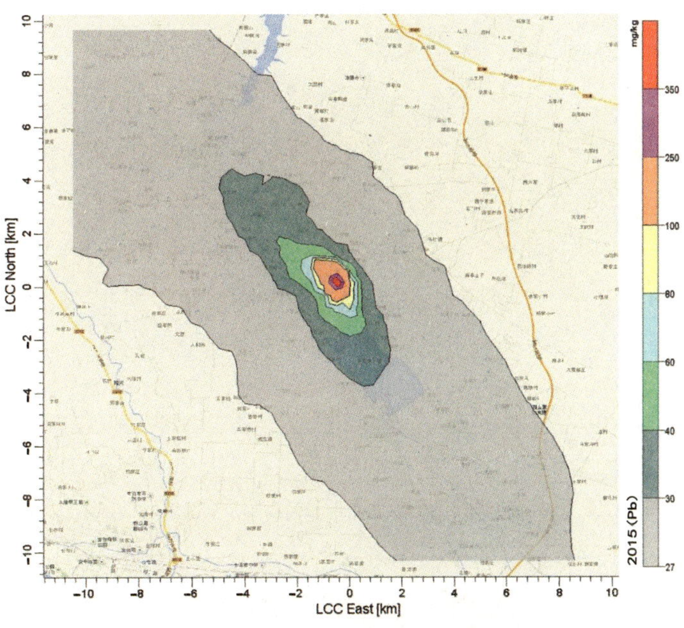

图 4　2015 年土壤 Pb 年分布图

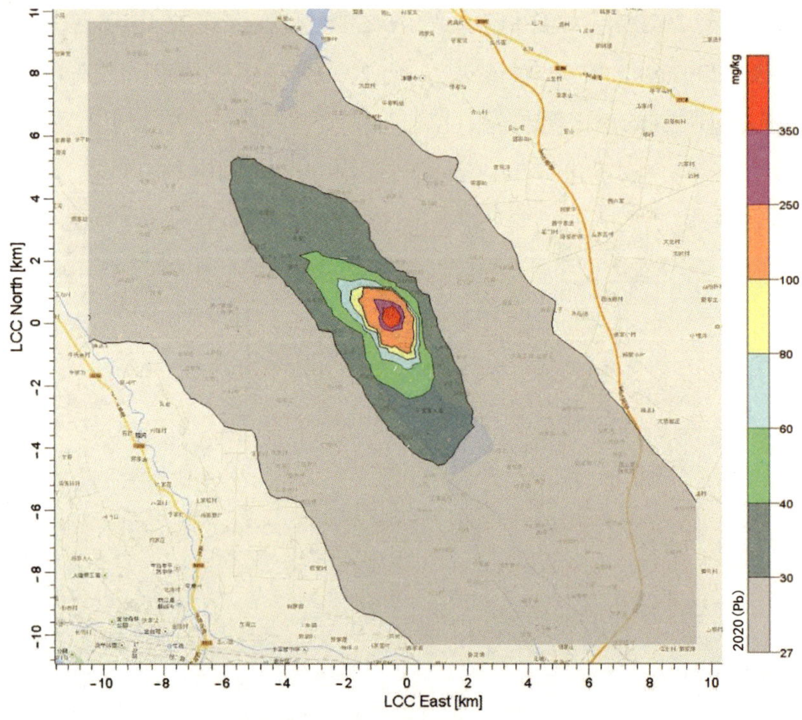

图 5　2020 年土壤 Pb 年分布图

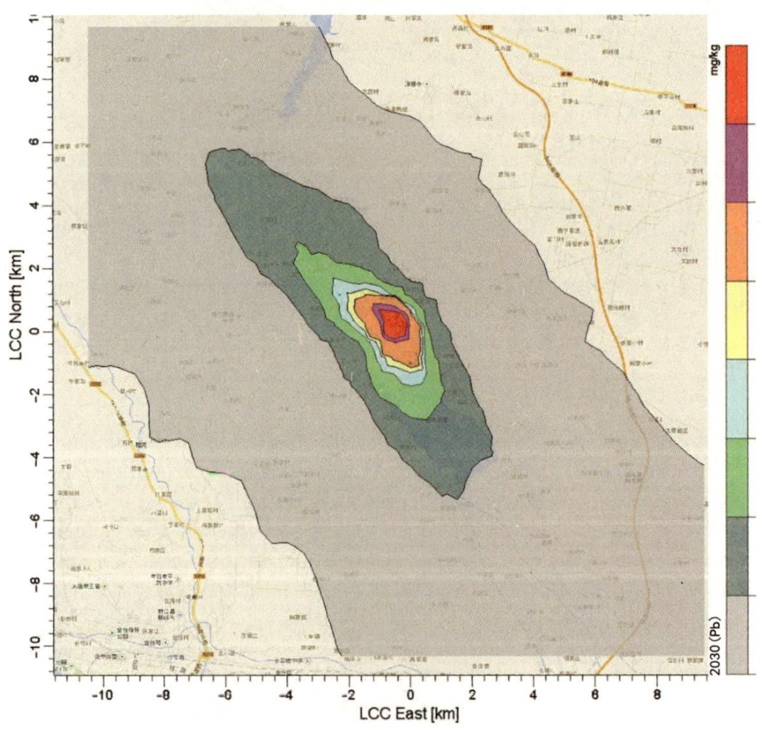

图 6　2030 年土壤 Pb 年分布图

（3）基于 GIS 平台，建立了展示大气、土壤及二者结合（气与陆）的 Pb 污染物的迁移转化的“Pb 污染诊断和表征体系及防控区域分析系统”，实现了信息展示、统计、分析和预测等功能

系统总体架构图如图 7 所示。

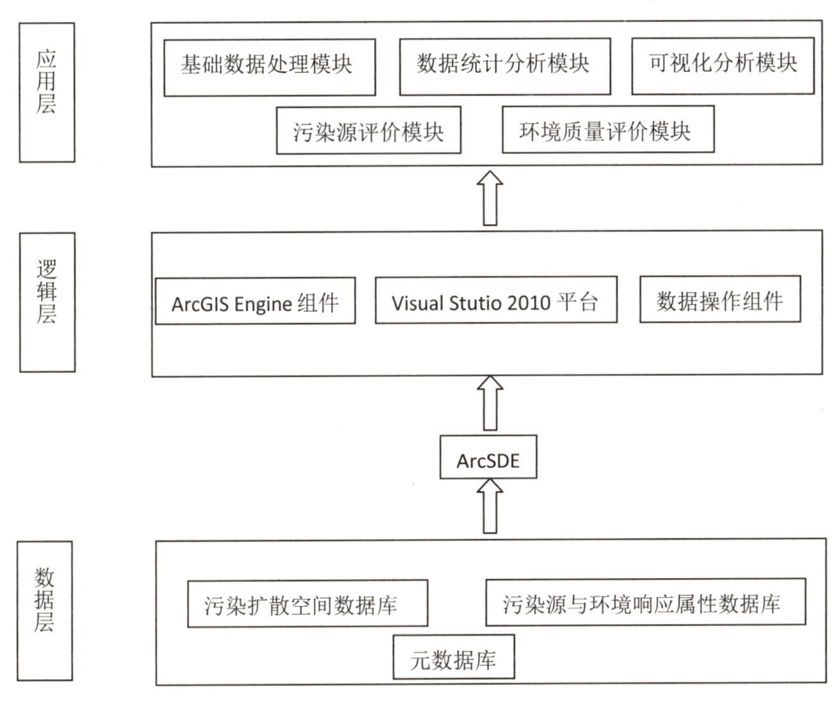

图 7 系统总体架构图

（4）通过 Pb 同位素示踪技术并结合文献资料，完成了研究区域铅同位素指纹特征图谱

利用 Pb 同位素示踪技术，对冶炼厂周边区域土壤中的铅源进行了示踪研究，通过资料收集、样品采集、化学分离提纯、质谱分析测定及数据处理，结合文献资料给出的全国主要铅矿、原煤和土壤 Pb 同位素比值与本项目所采土壤、原煤、矿石、沉降物等样品的 Pb 同位素比值测定结果，给出了研究区域铅同位素比值分布图谱，完成凤翔县长青工业园背景、原材料、沉降物等 Pb 源同位素特征指纹图谱。

（5）建立了涉铅企业周边土壤和环境空气样品采集、制备及分析规范

根据研究区域内涉铅企业周边地形特征，结合当地气象条件，重点关注高铅排放的工矿企业周边、人居高密度地区、公路沿线、菜地、果园，以及幼儿园小学等儿童活动频繁区，依据相应标准及规范，按照科学性、合理性和可行性的原则，制定了一系列适

用于本项目研究的涉铅企业周边土壤和环境空气样品采集、制备及分析方法。主要包括土壤和空气样品采集及制备规范、土壤及空气样品总铅含量测定规范及铅同位素测定规范。

4 成果应用

1）本项目撰写政府咨询报告2份，一是关于凤翔县长青镇土壤铅浓度监测情况和规划建议的报告，根据本项目对长青镇土壤、大气、树轮和沉积物铅浓度时空变化研究结果，给陕西省宝鸡市人民政府提出规划建议；二是关于凤翔县长青镇土壤铅浓度监测结果和修复方法的建议报告，根据本项目对长青镇土壤、大气、树轮和沉积物铅浓度时空变化研究结果，给陕西省环境保护厅提出加强监管和开展修复工作的建议。

2）编制规范建议稿三份，分别为铅污染诊断和表征样品采集、制备及浓度分析规范；铅污染源解析的样品采集、制备及铅同位素分析规范；铅冶炼行业防控区域划分技术规范。

5 管理建议

通过本项目研究，给出了研究区域内铅污染的主要贡献源，提出了预测安全防护距离的依据。结合上述工作成果，在后续的工作中还应该做好以下几方面工作：

1）污染源调查存在很大的难度，受企业人为调控的影响，所得污染源强于实际情况有所差别，造成环境空气Pb浓度水平及污染源强结果偏低，在进行模型预测时需根据工艺水平和现有排污水平及长期连续监测结果对污染源强进行修正。因此，在进行相关项目实施过程中，建议应加强各企业监管力度，加强环保执法检查，以准确确定污染源强，这对于合理划定铅锌冶炼行业防护距离非常关键。

2）科学合理地确定铅锌厂的防护区域具有重大地意义。当前卫生防护距离的计算方法与划分规范已经不合时宜，导致计算出来的防护距离与现实相差较大，不能正确地指导生产和生活。建议结合我国实际，加快涉铅企业周边安全防护距离划分标准的制定或修订。

3）目前我国环境空气质量标准中铅浓度限值高于大部分国家和地区，铅锌冶炼业排放标准偏高。同时我国地域广阔，土壤类型多样，采用统一的土壤标准显然缺乏科学性，且不同行业对于同一污染物也存在不同的标准限值。这都对管理和监督相关企业带来了不小的难度。建议结合我国主要铅冶炼企业生产工艺及周边实际情况，制定合理、科学、统一的排放标准及环境质量标准。

4）经过本项目研究，发现当地大气降尘、土壤环境中除Pb污染严重以外，锌、镉、汞等元素的浓度也比较高，部分元素在土壤中出现了超标现象。因此，建议今后应加强对该地区土壤重金属方面的研究，特别是土壤中 Pb、Zn、Cd、Hg 等重金属元素的累积和迁移转化影响研究，重金属元素之间相互影响与相关性研究，以及土壤重金属在当地植物、农作物中的迁移转化与富集作用研究等。

6 专家点评

项目完成了凤翔县长青工业园背景、原材料、沉降物等铅源同位素特征指纹图谱，提出了铅指纹在多维空间中的表示及利用相似性测度解析铅源及计算铅源的贡献率的概念模型，建立的距离相关模型，解决了多元混合模型的不足，通过铅指纹图谱相似性测度的计算比较分析，有助于铅指纹图谱分析技术在铅源解析等领域的推广应用。采用 CALPUFF 模型，获得了不同源的时空分布和污染物累积效应。建立了展示大气、土壤及二者结合的铅污染物的迁移转化的铅污染诊断和表征体系及防控区域分析系统。项目撰写了铅污染诊断和表征及防控区域划分的规范建议三个，适用于铅污染诊断和表征研究工作，也可用于环境污染事故监测工作，对环境治理和应急处理等方面提供技术支撑。

项目承担单位：西安交通大学、西安建筑科技大学、陕西省环境科学研究院、陕西省环境监测中心站
项 目 负 责 人 ：李旭祥

核与辐射数据交换标准及其应用研究

1 研究背景

随着我国核能与核技术应用的快速发展，核与辐射安全在我国能源安全中的地位越来越重要，核与辐射环境安全监管的任务日趋繁重。为了加强核能与核技术应用中的辐射环境安全的监督管理，及时、准确、全面地掌握核能与核技术应用中的相关信息，掌握核与辐射事故应急的有关信息，提供核与辐射应急决策的技术依据，迅速、有效地组织和协调核与辐射应急响应行动，制定统一标准的辐射环境数据交换标准的需求日益迫切。

“美国9·11”事件后，原国家环境保护总局启动处置环境与核恐怖袭击事件应急项目，核与辐射安全中心建成了应急指挥系统、现场数据传输系统、放射源监管信息系统等，初步形成了辐射监测能力，核安全监督站配置了应急指挥车、便携式辐射监测设备，并开始建设核设施监管办公系统。

为建立核与辐射安全监管综合管理信息系统，实现核与辐射监管信息管理现代化，统一的数据交换标准与统一的数据交换协议势在必行，建立核与辐射数据交换标准迫在眉睫。本项目针对核与辐射监管信息平台、省级和地级市监管机构信息系统、核应急响应平台系统等条件不足的问题，以实现核与辐射监管信息管理现代化为目标，重点开展核与辐射安全监管综合管理信息系统等方面的研究。

2 研究内容

针对研究堆、核燃料循环设施、核电厂、辐射环境质量监测和放射性废物等行业内日常监督及应急响应数据进行了详细的分析和总结，并根据这些数据制定较为完备和可用的行业数据交换技术标准。

以应用系统的方式，研究数据交换标准在环境保护部（国家核安全局）日常监管与应急响应工作中的应用。

建立核与辐射应用实例，并形成具备在行业内进行推广的示范工程。以代表性单位（北京市辐射监测站和田湾核电厂）为示范，设计和开发基于数据交换技术标准的计算机应用系统，实现系统与环境保护部（国家核安全局）系统的数据对接。

3　研究成果

1）数据交换技术标准是整个项目的核心技术内容。核与辐射安全数据交换标准（NRSML）旨在为核与辐射安全领域的数据信息的组织、发布、交换、存储和应用建立一套完整的数据标准，填补核与辐射安全应急领域数据标准方面的空白，为国内核与辐射安全与应急领域的数据标准化提供重要的技术基础；同时，为解决一些当前核与辐射安全行业亟待解决的重要项目，如各种核设施数据的发布和交换、应急事件的管理等方面，提供标准化数据和技术基础。本标准还对提高各核设施数据资源的利用率，实现信息资源的增值服务，提供强大的技术支持。

根据项目的研究目标，项目组对数据交换技术标准进行了重新梳理，根据实际应用的效果和用户反馈意见，对整个数据交换技术标准的体系结构做了较大的调整：从原来的笼统的一份技术标准，分解为现在“4+1”形式的模块化技术标准，进一步增大了标准的适用范围，明确了标准用户的需求对应点，大大降低了标准的应用门槛。

数据交换技术标准共包含 5 个部分：①核与辐射安全数据交换标准（NRSML），即第一部分：公共基础数据；②核与辐射安全数据交换标准（NRSML），即第二部分：研究堆数据；③核与辐射安全数据交换标准（NRSML），即第三部分：核燃料循环设施数据；④核与辐射安全数据交换标准（NRSML），即第四部分：核电厂数据；⑤核与辐射安全数据交换标准（NRSML），即第五部分：辐射环境监测数据。

数据交换技术标准（标准）的 Schema 开发和文档起草工作已完成，满足发布征求意见稿的基本要求。

2）另外，出版专著两部——《环境保护部核与辐射应急系统及技术规范应用指南》《核事故应急准备与响应手册》。

开发“环境保护部核与辐射事故应急决策支持系统”软件一套及用户使用手册。“环境保护部核与辐射事故应急决策支持系统”已获得软件著作权。

开发核应急监测调度系统一套，分为三个组成部分：核应急监测调度系统、服务端、个人核应急终端。个人核应急终端分 PDA 终端和传感器两部分，PDA 终端上运行个人核应急终端软件、传感器管理软件。远程中心端部署核应急监测调度系统。工作人员通过此系统可以指挥与调度现场个人核应急终端。服务端部署于远程服务器上，为个人核应急终端与核应急监测调度系统提供支持。

开发“核电厂示范系统”软件一套及用户使用手册。

开发“省级辐射环境监测站示范系统”软件一套及用户使用手册。

4 成果应用

本项目所研究的“核与辐射安全数据交换标准（NRSML）”，实现了对核电厂、研究堆、核燃料循环设施应急重要安全参数、辐射环境监测数据、气象监测数据等数据交换方式的标准化描述，为核与辐射应急相关数据的高效交换提供了重要基础，填补了国内空白。

本项目所研究形成的三套应用示范系统，有效地提高了环境保护部、省级辐射监测站、核电厂营运单位的应急准备和响应能力。为环境保护部实现了对应急所需基础数据的有效收集，实现了与各核设施营运单位有效的日常联络及协调机制，实现了应急准备及应急响应的常态化，有效地支持了环境保护部数次应急综合演习。系统为省级辐射监测站开发了专用的门户系统和接口，为其进一步开展应急监测系统开发提供了有力的帮助，为其提供了全面的法规标准、应急资料数据库和先进实用的全文检索功能，有效地支持了省级辐射监测站的核与辐射事故应急准备工作。系统有效地提高了核电厂营运单位向国家核安全局的数据报送速度及信息共享水平，支持了核与辐射事故应急准备工作。

5 管理建议

（1）**调整当前核事故应急管理体制，将核事故应急纳入国家统一的应急管理体系**

当前，我国核事故应急协调委员会作为国务院领导下的部际协调机制，承担对应急工作的领导和制定核事故应急预案、提供技术支持等职责。建议调整当前核事故应急管理体制，将核事故应急纳入国家统一的应急管理体系。主要理由：①《突发事件应对法》已经确立了国家统一的应急管理体制，现有体制应根据新法做相应调整，落实积极兼容的原则要求。②核事故应急协调委作为部际协调机构，级别较低，难以承担对核事故应急的领导和指挥作用。③当前体制运转中存在诸多问题：首先国家核应急协调委办公室设置不合理，管理不善；其次各成员部门责任不明确，各自进行重复建设，无法形成合力；再次一些不需要场外核应急的省份也成立了省核应急协调委，浪费巨大，其常设机构设在不同部门，导致管理不一，效能低下等。④国外先进做法可供借鉴，如美国和日本。

（2）**统筹协调构建全国核应急管理体制**

加强核应急工作的战略谋划和顶层设计，将统筹做好核应急管理、实现核应急工作全面协调可持续发展摆在更加重要的位置。

改变多部门管理体制，明确各应急部门的职责。核应急的工作，包含场内、场外的应急准备及响应工作，应急监管工作。应尽快明确国家核安全局、国家能源局、国防科工局各自在核应急中的职责，避免职责重叠和权责不清。

保证核安全监管机构的独立性、权威性和有效性。为保证其职责得到落实，核安全监管机构应具有较强的独立性，使其能够独立而公正地行使监管权力。还应使核安全监管机构能够参与国家核能发展战略决策，充分考虑安全因素，确保安全与发展的统一性落实在核安全监管部门严格的审核、监督和检查中，对不符合安全规定的核设施或核活动具有干预和停止运行的权力，对违规违法行为有提交司法进行制裁的权力等。

明确企业的核安全责任。国内外经验表明，必须通过法律的形式，才能确保核电厂等企业正常履行安全职责，并按法律要求投入充分的技术能力和财力资源来承担全面的核安全责任。因此，要使我国企业充分履行核安全责任，必须加强立法，对相关法规中进行明确或补充完善，健全法制，并加强执法力度，促使企业建立和完善核安全管理制度。

建立有效的核应急问责制。由于核应急工作是核安全的最后一道防线，发生重大核安全事故后，必然导致最后的问责。没有明确的核应急问责制，导致权责不清，将不利于确保应急准备和应急响应的有效性。

（3）建设核应急、辐射应急、核反恐应急统一技术平台

特大辐射事故、核恐怖事件与核事故的事故后果比较接近，分析方法相同，处置方法也比较接近，都具有高度专业化的特点，但目前其管理体系、技术体系不统一，实际上难以兼容协调。

“十一五”以来，核安全中心在建设核与辐射监测调度平台、核应急决策支持平台、核技术利用监管平台等方面取得显著效果，已经建成连接各省、各核电厂、气象部门的核与辐射安全监管应急专网。

通过“十三五”，建设全国核与辐射安全监管与应急统一技术平台，统一全国核设施安全监管、辐射源与辐射装置安全监管、放射性废物库安全监管、乏燃料运输存储安全监管，统一全国核事故应急、重特大辐射事故应急、核反恐应急，确保国家核安全，为国家安全做出应有贡献。

（4）建立国家核事故应急技术支持中心，对核设施营运单位、场外应急组织提供技术支持

发生核事故时，专业和充分的核应急预案将对核事故的有效应对起到极大的作用。目前我国的三层核应急计划，只有场内应急计划由国家核安全局审查、批准。场外应急计划由核电厂所在的省级地方政府制定，由国家核事故应急机构审批。国家核应急计划由国家核事故应急委员会办事机构制定。国家核事故应急协调委员会由工信部国防科工局牵头，但是目前国防科工局既不是核电厂的主管部门，也不是监管部门，平时对核电厂的设计要求、运行状况并不了解，对核事故应对所需的技术判断和解决措施缺乏专业的技术能力和监测能力。省级相关政府部门由于人员和专业性的限制，承担场外核安全应急计划制定的能力有限。而国家核安全局负责核电厂的安全监管、事故调查、辐射监测，对核电厂的设计运行、事故评价有深入把握，对核事故应急应提供有效的信息和技术支持，在核事故应急中应发挥更大的作用。充分利用国家核安全局的人才力量和技术资源，

确保国家核安全监管机构参与审查每一个层级的核应急计划制订，对可能发生的核事故提供有效的干预措施和技术解决方案，并全程跟踪核事故进展，提出处理建议，拿出事先制定的不同的应对措施。

这方面可借鉴美国核管会。美国核管会是美国所有民用核电站和整个核电产业的监管者，它也自然是民用核电站事故应急反应的责任机构。该委员会设有核安全与事故响应办公室，其基本职能之一就是对相关核事件及时进行评估与分析，指导发生核事件的民用核电站、核燃料循环处理厂等设施单位做出正确反应，并且及时与联邦其他部门和各级地方政府协调处置措施。核管理委员会拥有一支优秀的专家团队，他们是核事件应急管理的重要参与者和决策智囊团。

6 专家点评

项目研发的“核与辐射安全数据交换标准”基于可扩展置标语言（XML），在国际上首次建立了核与辐射应急领域的数据交换技术规范，实现了数据跨平台、跨系统的标准化应用，实现了对我国核电厂应急重要安全参数、研究堆应急重要安全参数、核燃料循环设施应急重要安全参数、辐射环境监测数据、气象监测数据等数据交换规范的标准化，为核与辐射应急相关数据的高效交换提供了重要基础；项目研究开发的三套应用示范系统，有效结合了核与辐射应急工作的特点，采用高效的数据交换方式，全面提升了环境保护部（国家核安全局）、省级辐射监测站、核电厂营运单位的应急准备和响应能力。

项目承担单位：环境保护部核与辐射安全中心、清华大学、核电秦山联营有限公司、北京市辐射安全技术中心

项目负责人：岳会国

内陆核电站环境矿物学与水资源优化配置研究

1 研究背景

在世界能源格局多样化中，核电是其中的重要组成部分。核电具有再生能力强，发电能量大的特点，因此是许多发达国家能源来源的重点。

我国核电的建设有 30 多年的历史，我国主要的海域都有核电厂在运行或建设，而在将来可以利用的沿海核电厂址将越来越稀缺，并考虑中西部地区的发展对电力的需求，我国的核电建设必将从沿海地区逐渐扩展到内陆地区。

我国已在全国开展内陆核电站的选址工作，如湖南桃花江核电站、湖北咸宁核电站等，但尚没有建设运行的经验。内陆厂址不如滨海厂址具有很大的稀释水体和良好的扩散条件，且内陆厂址的排污受纳水体又往往是饮用水源。按照核电厂运行管理和辐射防护最优化原则，不可避免地要向环境排放放射性核素，如果排放核素对水源造成不良影响，后果将非常严重。

因此，通过前期研究和对环境摸底、监测、分析以及优化内陆核电站取水和低放废水的排放，研究低放废水对环境的影响，对拟建内陆核电站与当地环境相容性进行评估，是一个很重要的项目。同时可以消除当地公众对核电站建设的恐惧心理，扩大对当地招商引资的正面影响，为政府提供民心支持，环保、经济、社会意义巨大。

2 研究内容

项目设置了 4 个任务：桃花江核电站周边土壤及底泥的环境矿物学研究、放射性核素在河道中迁移的数值模拟研究、桃花江核电站水资源优化配置研究、内陆核电站安全取排水及选址建议。

主要研究内容：

1）依托本院环境矿物学专业技术优势，研究内陆核电站如桃花江核电站选址周围金属、非金属、放射性物质本底的成因、迁移、稳固、相容等环境矿物学及环境友好性技术问题。

2）研究河道泥沙对放射性核素锶（Sr）和钴（Co）的吸附特性，建立放射性核素在河道中的迁移模型，对核素Sr和Co在资江中的迁移进行数值模拟，并进一步预测核电站排放的核素的迁移。

3）研究河水、地下水及周边城市生活污水或工业废水的特性，通过研究建立合理安全的不同季节取排水体系，设计模型及小型试验装置，为内陆核电站提供稳定水资源优化配置的技术参考，为内陆核电站水资源稳定供应及运行的正常性和安全性提供技术支持和科学基础。

4）根据内陆核电站周边地质、环境状况的深入研究，开展核电站建站导则草案与安全取排水技术指南的编写，为建立核与辐射安全的环保、水处理科学标准提供公益性环境基础科学依据和参考。

3 研究成果

1）建立了桃花江核电站周边环境矿物学本底数据库1个。

2）建立了桃花江核电站周边水资源本底数据库1个。

3）建立了模拟核素在河道中迁移的整体模型和分相模型。

4）获得了2种新型绿色高效缓蚀阻垢剂。

5）获得了核电站三回路冷却系统的模拟运行数据1套。

6）获得了一种重金属和放射性处理的药剂。

7）获得了一种处理重金属和放射性废水的液膜药剂和装备。

8）编写了内陆核电站水资源优化配置和选址建议稿。

4 成果应用

1）通过有检测资质单位对水质土壤分析检测所积累的大量数据，编写数据库，已被桃江县环境监测站作为工作中抽检化验的常年参数基础对照值，并应用于实际测试指导中。

2）本技术项目，桃花江核电有限公司参与研究，也可为桃花江核电站建设研究水质、土壤、核素本底水平分析测试、水处理，水资源保证以及建设前后放射性核素变化比较环境保护等提供科学参考依据。

3）开发了用于核电站三回路冷却循环水系统的缓蚀阻垢剂和用于预测液态流出物重放射性核素对环境的影响的模型。目前，我国内陆核电站正在建设中，还未开始正式投入运营，故该项目研究成果为将来内陆核电站的实际应用和推广做了充分的准备。

4）进行了与核素迁移相关的理论和技术方法的研究，开展核素在河道中迁移建模和数值模拟工作。推导出核素在水中和泥沙中迁移的确定性模型和随机模型。对桃花江核电站核素Sr和Co在资江河道的迁移进行了研究正常运营情况下，核电站在运行年限内不会对环境造成污染。并对事故工况情况下，提出了应急处理吸附放射性核素的阻隔坝措施，以应对突发状况。对内陆核电站长期运行具有指导意义。

5）对重金属及放射性废水处理新技术新药剂，通过小试得到的新型螯合剂，已进行工业放大试验和推广应用。发明专利技术可以指导应用于未来核电站建成后资江流域低放射性废水污染应急治理，开发推广工作正在有序进行。

6）液膜分离塔采用特殊的结构，在较低的油水比情况下，达到分离低放射性废水的效果；系统内建逆流系统。消除了传统方式的结垢与腐蚀情况的发生；系统能耗大幅度下降；连续生产工艺，采用工控机 PLC 控制系统，装置自动化程度高，安全性能可靠。该技术可以指导应用于未来核电站建成后资江流域低放射性废水污染应急治理。

7）通过环保公益型项目研究，高度重视社会公众对核电站的接受程度，加强同项目所在地的政府和群众沟通，增加了核电的透明度，通过多种渠道，广泛普及核电知识，提高核安全意识，消除公众顾虑，为核电项目的开发建设创造了良好的社会环境。实现了环保公益型项目研究的公益性目标和效果。

5 管理建议

1）巩固和完善项目研究成果。继续开展水资源状况和土壤质量状况监测，获得长期监测数据，进一步完善本项目已建立的数据库。

2）核素迁移模型的可视化。在本项目已建模型的基础上，进一步深入开展核素迁移模型的研究，可考虑将迁移模型拓展至三维空间并将其可视化，形成软件产品，用于内陆核电站建站的环境评价或用于对内陆核电站发生突发核泄漏环境污染范围及状况的应急预测。

3）加大成果推广应用力度。加强与内陆核电站的联系，紧密结合内陆核电站在三回路系统上的需求，应用缓蚀阻垢剂，重金属及放射性废水处理新技术新药剂，液膜处理重金属及放射性废水新技术、新药剂、新装备，在桃花江核电及全国其他类似核电站推广该成果。

4）大力发展核电，调整能源结构是必然趋势，继续加强内陆核电站选址评估、环境影响、事故应急预案等相关问题的研究，积累经验、分析数据为内陆核电站的建设做好充分前期准备。

6 专家点评

该项目通过对桃花江核电站周边土壤和底泥中主要元素与放射性元素本底含量的调研，初步建立了桃花江核电站周边环境矿物学本底数据及核素在水体中迁移转化数值模型；获得了桃花江核电站周边水资源基础数据，开发了用于核电站循环冷却用水处理的缓释阻垢剂和放射性废水处理的液膜药剂及装备；撰写了内陆核电站安全取排水和内陆核电站选址建议，项目成果可为我国内陆核电站建设与环境管理提供科技支撑。

项目承担单位：长沙矿冶研究院有限责任公司、湖南桃花江核电有限公司、桃江县环境保护监测站

项 目 负 责 人 ：肖国光

我国六价铬工业污染源解析与控制策略研究

1 研究背景

六价铬（Cr^{6+}）毒性大、致癌致畸致突变作用强烈，是国家重点控制的5大重金属污染物之一。我国近些年来对六价铬污染防治高度重视，2009年环境保护部通过的《重金属污染综合整治实施方案》中将六价铬污染防治列为防控重点。铬作为重要的战略金属元素，其相关产品应用极广，国民经济中约15%的商品与其相关，使得涉及铬的行业类别多而复杂。所以，一方面六价铬污染源非常复杂，使得污染来源不清与污染现状不准确，缺乏全国性工业污染源数据分析；另一方面行业复杂性使得六价铬污染往往伴随有机物、氨氮和多种重金属等复合污染，同时废水与固废污染紧密关联，使得污染防治技术复杂。由于不同行业的六价铬防治技术的多样性与复杂性，污染防治的专业性与技术性更加突出，而我国六价铬相关行业的污染控制、清洁生产技术不成体系、指导性不足，严重制约了环境监管与科学管理，因此必须完善环境技术管理体系，从而对六价铬污染防治与环境管理提供技术支撑。

该项目通过对我国六价铬重点排放行业污染现状，完成了重点行业六价铬源解析，建立六价铬污染防治技术评估体系，筛选出六价铬污染防治最佳可行技术并针对部分最佳可行技术进行现场测试和模拟试验实证；在此基础上建立了我国六价铬污染防治数据库与防控策略综合服务平台，为我国六价铬污染防治与环境管理提供了重要的支撑。

2 研究内容

1）研究我国工业六价铬排放行业分布与空间分布特点，完成我国六价铬重点污染行业源解析与筛选；

2）调查研究我国典型六价铬排放行业（铬盐、钢铁、电解锰、印染、皮革、电镀等）产污、排污特征，研究行业环境标准与治理技术需求的矛盾及问题，评估不同行业六价铬及其相关污染防治技术需求，完成重点行业六价铬减排潜力分析；

3）建立符合重点行业特点的六价铬污染防治技术评估体系与评估方法，完成典型行业六价铬污染防治技术评估与最佳可行技术筛选，对于部分可行技术采取现场实测与模拟试验来验证；

4）建立我国六价铬污染防治数据库与防控策略综合服务平台。

3 研究成果

（1）**我国六价铬排放行业分布与空间分布特点**

分析涉六价铬排放的行业及生产过程，针对我国各小行业初步确定废水、废渣中六价铬排放的重点行业及生产工艺；总结研究了六价铬排放的行业分布和空间分布，确定废水和废渣中六价铬的排放贡献率；筛选确定六价铬重点污染行业和生产工艺过程，以及目前我国各行政区六价铬排放量。

（2）**我国涉六价铬排放重点行业污染源研究**

完成了对铬盐、钢铁、电解锰、印染、皮革、电镀等典型六价铬排放行业资料调研、行业专家咨询与现场考察，总结了不同行业六价铬及伴随污染物产生现状、治理现状和环境扩散路径与形态变换，明确了铬污染排放的主要工艺节点及其种类、排放强度等污染特征，结合重点行业近十年排放量变化趋势、治理技术发展、废物循环与资源化利用现状等方面数据，通过数据分析和比较，完成不同行业的六价铬污染源解析。

（3）**建立六价铬污染防治技术评估体系与评估方法，筛选最佳可行技术**

结合层次分析法与专家评估法，以“目标性、政策性、科学性、整体性、代表性、可操作性”为原则，以技术的资源/能源消耗、环境绩效、经济成本、污染排放和技术可靠性为评价指标，建立了六价铬污染防治评估体系。采取定性与定量相结合的形式，评估筛选出六价铬污染防治最佳可行技术，形成了最佳可行技术指南。

（4）**建立我国六价铬污染防治数据库与防控策略综合服务平台**

为更好将研究成果服务于环境管理部门与社会大宗，项目组构建了六价铬污染防治数据库与服务平台。具体功能包括污染源解析数据展示、行业案例展示、清洁生产技术路线、末端治理技术库、最佳可行技术库和相关法律、法规技术政策资料库。目的在于让更多处在六价铬出现频率较高行业中的人了解到六价铬的污染源、行业案例、清洁生产技术、末端处理技术、最佳可行性技术、管理政策文件、评价指标体系等。为相关人员提供了解相关信息、技术的平台，为行业人员提供获得相关专业知识的渠道，为更好更有效地减少六价铬污染做出积极贡献。

4 成果应用

1）向环保部提交了我国六价铬排放的行业分布与地区分布特征研究报告、重点行业六价铬污染源解析与污染防治现状报告，为行业与环境管理部门对于重金属的污染防控提供了重要的数据与技术支撑。

2）向环境保护部提交了《六价铬污染防治最佳可行技术指南》，指南中提出了针对重点行业的过程控制技术和具有工业普适性的末端治理技术，同时指南也对六价铬环境管理实践提出了相应的意见和应对措施，有效支撑了环境管理体系。

3）依托项目成果，向环境保护部提交了《我国工业六价铬污染防治对策建议》，补充了我国重金属污染综合治理方案。

4）建立了我国六价铬污染防治数据库与防控策略综合服务平台，公开面向环境管理部门、行业领域专门人才、相关科研人员与社会大众。

5 管理建议

（1）完善我国六价铬污染环境管理体系，加强六价铬污染监控与管理

建立和完善我国六价铬污染环境管理体系，改变以往管理体系“自上而下”的监管模式，做好“企业—行业—环境监管部门”一体化监督管理，将企业自身污染控制管理纳入管理体系。针对环境管理体系的不同主体，明确相应的义务和职责。针对国内六价铬污染，加强环境风险研究。对于涉及六价铬产排放过程加强监控，杜绝由于中间过程转移导致的污染。

（2）完善我国六价铬污染防治法规与技术标准

在做好我国工业六价铬污染源解析的基础上，明确六价铬污染防治对象，针对重点污染对象建立法规和建议。针对工业生产过程中的污染完善技术标准，包括毒性原料源头替代、过程污染控制技术、末端治理技术、环境修复技术和环境管理等技术标准，使得各主体做到有法可依、有技术可依。

（3）推行我国工业六价铬污染防治优先技术名录

针对我国工业六价铬污染现状及污染防治现状，建议环境保护部结合各涉及六价铬行业，发布相关优先技术名录，鼓励从源头上削减六价铬污染，减少含六价铬化合物在生产过程中的使用，推行少六价铬 / 无六价铬替代技术的应用；鼓励采用过程削减技术；鼓励采用末端治理“减量化、资源化、无害化”处理的技术原则；同时针对污染较为严重的地区采用环境修复技术。

6 专家点评

该项目系统地总结了我国工业六价铬污染的行业特征与地区分布特征，并对重点行业六价铬排放节点、污染源强进行了调研与分析，针对我国当前六价铬污染防治技术的治理水平难点和发展趋势，构建了评估体系与评估方法，通过技术评估与技术实证形成了最佳可行技术指南，为以上相关行业生产相关管理人员和用户选择污染防治最佳可行技术提供参考。同时项目组构建了六价铬污染防治数据库与服务平台为环境管理部门和

企业相关技术人员提供了解相关信息、技术的平台，为行业人员提供获得相关专业知识的渠道，为更好更有效地减少六价铬污染做出积极的贡献。这一研究成果对于我国重金属综合防控策略是必要的补充，对于完善我国重金属污染控制技术政策、推动相关技术和规范的应用和推广，具有十分重要的意义。

项目承担单位：中国科学院过程工程研究所、中国环境监测总站、北京林业大学、南京大学、湘潭大学
项目负责人：曹宏斌

环境铅、镉污染对人群健康危害的法律监管研究

1　研究背景

经过30多年的经济高速增长，我国的环境承载力已达到或接近上限，发达国家上百年工业化过程中分阶段出现的环境问题集中出现，种种事实表明，我国已经进入“环境污染事故的高发期”，与之相伴的是，环境污染对人体健康损害集中显现，近年来发生的各种重金属污染危害人群健康事件即是一个明显的标志。由于重金属污染具有较高的潜伏性和累积性，导致损害防控和救济措施相对滞后，损害后果不断加剧；伴随着国民经济的快速发展和人民生活条件的逐步改善，人们对环境健康等生存质量的要求日益提高，维权意识越来越强。由此导致因重金属污染健康损害引导的权利冲突越来越频繁，成为引发群体性事件的重要诱因之一。如何应对环境污染对人群健康的损害，保护公众健康，保障生态安全，是中国未来发展战略中必须高度重视并切实加以解决的重大项目。

为此，本项目以重金属污染中特别突出的铅和镉为研究对象，以建立中国环境污染健康风险评价技术体系、完善环境污染健康损害鉴定技术、加强环境健康风险法律监管、构建环境健康监管评估机制为目标；以环境科学、环境医学研究为基础，着重推进科学研究成果向公共政策的转化，倡导环境健康监管体制的变革，顺畅环境纠纷解决的方式与渠道；采取跨学科研究方法，集环境医学、环境科学、环境法学研究为一体，按照《国家中长期科学和技术发展规划纲要（2006—2020年）》确定的“加强基础科学和前沿技术研究，特别是交叉学科研究”的总体部署以及“有利于解决重大公益性科技问题，提高公共服务能力”的重点领域优先主题确定原则。力争通过研究实现如下目标：减轻重金属污染所导致的人群健康危害，提高中华民族人口素质；顺畅受害者救济机制，维护社会稳定；科学评估环境健康监管体制，提高环境监管的效率和针对性，为增强政府公共服务能力提供技术支撑。

2　研究内容

1）环境铅、镉污染健康风险评价技术体系。以我国典型地区的铅、镉污染导致健康损害为研究对象，发现并解决存在的问题，建立相应的健康风险评价技术体系。

2）环境铅、镉污染健康损害的因果关系物证技术。以环境污染危害人体健康的实际案例为研究对象，结合环境污染健康风险评估方法，建立环境铅、镉污染健康损害的因果关系司法鉴定规则。

3）中国环境污染健康风险监管体制和工作机制创新。以风险预防原则为指引，以建立科学合理的环境铅镉污染健康风险控制的法律监管体系为目标，整合环境健康风险评估技术、环境污染健康损害因果关系司法鉴定技术，构建适应中国需求的环境污染健康风险监管体制和机制。

3 研究成果

（1）建立环境健康风险评价技术体系

1）环境铅、镉污染人群健康损害指标体系。经过文献查阅、现有资料整理分析、小组讨论、专家咨询会议等方法，在对咨询结果进行统计学分析的基础上，结合现场采样、实地调研情况，根据指标在健康风险评估中的作用和重要性，将指标体系划分为健康风险评估指标体系和健康损害效应判定指标。并根据风险评估公式和模型评估所需参数，将健康风险评估指标体系划分为核心指标与辅助指标两类。其中铅核心指标7项，辅助指标11项；镉核心指标6项，辅助指标15项。

2）大气扩散模型。开发了基于AERMOD模型的大气扩散模型，通过计算生产企业周边不同空气污染物浓度边界，可以为健康风险区划提供地理空间分级指导；通过污染物沉降的计算预测不同年限土壤中污染物浓度的变化，为土地使用管理提供依据；同时，以此为基础，结合人群生活特征，考虑吸附、暴露等环节，可以预测人群的健康风险。目前，该模型尚属于初步开发，仍需继续修改完善。

3）对美国IEUBK模型的本土化改造。IEUBK模型经多年应用实践，已发展为成熟技术，为各国所认同并加以应用。但IEUBK模型基于欧美和亚裔、非裔等儿童生理数据建立，应用于中国儿童风险评估可能存在“过估计”或“低估计”问题。项目组根据我国儿童铅暴露特点，对模型进行了必要的修改，并选取位于中部两省两县61～84月龄儿童铅暴露健康风险预测，结果显示，预测血铅几何均值与实测值具有很好的一致性，预测血铅超标概率与实测值也具有较好的一致性。

4）建立环境健康风险区划管理指标体系。以“健康风险评估指标体系”为基础，经过调研、咨询和反复论证，围绕重金属镉、铅污染健康风险评估，形成了由风险源位置、健康风险等级、敏感高危人口数、土壤环境质量、主体功能分区5个指标组成的综合评价指标体系，并进行了指标赋权，可以客观揭示区域环境健康风险分布的相似性和差异性，为政府监管提供支持。

（2）**提出环境与健康的立法监管建议**

1）完善环境与健康标准体系。通过对样本区的调研分析、我国现行铅镉标准的梳理及国内外相关文献的收集整理，全面剖析现行环境标准体系存在的问题，提出建设我国环境与健康标准体系的建议。

2）完善环境与健康监管体制机制。针对目前环境监管的碎片化、以环境媒介为中心的单一监管模式，提出了“整合性环境保护”的理念，综合考虑个别领域环境问题的交互影响，以解决交叉污染的转移为重点，提出了管理体制上的环境主管机关内部整合以及不同部门间的外部整合的建议，具体提出了建立不同手段衔接与联动机制的建议。

3）提出《环境与健康示范法（专家建议草案）》。起草了《环境与健康示范法（专家建议草案）》，并由首席专家联名30名全国人大代表，向第十一届全国人民代表大会提出法律议案，为建立我国的环境与健康法律制度提供立法样本。

4）开发环境与健康监管绩效评估系统。开发环境与健康监管绩效评估系统，试图把环境与健康监管纳入政府绩效评价体系，促使政府承担对辖区内环境质量和人群健康负责，为落实政府的环境保护责任提供技术支持。

（3）**环境污染损害鉴定技术规范**

收集了国内外包括损害调查技术及方法、损害鉴定的因果关系判定方法、损害经济损失评估方法资料。完成了《环境污染损害的因果关系判定方法》研究书、《环境污染损害因果关系判定守则（草案）》《环境污染损害评估规范》《环境污染损害评价指标体系》研究书、《环境污染损害评价操作规范》，为环境污染危害人群健康案件的司法鉴定提供可操作规程。

4　成果应用

1）向十二届全国人大第一次会议提交了《关于制定<环境保护法>的议案》《关于修改<环境保护法>的议案》，向十二届全国人大第三次会议提交了《关于实施新环保法规定的环境与健康保护制度的建议》。其中，项目负责人吕忠梅为新修订的环境保护法就环境与健康问题进行专门规定做出的贡献得到了全国人大常委会法制工作委员会的认可和环境保护部科技标准司的感谢。

2）项目组开发的《政府环境监管评估指标体系》和《重金属污染防治政府绩效评估系统》在部分基层环保局（黄石市环保局）进行了试运行，受到了好评。

3）项目组根据IEUBK模型进行中国本土化的《儿童血铅水平模型预测系统》已被部分基层环保局（灵宝市环保局）纳入环境管理中进行运用。

5 管理建议

（1）完善环境与健康法律体系与制度

1）转变理念，确立环境与健康管理的风险预防原则。建立“风险管理型”法律规范，遵循风险预防原则来构建风险预防、风险管理及风险沟通的法律制度体系。

2）健全立法，确立环境与健康监管的法律框架和基本制度。建立环境与健康法律体系，修改《环境保护法》，确立人体健康保障的核心地位，并对环境监管体制机制进行“健康化改造”，同时确立环境与健康基本法律制度，为环境与健康专门立法提供授权；制定专门的《环境与健康法》，理顺环境健康监管的体制机制，明确政府环境与健康保护责任，建立以防范环境健康风险为核心的制度体系；制定《环境损害赔偿》，扩大损害范围的认定，建立对私益损害和公益损害的救济渠道，为环境与健康损害提供补偿、赔偿或修复，并通过责任追究制度倒逼经济发展方式转变和环境管理转型。

3）健全环境与健康标准体系。应以保障人体健康为核心诉求，加强人群暴露与健康危害环节的标准建设，将环境标准体系扩展为环境与健康标准体系：确立保障人体健康在环境标准体系建设中的目标地位，建立符合中国国情的环境标准体系，完善环境与健康标准制定制度与程序，建立环境与健康标准制定的资源共享、信息沟通、联合制定机制，建立环境与健康标准评估制度等。

（2）完善环境与健康治理体制和机制

1）建立整合、协调的环境与健康管理体制。建立由国务院统筹、环境保护部牵头、相关部门协同的环境与健康管理体制，升级现行国家环境与健康领导小组为国务院协调议事机构，赋予环境保护部对环境与健康实施综合管理职权，加强省级以下环境与健康管理机构建设，明确各协同部门职责，建立环境与健康管理信息共享、执法联动、共同责任机制，通过共同承担环境与健康责任的方式实现协同管理的激励与约束。

2）建立以健康风险评价为基础的风险管理信息系统。建议使用环境与健康风险监管信息系统，为建立环境与健康风险治理体制提供基础平台。项目组开发的环境与健康风险监管的基础数据库（铅、镉污染监管信息系统），可以作为企业污染信息申报、政府监管和信息发布的平台。

3）建立环境与健康风险分区域、分级管理机制。项目组通过筛选、优化大气扩散模型和儿童血铅模型，提出了环境与健康风险管理的分区域分级管理建议，通过这个系统，实现健康风险识别、筛选健康风险优先管理重点、公共干预措施、分配环境与健康风险管理资源、区域健康风险的优化管理手段的信息化，为政府采取风险预防和干预措施提供理由与依据。

4）建立环境与健康管理政府绩效评估机制。建议对政府进行绩效评估。项目组提出了考评指标体系并开发了绩效评估系统，为建立多元评价机制和实行政府环境审计和终身追责提供平台。

5）建立政府、企业和社会共治系统。建立“风险沟通”机制，明确环境信息公开、公众参与、企业社会责任、处罚措施等，使环境与健康信息可以在政府部门之间、政府与企业之间以及政府、企业与社会之间有效沟通，增进政府公信力并扩大环境决策的可接受度。

（3）构建环境健康风险事件处理的法律技术与支持体系

1）加强鉴定机构和鉴定能力建设。将环境健康损害鉴定纳入司法鉴定管理体系，建立“技术性管理 + 行政性管理”的二元管理体制，并加强鉴定机构独立性建设，强化鉴定机构内部管理，规范收费标准，尽快形成满足实践需求的鉴定能力。

2）建立因果关系的认定技术与方法。因应环境健康损害的特性，厘清从污染源到损害每一环节的证明对象，确立当事人在各对象上的证明责任与证明标准，并根据不同污染类型危害人群健康的特定，适用不同的证明方法。同时制定统一的技术规范与技术标准，实现证据收集、检验和鉴定的基本程序和基本方法的规范化。

6　专家点评

该项目在对国内外环境铅、镉污染事件调研的基础上，筛选并优化出了适合我国的铅、镉污染健康风险评估模型，初步构建了环境铅、镉污染人群健康损害指标体系、风险评价技术体系和风险评估机制；开发了环境与健康监管信息系统和政府环境与健康监管绩效评估系统；成立了环境与健康监管体制评估中心、环境污染损害鉴定评估中心；编写了《环境铅污染健康风险评估技术规范》《环境镉污染健康风险评估技术规范》等 4 项技术文件建议稿，提出了《环境与健康法》草案等立法建议，以及完善环境与健康治理体制机制相关建议。有关研究成果在将“环境与健康”内容纳入《中华人民共和国环境保护法（2014 年修订）》中发挥了积极的作用，并为建立我国环境与健康工作体制提供了技术支撑。

项目承担单位：中南财经政法大学、华中科技大学、中国环境科学学会
项 目 负 责 人 ：吕忠梅

湘江流域金属矿冶区土壤重金属污染突发事件应急预案体系构建研究

1 研究背景

有色金属工业在推动国民经济发展的同时，也带来一系列严重的生态环境问题，不仅威胁公众的生活和身心健康，也给当地政府和环保部门带来了巨大的压力。长期受到矿业开采与冶炼活动污染的土壤铅（Pb）、锌（Zn）、铜（Cu）、镉（Cd）、砷（As）和锰（Mn）的含量是相应区域背景值的几倍甚至几十倍，重金属污染问题已成为政府和公众关注的焦点。

湘江流域金属矿冶区是土壤重金属污染事件多发区，Pb、Cd、As等重金属污染事件已连续发生多起，引起社会的广泛关注和国家高层的重视。金属矿冶区易产生突发性环境污染事故，进而诱发环境群体性事件，这些群体性事件通常具有复杂性、起因合理性、层次的多元性、组织性、反复性、违法性等特点，既要讲究控制和处理的策略，要有预防的措施，做好热点地区的重金属污染源解析，强化预防化解，是防止群体性环境事件发生的重要途径。因此，对社会关注的湘江流域金属矿冶区开展土壤重金属污染源解析，筛选主要的重金属污染源，采取有效重金属污染防治措施，构建湘江流域金属矿冶区土壤重金属污染突发事件应急预案已成当务之急。为此，环境保护部组织开展了“湘江流域金属矿冶区土壤重金属污染突发事件应急预案体系构建研究”项目。

2 研究内容

通过对湘江流域典型矿冶区土壤调查，建立了矿冶区土壤重金属污染源调查工作技术方法，确定了湘江流域典型矿冶区土壤重金属特征污染物清单，评价了典型矿冶区土壤环境质量；开展了不同源污染重金属的总量、形态分布及指纹特征研究，建立了典型矿冶区土壤重金属污染源解析方法；对矿冶区重金属污染土壤进行健康风险评价，建立了重金属污染风险评价技术方法；针对典型矿冶区土壤开展重金属污染源解析、健康风险评价和突发性环境事件的行为学研究，构建了湘江流域金属矿冶区土壤重金属污染突发事件应急预案，提出了湘江流域金属矿冶区土壤重金属污染综合防治对策。

1）通过对湘江流域典型矿冶区土壤调查，选取重金属污染土壤的标准场景，建立矿冶区土壤重金属污染源调查工作技术方法；

2）对湘江流域典型金属矿冶区土壤环境质量评价，确定湘江流域典型矿冶区土壤重金属特征污染物清单，实施矿冶区土壤重金属污染区域风险分级；

3）针对社会广泛关注的重金属污染问题，开展不同源污染重金属的总量、形态分布及指纹特征研究，建立典型矿冶区土壤重金属污染源解析方法；

4）借鉴美国环保局《土壤污染风险评价导则》，对矿冶区重金属污染土壤进行健康风险评价，建立重金属污染风险评价技术方法；

5）针对矿冶区土壤重金属污染易诱发环境群体性事件的问题，开展湘江流域典型矿冶区土壤重金属污染引发的群体行为学研究；

6）针对可能发生的重金属污染突发事件，集合环境科学、管理学、信息科学等多学科优势，构建湘江流域矿冶区土壤重金属污染突发事件应急预案；

7）依据《重金属污染综合防治"十二五"规划》，结合项目研究成果，提出湘江流域金属矿冶区土壤重金属污染综合防治对策。

3 研究成果

通过对湘江流域典型矿冶区土壤调查，掌握了典型矿冶区土壤环境状况和稻米质量安全状况，建立了《矿冶区土壤重金属污染源调查工作技术方法》《矿冶区土壤重金属污染源解析方法》《土壤重金属健康风险评估技术方法》，确定了湘江流域典型矿冶区土壤重金属特征污染物清单，构建了湘江流域金属矿冶区土壤重金属污染突发事件应急预案，提出了湘江流域金属矿冶区土壤重金属污染综合防治对策。

（1）湘江流域矿冶区土壤重金属污染严重，主要来源于有色金属矿冶活动

铅锌矿区稻田土壤 Mn、Pb、Zn、Cu、Cd、铬（Cr）、镍（Ni）、As 的平均含量分别为 392.5 mg/kg、516.7 mg/kg、650.2 mg/kg、107.8 mg/kg、11.7 mg/kg、46.1 mg/kg、29.4mg/kg、35.1mg/kg，稻米 Pb、Zn、Cd、Cr 含量分别为 22.7 mg/kg、109.3 mg/kg、1.1mg/kg、16.2 mg/kg，均高于中国农业行业标准限值。锰矿区农田土壤锰、锌、铅、镉污染严重，土壤重金属含量分别为：Mn 1810 mg/kg、Zn406 mg/kg、Pb 86.6 mg/kg、Cd 2.38 mg/kg，Cd、Zn 重度污染、土壤锰污染现象也相当普遍。农田重金属污染的空间分布主要受矿业活动影响，土壤 Mn、Pb、Zn、Cd、Cu、Ni、As 污染程度以锰矿和锰厂为中心向四周呈现降低趋势，土壤重金属污染物主要来源于锰矿开采冶炼活动。

（2）铅锌矿冶区稻田重金属污染空间分异显著，土壤生态环境风险高

稻田土壤重金属污染的空间分布受人类活动与自然因素共同影响，大米 Mn、Pb、Zn、Cu、Ni、As 的空间分布受人为因素的影响较大，离工厂越近含量相对越高；稻田重金属污染空间分异显著，Pb、Zn、Cu、Cd、As 变异系数均大于 100%；稻田土壤氟含量为135～2 982 mg/kg，高达73%的样点高于中国地氟病发生区土壤氟平均值（800 mg/kg）。稻田自产大米氟含量为3.23 mg/kg，超过88%的大米样品处于中度污染。铅锌矿区稻田2012年与2014年生态风险预警指数分别为118.2、173.6，生态危害指数分别为2915.4、4073.3，生态风险极高，并且呈上升趋势，且距离工厂越近生态风险越高；根据潜在生态危害指数风险等级划分，Pb处于高度生态风险，Cd的潜在生态危害指数高达2 772，生态风险极高。根据风险评价准则风险等级划分，Pb、Cu、Cd处于高风险；离工业区或采矿区域越近，Pb、Zn、Cu、Cd、Cr、Ni、As对环境的危害性越大。

（3）**锰矿区农田稻米质量问题堪忧，食用自产稻米健康风险大**

锰矿区农田自产稻米质量问题堪忧。锰矿区农田自产稻米重金属污染严重，含量分别为：As 11.9 mg/kg、Cd 1.21 mg/kg、Cr 9.47 mg/kg、Cu 6.00 mg/kg、Mn 30.4 mg/kg、Ni 13.2 mg/kg、Pb 24.7 mg/kg和Zn 259 mg/kg，调查区域内58.5%、62.3%、56.1%、73.7%、57.9%和68.4%的样品超出As、Cd、Cr、Ni、Pb和Zn的国家卫生标准。稻米Cd、Cr、Cu、Mn、Ni、Pb、Zn的污染分布与土壤重金属污染分布基本一致。锰矿区人群膳食摄入存在较大的健康风险，自产稻米重金属摄入风险的空间分异明显。食用自产稻米重金属的摄入量为：Zn>Mn>Pb>Ni>Cr>Cu>As>Cd，主要与稻米重金属元素含量和日均膳食量相关。当地人群食用自产稻米的健康风险为：Pb>Cr>Cd>Mn>Cd>Zn>Ni，HI均值大小为：儿童＞成人男性＞成人＞成人女性。四个人群摄入As、Cd、Cr均存在致癌风险，Cr风险最大；摄入Pb存在非致癌风险，儿童和成人男性对Mn摄入剂量是不可接受的。

（4）**金属冶炼区土壤重金属污染外源输入明显，大米存在健康风险危害**

研究区不同样点土壤中Pb 、Zn、Cr浓度在空间上差异比较大，显现有重金属元素以外源污染形式进入土壤环境的明显特征。不同土地利用类型，各重金属平均浓度分布不同。金属冶炼区周边旱地中Cd污染程度属重污染，Zn污染程度属中污染，土壤、作物均受到中度污染；Cr、Cu、Ni、Pb污染程度属轻度污染。研究基地Cd的土壤污染指数（PI）处于2～4，从潜在生态危害指数（EI）来看，各采样点土壤中Cd浓度最高，都达到了中等生态危害程度， Pb、Cu、Zn均显示为轻微生态危害程度，其中Zn潜在生态危害指数最小，危害程度最小。从潜在生态危害指数来看，各采样点的重金属浓度都在轻微生态危害程度范围内。51个样品中7.8%糙米Cd的HQ值小于0.5，属于安全范围；21.6%糙米中Cd的HQ值在0.5～1，需要引起人们的关注；70.6%糙米中Cd的HQ值大于1甚至大于3.5，最大值达到5.7，大米存在Cd的潜在健康危害。

（5）**金属矿冶区土壤重金属污染源解析**

湘江流域金属矿冶区土壤重金属污染来源较多，土壤污染面积较大。多元统计、同位素示踪法虽然可以对重金属排放量和环境浓度进行预测，区分人为污染和自然污染源，但只能定性研究出重金属污染的来源，而无法计算出不同污染源对整个流域的贡献率和排放总量。空间分析、化学质量平衡法可以有效地评估出区域污染排放量和贡献率，并降低工作量和成本，虽然其无法有效地区分出排放源排放出的成分。因此，在对湘江流域金属矿冶区土壤重金属污染进行源解析时，综合运用多种源解析的方法，既可以精准地预测土壤重金属污染，又可以降低劳动成本和时间。如整个湘江流域内，采集土壤样品进行测定重金属，通过多元统计方法判断出污染来源，对不同的污染源通过同位素示踪的方法算出其对环境污染的贡献率，再结合 GIS 技术对土壤重金属含量进行空间插值，充分反映出土壤重金属元素在整个流域内的分布变化，使评价结果更准确且可视化。

（6）金属矿冶区土壤重金属污染突发事件的群体行为学特征

个性特质乐观与悲观会影响居民的风险感知和冲突消解行为，建议政府和相关事故负责人在处理问题时，应该积极制定快速、有效、长期的政策，安抚民心，多鼓励，给予悲观的人以希望，以较少不必要的伤害。居民对于重金属污染事件是无奈的，属于弱势群体，需要增强居民在污染事件中保护自己的能力，建议政府和相关事故负责人在不隐瞒重金属污染的危害的情况下，也要告诉他们其他积极的信息；希望政府能够为居民提供一个清晰、明朗的关于相关企业监督的方式和渠道，以便增强居民保护自己的能力。居民的社会信任度越高，对重金属污染的风险感知强度越低，恐慌强度越低，建议当地负责人平时做好相关工作，在当地居民中树立相应的威信，这样当突发事件发生时，他们也会因为有政府这个后盾，而坦然面对的。38 ～ 47 岁、48 ～ 57 岁的群体的风险感知强度较高于其他群体，而 48 ～ 57 岁的群体的恐慌程度最高，建议当重金属污染发生时，当地政府要特别关心 38 ～ 47 岁、48 ～ 57 岁、学历在高中毕业、职业为个体工商户的居民，另外加强对男性居民的安抚。

（7）金属矿冶区镉污染土壤钝化修复技术

在 Cd 高、低污染土壤中施加海泡石及石灰每一季均能显著提高土壤 pH 值，降低土壤 Cd 有效态浓度。较长时间内能促进作物生长和抑制农作物对 Cd 的吸收，效果稳定。低污染土壤海泡石添加 2% 及以上处理小青菜 Cd 浓度四季均符合国家食品卫生标准，配施 0.1% 石灰处理海泡石添加 1% 及以上即可保证小青菜的安全。水稻分蘖期、抽穗期和收获期土壤 pH 值显著提高、土壤 Cd 有效态浓度显著降低。但水稻各时期不同部位 Cd 浓度与对照无显著差异，且糙米 Cd 浓度未能符合国家食品卫生标准。适量的海泡石（如 0.5%）对伴矿景天生长和 Cd 吸收影响不大，而高剂量（如 5%）不利于伴矿景天生长和 Cd 吸收。但种植伴矿景天后土壤 Cd 有效态浓度进一步显著降低了，5% 海泡石单施和与石灰配施的 YJ 和 SJ 土壤 $CaCl_2$ 提取 Cd 浓度均低于 5 μg/ kg。为建立耕作季通过海泡石钝化实现作物安全生产和休耕季伴矿景天吸取修复的“边生产边修复”体系提供了实践基础。

（8）湘江流域金属矿冶区土壤重金属污染防治对策

株洲市清水塘地区涉重金属企业株冶、株化等搬迁退出，淘汰一批中小落后企业，工业废气和废水得到全面治理和控制，历史遗留固废和新增固废能够得到妥善处置，重金属排放量大幅减少，霞湾港等纳污渠得到清淤治理，清水塘和天元区受污染区域土壤重金属环境质量持续改善，环境风险和污染事故得到控制，安全隐患基本消除。

湘潭竹埠港地区涉重金属产业结构进一步优化，工业污染源得到全面治理和控制，消除新增重金属排放量，历史遗留污染问题逐步解决，水体、大气、土壤重金属环境质量持续改善，环境风险和污染事故得到控制，安全隐患基本消除。

衡阳水口山地区到2015年，水口山区域集中式饮用水源水质中重金属指标达标率100%。区域内铅、铬、砷、镉等重金属排放总量在2008年基础上分别削减50%以上。重金属废渣得到安全处置，受污染土壤得到安全治理和恢复，有色金属采选区生态环境得到全面修复，康家溪、曾家溪重金属底泥得到清理和安全处置。长沙七宝山地区对污染区域土壤进行深翻，去除现有的各种植物物种，避免与修复植物产生竞争；大面积种植之前还需要在当地选择小片典型区域进行试种和育苗。另外，还包括对该区域的土地平整工程、排水工程以及后期建立相关的农业服务中心等。

娄底锡矿山地区流域内民生安全保障问题得到及时、彻底的解决，涉重金属产业结构得以优化、完善，工业污染源得到全面治理和控制，历史遗留污染问题逐步解决，重金属排放量大幅减少，水体、大气、土壤重金属环境质量持续改善，环境风险和污染事故得到控制，安全隐患基本消除。

4 成果应用

1）重金属污染土壤调查与修复工程实践。项目研发的《土壤重金属污染源精准筛选方法》、《土壤重金属健康风险评估方法》已成功应用于污染土壤调查与修复工程实践，为我国土壤环境保护与场地修复提供有力的科技支撑。相关研究成果已被湖南新九方科技有限公司、北京建工环境修复股份有限公司、浙江卓锦环保科技股份有限公司应用。

2）组织土壤环境保护与生态文明建设国际研讨会。“土壤环境保护与生态文明建设国际研讨会”主要围绕土壤污染过程、污染土壤和场地的调查与风险评估、污染土壤和场地修复技术、矿山废弃地生态重建、国家土壤环境保护政策、农产品安全与公共健康等内容开展学术交流，提出相关领域发展战略建议，拟服务于国家的相关战略报告和土壤污染防治法规标准的制定。

3）参加国内外矿山重金属污染防治学术交流。2011年作为特邀专家参加环境保护部在株洲市主办的《全国重金属污染防治技术交流会》，2013年参加在美国洛杉矶举办的“重金属污染场地修复与环境管理国际会议”和中国内蒙古举办的“中国矿区土地复垦与生态修复论坛”并做主题报告，2014 年参加在广州举办的“中国土壤学会土壤化学专业委员会学术研讨会”并做大会报告，得到国内外同行专家的认可。

5　管理建议

1）矿区农田农产品质量安全关系到人体健康和社会稳定，建议围绕污染物在土壤—作物系统的迁移富集、矿区健康风险分级、土壤环境质量预警等方面开展研究工作，建立金属矿冶区污染土壤档案。

2）土壤氟化物的风险评价主要是依据中国地氟病发生区土壤氟含量，建议结合氟化物的生物地球化学行为、居民的膳食情况、地方流行病学调查等方面开展健康风险评价。

3）目前土壤污染状况评价主要依据 GB 15618—1995 标准，参考 GB 15618—20××拟修订标准开展，未来将围绕国家和地方土壤环境标准的修订开展相关工作，使土壤污染状况评价更具客观性和现实性。

4）目前研究主要基于土壤和稻米重金属污染状况、膳食摄入健康风险评价开展研究工作，建议针对矿区污染状况开展中低污染农田生态修复、重度污染农田环境管理政策研究。

5）本项目实施过程中，掌握了大量的第一手土壤污染状况和稻米质量安全数据，建议开展深入研究工作，真正掌握“土壤污染档案”，保障公共安全和人体健康，避免环境群体性事件发生。

6　专家点评

该项目系统调查了国内外矿冶区土壤重金属污染环境管理和湘江流域典型金属矿冶区土壤重金属污染现状，建立了矿冶区土壤重金属污染源调查工作技术方法，提出了湘江流域典型矿冶区土壤重金属污染源解析方法和重金属污染风险评价技术方法；确定了湘江流域典型矿冶区土壤重金属特征污染物清单，构建了湘江流域金属矿冶区土壤重金属污染突发事件应急预案，提出了湘江流域金属矿冶区土壤重金属污染综合防治对策。项目研究成果已在污染土壤调查与修复工程中得到应用，为我国金属矿冶区土壤环境管理和环境应急提供了技术支撑，也可为社会关注的湘江流域典型金属矿冶区及时采取重金属污染防治对策、遏制经济持续快速发展过程中土壤重金属污染与环境质量进一步恶化，将潜在的群体性环境事件化解在萌芽状态，直接为环境应急与调查处理、重金属污染事故责任的认定和补偿机制提供参考依据，对于政府行政能力的提高和社会稳定等均将起到积极的推动作用。

项目承担单位：中南大学、中国科学院南京土壤研究所、湖南省环境保护科学研究院
项目负责人：何哲祥